新工科建设·智能化物联网工程与应用系列教材

U0149972

云计算与物联网

陈红松　编著

电子工业出版社

Publishing House of Electronics Industry

北京·BEIJING

内 容 简 介

本书主要介绍云计算与物联网的系统结构与关键技术，首先介绍云计算的概念与发展、云计算的系统结构、云计算的关键技术、云存储技术及应用、云安全技术及应用、开源云计算系统、云计算应用开发实例，然后介绍物联网的概念与发展、物联网的系统结构、物联网的关键技术、物联网安全、工业互联网标识解析及安全，最后介绍云计算与物联网实验。本书强调云计算与物联网系统与技术的内在联系、科学技术与工程实验的有机结合，包含经过验证的精选程序代码，既保证理论的完整性，又保证实验的可行性。

本书既可作为高等院校计算机科学与技术、物联网工程、信息安全等相关专业的本科生和研究生教材，又可作为云计算与物联网工程技术人员的参考书。

图书在版编目（CIP）数据

云计算与物联网 / 陈红松编著. —北京：电子工业出版社，2022.12

ISBN 978-7-121-44519-4

Ⅰ．①云… Ⅱ．①陈… Ⅲ．①云计算－高等学校－教材②物联网－高等学校－教材 Ⅳ．①TP393.027②TP393.4③TP18

中国版本图书馆 CIP 数据核字（2022）第 208901 号

责任编辑：牛晓丽　　　　　　　特约编辑：田学清
印　　刷：北京七彩京通数码快印有限公司
装　　订：北京七彩京通数码快印有限公司
出版发行：电子工业出版社
　　　　　北京市海淀区万寿路 173 信箱　　　邮编：100036
开　　本：787×1092　　1/16　　印张：20　　字数：512 千字
版　　次：2022 年 12 月第 1 版
印　　次：2023 年 8 月第 2 次印刷
定　　价：69.80 元

凡所购买电子工业出版社图书有缺损问题，请向购买书店调换。若书店售缺，请与本社发行部联系，联系及邮购电话：(010) 88254888，88258888。

质量投诉请发邮件至 zlts@phei.com.cn，盗版侵权举报请发邮件至 dbqq@phei.com.cn。

本书咨询联系方式：QQ 9616328。

前言

　　云计算与物联网代表着当今信息技术发展的两大趋势，它们既有区别，又有联系。云计算对物联网采集的大量数据进行智能计算与可信存储，物联网通过各类异质传感器采集物理世界的数据，通过各类网络将数据汇聚到云计算数据中心，进而为云服务吸引大量用户。云计算是物联网发展的基石，物联网为云计算提供丰富的数据来源，二者共同促进新形态信息技术的发展。在大数据时代，二者相辅相成，进一步推动大数据本身潜在价值的发掘与呈现，促进信息技术及产业的爆发式发展。本书紧密结合当前云计算和物联网领域的新发展成果，兼顾实践性和创新性，注重云计算与物联网知识体系的完整性、关联性、系统性与发展性，从系统工程视角阐述了云计算与物联网领域中的国内外关键技术及发展成果，其中很多内容来自作者的科研成果及教学实践。

　　本书共分 13 章。第 1 章介绍了云计算的概念及定义、发展历程、特点、标准化、发展现状及挑战；第 2 章介绍了云计算的系统结构概念、系统结构模型、服务层次结构、技术层次结构、SOA 层次结构、典型的云计算平台及系统结构（如 Google 云计算平台、Amazon EC2、阿里云计算平台等）；第 3 章讲授了云计算的关键技术，包括资源池技术、数据中心技术、虚拟化技术、资源管理技术、网络通信技术、编程模型及语言、云存储技术、云安全技术；第 4 章讲授了云存储的概念、系统结构、关键技术、标准化、安全性及服务系统应用；第 5 章讲授了云计算的安全问题、安全属性、安全架构、安全标准化、服务保险、安全实施步骤等，并结合阿里云讲授云安全的策略与方法；第 6 章介绍了开源云计算系统，包括 Hadoop、Eucalyptus、OpenStack、CloudStack、云原生及 K8s 架构等典型开源云计算系统，分别从系统组成、关键技术、开发应用等方面进行阐述；第 7 章介绍了云计算应用开发实例，包括 Microsoft Azure Service、Salesforce、Amazon AWS、Google App Engine 的云应用开发，Hadoop 云计算编程实例，阿里云自助实验系统及案例；第 8 章介绍了物联网的概念及定义、发展历程、特征、标准化、发展状况、挑战与建议等；第 9 章阐明了物联网系统结构的设计原则，从多个不同视角讲授了物联网的系统结构，分析了物联网标准体系框架；第 10 章讲授了物联网的关键技术，包括现代感知与标识技术、嵌入式系统技术、网络与通信技术、信息融合技术、智能信息处理技术、新型服务计算技术、网络安全与管理技术等；第 11 章首先对物联网安全进行概述，然后讲授了物联网的安全问题、安全需求、安全机制、安全技术、安全标准，以及物联网安全的六大关系；第 12 章讲授了工业互联网标识解析及安全，包括工业互联网的基本概念与架构、工业互联网标识解析体系与技术、相关安全技术与相关标准等；第 13 章讲授了云计算与物联网实验，包括 RFID 实验、ZigBee 实验、Wi-Fi 实验、蓝牙实验、Hadoop 云计算实验、MQTT 发布订阅物联网消息实验等。

本书既可作为高等院校计算机科学与技术、物联网工程、信息安全等相关专业的本科生和研究生教材，又可作为云计算与物联网工程技术人员的参考书。

本书由北京科技大学计算机与通信工程学院的陈红松教授编写，得到了北京科技大学教材建设经费（编号 JC2020YB016）的资助和北京科技大学教务处的全程支持，在此表示感谢。

由于云计算与物联网技术发展较快，加之作者水平有限，书中不足之处在所难免，殷切希望广大读者批评指正并提出宝贵的意见和建议，以便进一步完善本书内容。作者 E-mail：chenhs@ustb.edu.cn。

目录

第 1 章
云计算的概念与发展

本章目标

◎ 掌握云计算的概念及定义

◎ 了解云计算的发展历程

◎ 认识云计算的特点

◎ 理解云计算的标准化

◎ 了解云计算的发展现状

◎ 认识云计算的挑战

1.1 云计算的概念及定义

云计算（Cloud Computing）从出现到繁荣只用了短短几年时间，它引起了众多企业及教育科研机构的重视。Google、IBM、Amazon、微软等 IT 巨头均空前关注云计算技术和产品。云计算到底是什么？云计算如何实现？作为新兴概念，云计算的标准化工作是如何推进的？云计算会遭遇哪些挑战？本章将通过分析以上这些问题，帮助读者对云计算形成一个初步的认识。云计算的概念最早是由 Google 提出的，并且在商业的推动下逐渐深入各类信息系统应用。

通过云计算技术可以快速得到大批量任务的处理结果，因为使用 1000 台服务器一小时的成本与使用一台服务器 1000 小时的成本相当。这种资源的伸缩性及无须为大规模处理支付额外费用的特性在 IT 历史上是前所未有的。

目前，云计算的概念被划分为狭义云计算和广义云计算。狭义云计算是指 IT 基础设施的交付和使用模式，即通过网络以按需、易扩展的方式获得所需 IT 基础设施（硬件、平台、软件等）。提供资源的网络被称为云。云中的资源在使用者看来是可以无限扩展的，并且可以随时获取，按需使用，随时扩展，按使用量付费。人们可以像购买水、电、燃气一样购买计算服务，使用 IT 基础设施将变为按需取用。相对应地，广义云计算是指服务的交付和使用模式，即通过网络以按需、易扩展的方式获得所需服务。

事实上，目前对云计算的定义并没有达成行业共识，各大主流厂商的云计算理念不一样，对云计算的理解更是不尽相同。IBM 的技术白皮书 *Cloud Computing* 中云计算的定义：云计算一词用来描述一个系统平台或一种类型的应用程序。关于系统平台方面，云计算平台按需进行动态的部署（Provision）、配置（Configuration）、重新配置（Reconfigure）及取消部署（Deprovision）等。云计算平台中的服务器可以是物理的服务器或虚拟的服务器。高级的云计算平台通常包含一些其他的计算资源，如存储区域网络（SAN）、网络设备、防火墙及其他安全设备等。关于应用程序方面，云计算描述了一种可以通过互联网（Internet）进行访问的可扩展应用程序——云应用，使用大规模的数据中心及功能强大的服务器来运行网络应用程序与网络服务。任何用户通过合适的互联网接入设备及标准浏览器都能访问云计算应用程序。

中国云计算网中云计算的定义：云计算是分布式计算（Distributed Computing）、并行计算（Parallel Computing）和网格计算（Grid Computing）的发展，或者说是这些科学概念的商业实现。

2009 年，美国官方对云计算设立法案草案。这份草案中云计算的定义：云计算是一种按使用付费的模型。该模型具有方便、可以按需访问共享资源池的特点。这里的共享资源池可以是网络、服务器、存储资源、应用或服务。云计算也可以利用最少的管理提供迅速的服务。云计算模型具有 5 个主要特点、3 个分发模型和 4 个部署模型。其中，5 个主要特点分别为按需自服务（On-Demand Self-Service）、无处不在的网络接入（Ubiquitous Network Access）、与位置无关的资源池（Location Independent Resource Pooling）、快速弹性（Rapid Elasticity）和可测量服务（Measured Service）；3 个分发模型分别为 SaaS（Software as a Service，软件即服务）、PaaS（Platform as a Service，平台即服务）及 IaaS（Infrastructure as a Service，基础设施即服务）；4 个部署模型分别为私有云（Private Cloud）、社区云（Community Cloud）、公共云（Public Cloud）及混合云（Hybrid Cloud）。

SaaS 把应用程序作为服务提供给用户。该模型的云服务在云基础设施上运行，由软件提供者提供应用程序。这些应用程序可以被各种不同的客户端，如 Web 浏览器、手机等客户端访问。用户不直接管理或控制底层云基础设施（网络、服务器、操作系统、存储资源等）。例如，新浪微博提供的开发和数据接口等软件服务。

PaaS 对开发环境进行抽象封装，对有效服务进行负载封装，实现系统的有效服务负载均衡。PaaS 利用资源提供者指定的编程语言和工具，将消费者创建或获取的应用程序部署到云基础设施上。用户可以控制部署应用程序，也可以配置应用的托管环境。例如，Hadoop 平台提供的云服务。

IaaS 把基本存储和计算能力作为标准的服务提供给用户。该模型的云服务通过租用处理存储资源、网络和其他基本的计算资源，使消费者能够在上面部署和运行任意软件，包括操作系统和应用程序。用户可以控制操作系统、存储资源、部署的应用，也可以选择网络构件（如主机防火墙）。例如，Amazon 提供的 S3、EC2 等服务。

随着云计算的不断深入发展，不同的云计算分发模型相互融合，同一产品往往涵盖两种以上的模型。模型界限模糊是未来的一种发展趋势。

由以上定义可知，云计算是虚拟化（Virtualization）、效用计算（Utility Computing）、IaaS、PaaS、SaaS 等概念混合演进并跃升的结果。

虽然目前云计算没有统一的定义，但是结合上述定义可以总结出云计算的一些本质特征，即分布式计算、存储特性、高扩展性、用户友好性和良好的管理性。

1.2　云计算的发展历程

云计算的发展历程如下。

1959 年 6 月，Christopher Strachey 发表《虚拟化》论文，虚拟化是今天云计算架构的基石。

1961 年，John McCarthy 提出计算力和通过公用事业销售计算机应用的思想。

1962 年，J.C.R. Licklider 提出星际计算机网络的设想。

1965 年，美国 Western Union 电话公司的一位高管提出建立信息公用事业的设想。

1984 年，Sun 的联合创始人 John Gage 提出"网络就是计算机"，用于描述分布式计算技术带来的新世界，今天的云计算正在将这一理念变成现实。

1996 年，Globus 开源网格平台起步。

1997 年，南加州大学教授 Ramnath K. Chellappa 提出云计算的第一个学术定义，认为云计算的边界不是技术局限，而是经济合理性。

1998 年，VMware（威睿公司）成立并首次引入 x86 的虚拟技术。

1999 年，Marc Andreessen 创建第一个商业化的 IaaS 平台——LoudCloud。Salesforce 公司成立，宣布软件终结革命开始。

2000 年，SaaS 兴起。

2004 年，Web 2.0 会议举行，Web 2.0 成为技术流行词，互联网发展进入新阶段。

2004 年，Google 发表了一篇关于 MapReduce 的论文。Hadoop 是 Google 集群系统的一个开源项目总称，主要由 HDFS、MapReduce 和 HBase 组成，其中 HDFS 是 Google 文件系统（Google File System，GFS）的开源实现；MapReduce 是 Google MapReduce 的开源实现；HBase 是 Google BigTable 的开源实现。

2004 年，Doug Cutting 和 Mike Cafarella 实现了 Hadoop 分布式文件系统（HDFS）和 MapReduce，Hadoop 成为了非常优秀的分布式系统基础架构。

2005 年，Amazon 宣布推出 Amazon Web Services 云计算平台。

2006 年，Amazon 相继推出在线存储服务（S3）和弹性计算云（EC2）等云服务。

2006 年，Sun 推出基于云计算理论的 BlackBox 计划。

2007 年，Google 与 IBM 在大学开设云计算课程。

2007 年 3 月，戴尔成立数据中心解决方案部门，先后为全球五大云计算平台中的三个（Windows Azure、Facebook 和 Ask.com）提供云基础架构。

2007 年 7 月，Amazon 推出 SQS（Simple Queue Service，简单队列服务），这项服务使托管主机可以存储计算机之间发送的消息。

2007 年 11 月，IBM 首次发布云计算商业解决方案，推出蓝云（Blue Cloud）计划。

2008 年，Amazon、Google 和 Flexiscale 的云服务相继发生宕机故障，引发业界对云计算安全的讨论。

2008 年 1 月，Salesforce 推出随需应变平台——Force.com，该平台是世界上第一个平台即服务的应用。

2008 年 2 月，EMC 中国卓越研发集团云架构和服务部正式成立，该部门结合云基础架构部、Mozy 和 Pi 两家公司共同形成 EMC 云战略体系。

IBM 宣布在中国无锡太湖新城科教产业园为中国的软件公司建立第一个云计算中心。

2008 年 4 月，Google App Engine 发布。

2008 年 5 月，Sun 在 JavaOne 2008 开发者大会上宣布推出 Hydrazine 计划。

2008 年 6 月，EMC 中国卓越研发集团启动道里可信基础架构联合研究项目。

IBM 宣布成立 IBM 大中华区云计算中心。此外，Gartner 发布报告，认为云计算代表了计算的方向。

2008 年 7 月，HP、Intel 和 Yahoo 联合创建全球云计算研发测试平台 Open Cirrus。

2008 年 8 月 3 日，美国专利商标局（USPTO）网站信息显示，戴尔正在申请云计算（Cloud Computing）商标，此举旨在加强对这一未来可能重塑技术架构的术语的控制权。戴尔在申请文件中称，云计算在数据中心和巨型规模的计算环境中，为他人提供计算机硬件定制服务。

2008 年 9 月，Google 推出 Google Chrome 浏览器，将浏览器彻底融入云计算时代。

2008 年 9 月，甲骨文公司和 Amazon AWS 合作，用户可在云中部署甲骨文软件、备份甲骨文数据库。

2008 年 9 月，思杰公布云计算战略，并发布新的思杰云中心（Citrix Cloud Center，C3）产品系列。

2008 年 10 月，微软发布其公共云计算平台——Windows Azure Platform，由此拉开了微软的云计算大幕。

2008 年 12 月，Gartner 披露十大数据中心突破性技术，虚拟化和云计算上榜。

2009 年，Cisco 先后发布统一计算系统（UCS）、云计算服务平台，并与 EMC、VMware 建立虚拟计算环境联盟。

2009 年 1 月，阿里软件在江苏南京建立首个电子商务云计算中心。

2009 年 4 月，VMware 推出业界首款云操作系统 VMware vSphere 4。

2009 年 7 月，Google 宣布将推出 Chrome OS 操作系统。

2009 年 7 月，中国首个企业云计算平台——中化企业云计算平台诞生。

2009 年 9 月，VMware 启动 vCloud 计划，构建全新云服务。

2009 年 11 月，中国移动云计算平台——大云计划启动。

2010 年，微软宣布其 90%员工将从事云计算及相关工作。

2010 年 1 月，HP 和微软联合提供完整的云计算解决方案。

2010 年 1 月，IBM 与松下达成迄今为止全球最大的云计算交易。

2010 年 1 月，微软正式发布 Microsoft Azure 云平台服务。

2010 年 4 月，Intel 在 IDF 上提出互联计算，试图用 x86 架构统一嵌入式、物联网和云计算领域。

2010 年 4 月，戴尔推出源于 DCS 部门设计的 PowerEdgeC 系列云计算服务器及相关服务。

2010 年 10 月 18 日，国家发展改革委、工业和信息化部联合颁布了《关于做好云计算服务创新发展试点示范工作的通知》，通知中指出，现阶段云计算创新发展的总体思路是"加强统筹规划、突出安全保障、创造良好环境、推进产业发展、着力试点示范、实现重点突破"。云计算创新发展试点示范工作要与区域产业发展优势相结合，与国家创新型城市建设相结合，与现有数据中心等资源整合利用相结合，要立足全国规划布局，推进云计算中心（平台）建设，为提升信息服务水平、培育战略性新兴产业、调整经济结构、转变发展方式提供有力支撑。

2012 年 6 月，科学技术部发布《中国云科技发展"十二五"专项规划（征求意见稿）》，该意见稿指出，十二五期间形成可批量推广的云计算解决方案；研发亿级并发云服务器；研制 EB 级云存储系统；培育和扶持一批具有竞争力的产业链核心企业。

2014 年 2 月 27 日，中央网络安全和信息化领导小组成立。该领导小组着眼国家安全和长远发展，统筹协调涉及经济、政治、文化、社会及军事等各个领域的网络安全和信息化重大问题。由此，网络信息安全已上升为国家战略。以去 IOE（IBM、Oracle 和 EMC 三家公司）为代表的国产软硬件对进口软硬件的替代趋势不可逆转，替代的路径是由最容易实现的服务器等硬件设备到云计算和云存储等软件与服务，最终到操作系统和数据库等核心基础软件平台。

2014 年，工业和信息化部针对云计算的"十三五"规划正式启动，我国云计算产业的发展思路和工作重点是：培育龙头企业，打造完整的产业链；鼓励有实力的大型企业兼并重组、集中资源；发挥龙头企业对产业发展的带动辐射作用，打造云计算产业链。

2015 年 1 月，国务院印发《关于促进云计算创新发展培育信息产业新业态的意见》，提出要在 2020 年让云计算成为我国信息化重要形态和建设网络强国的重要支撑。

2015 年 7 月初，国务院印发《关于积极推进"互联网+"行动的指导意见》，明确指出"探索互联网企业构建互联网金融云服务平台"，"支持银行、证券、保险企业稳妥实施系统架构转型，鼓励探索利用云服务平台开展金融核心业务"。

2016 年，科学技术部会同相关部门组织开展《云计算和大数据重点专项实施方案》编制工作，在此基础上发布指南，启动"云计算和大数据"重点专项。专项围绕云计算和大数据基础设施、基于云模式和数据驱动的新型软件、大数据分析应用与类人智能、云端融合的感知认知与人机交互 4 个创新链（技术方向）部署 31 项研究任务，实施周期为 2016—2020 年。

2020 年，在全球新冠疫情影响下，企业数字化转型的需求增多，云计算作为必要的基础设施迎来快速增长，混合云在成本及灵活应对各个场景下的用云需求等方面表现出独特的优势，其增长潜力也逐渐成为行业共识，各大云计算厂商争相布局。

2020 年 7 月，中国信息通信研究院发布《云计算发展白皮书（2020 年）》。相关数据显示，2019 年全球云计算市场规模达到 1883 亿美元，增速为 20.86%；预计到 2023 年，全球云计算市场规模将超过 3500 亿美元。

随着云计算的发展，云计算将更加快速地进入各相关行业，并且与物联网逐步融合。云计算将逐步关系到每个人的生活、工作等方面。在云计算快速发展的同时，大数据行业迎来了井喷式发展。面对大数据快速增加的存储需求，云存储无疑是大数据最好的解决平台。首先，云存储能够提供灵活的扩展空间；其次，云计算能够提供强大的计算能力，帮助企业发掘数据潜在价值。在数据分析方面，企业可以利用云计算分析数据内涵，发掘潜在的商业价值。未来，一切都可以变得智能化，如智能手表、智能衣服、智能电视、智能家居和智能汽车等，而且绝大多数智能设备的软件和数据都可以在云端运行与存储。

1.3 云计算的特点

云计算正在迅猛发展，它是如何施展魅力的？要搞清楚这一点，我们应该深入研究它吸引人的特点。从研究现状来看，云计算具有超大规模，并且能赋予用户前所未有的计算能力。具体地说，云计算具有以下特点。

- 超强的计算、存储能力。用户可以通过网络随时随地以各种终端使用几台到几十万台的服务器资源。
- 高可靠性。云计算使用冗余和数据多副本容错等措施来保障服务的高可靠性。云计算系统可以自动检测失效节点，并将失效节点排除，使其不影响系统的正常运行。
- 通用性。云计算不针对特定的应用，可以同时支持不同的应用；云计算也不针对特定的用户，客户端的设备要求低，使用方便。
- 按需服务、高可扩展性、超大规模。云是一个庞大的资源池（Resource Pool），可以按需购买和计费，规模可以动态伸缩。服务的实现机制对用户透明，用户无须了解云计算的具体机制，就可以获得需要的服务。
- 虚拟化。云计算支持用户在任意位置使用各种终端获取应用服务。所请求的资源来自云，而不是固定的有形实体。应用在云中运行，用户无须了解应用的具体位置。
- 高级别的编程模型。云计算系统提供高级别的编程模型，用户通过简单学习就可以编写自己的云计算程序，使其在云系统上执行，满足自己的需求。现在，云计算系统主要采用 MapReduce 模型。
- 经济性。组建一个大量商业机组成的机群相对于组建同样性能的超级计算机花费的资金要少很多。可用廉价节点构成云，并且实现云的自动化集中式管理，从而降低数据中心的管理成本。云的通用性使资源利用率大幅提升，从总体上使成本大幅降低。

1.4 云计算的标准化

随着云计算业务的快速发展，标准化成为云计算行业的讨论热点，国际上已经出现了众多云计算标准化组织。根据 Gartner 的统计，2010 年全球云服务收入达到 683 亿美元，与 2009 年 586 亿美元的收入相比约增长 16.6%，云计算行业 2014 年收入达到 1488 亿美元，呈现出强劲的增长势头。Gartner 预测，到 2025 年，将有 85%的企业和组织采用云优先原则。云计算未来将变成一种类似于电信服务的公共服务，充分市场化的公共云服务涉及服务提供商之间的接口（类似于运营商间的网络与业务互联），以及服务提供商与用户之间的接口（类似于运营商与终端用户之间的接口），这些接口都需要进行标准化，以实现服务提供商间业务的互通，同时避免服务提供商对用户的锁定。为应对以上需求，国际上已经有众多标准组织及产业联盟启动了云计算及云服务的标准化工作，分析云计算标准化的方向与趋势。

1.4.1 国际云计算标准化的现状

目前，全球范围内的云计算标准化工作已经启动，已经有 30 多个标准组织宣布加入云计算标准的制定行列，并且组织数量还在不断增加。这些标准组织大致可分为以下 3 种类型。

- 以 DMTF（Distributed Management Task Force，分布式管理任务组）、OGF（Open Grid Forum，开放式网格论坛）、SNIA（Storage Networking Industry Association，存储网络工业协会）等为代表的传统 IT 标准组织或产业联盟，这些标准组织中有一部分原来是专注于网格标准化的，现在转而进行云计算的标准化工作。
- 以 CSA（Cloud Security Alliance，云安全联盟）、OCC（Open Cloud Consortium，开放云联盟）、CCIF（Cloud Computing Interoperability Forum，云计算互操作论坛）等为代表的专门致力于进行云计算标准化的新兴标准组织。
- 以 ITU（International Telecommunication Union，国际电信联盟）、ISO（International Standardization Organization，国际标准化组织）、IEEE（Institute of Electrical and Electronics Engineers，电气与电子工程师学会）、IETF（Internet Engineering Task Force，互联网工程任务组）为代表的传统电信或互联网领域的标准组织。

大部分标准组织的成果只是一些白皮书或技术报告，如表 1.1 所示，能够形成标准文档的较少。即使是已经发布的一些标准，由于领域比较局限也没有产生很大影响。

表 1.1　云计算相关标准

标准组织	题目	类型	发布时间
CSA	Cloud Computing Security Technology Requirements(CSTR)	联盟标准	2016-10
	Top Threats to Cloud Computing	白皮书	2010-3
	Security Guidance for Critical Areas Of Focus Cloud Computing	白皮书	2009-12
DMTF	Interoperable Clouds	白皮书	2009-11
	Architectures for Managing Clouds	白皮书	2010-6-18
	Use Cases and Interactions for Managing Clouds	白皮书	2010-6-18
	Open Virtualization Format Specification	DMIF 标准	2010-1
	Common Information Model System Virtualization	白皮书	2007-11
	Virtualization MANagement (VMAN) A Building Block for Cloud Interoperability	技术报告	2009-8
GICTF（Global Inter-Cloud Technology Forum，全球云间技术论坛）	Use Cases and Functional Requirements for Inter-Cloud Computing	白皮书	2010-8
开放云计算宣言（Open Cloud Manifesto）	Cloud Computing Use Cases V4.0	白皮书	2010-7

标准组织	题目	类型	发布时间
SNIA	*Cloud Data Management Interface（CDMI）Version 2.0.0*	SNIA 标准	2020-9
	Towards a CDMI Health Care Profile	SNIA 标准	2015-3
	Cloud Data Management Interface（CDMI）Version1.0	SNIA 标准	2010-4
	Cloud Storage for Cloud Computing	白皮书	2009-9
	Managing Data Storage in the Public Cloud	白皮书	2009-10

一些标准组织进行了大量有意义的工作，正在努力将云计算的标准化向前推动。

1．重要的标准组织

1）NIST

NIST（National Institute of Standards and Technology，美国国家标准技术研究院）由美国联邦政府支持，进行了大量的标准化工作。美国联邦政府在新一任联邦首席信息官的推动下，正在积极推进联邦机构采购云计算服务。NIST 作为联邦政府的标准化机构，承担着为政府提供技术和标准支持的责任。NIST 集合众多云计算方面的核心厂商，共同提出到目前为止被广泛接受的云计算定义，并且根据联邦机构的采购需求，不断推进云计算的标准化工作。

2）DMTF

DMTF 是领导面向企业和 Internet 环境的管理标准和集成技术的行业组织。DMTF 在 2009年 4 月成立了开放云标准孵化器（Open Cloud Standards Incubator），主要致力于 IaaS 的接口标准化，制定开放虚拟接口格式（Open Virtualization Format，OVF），以使用户可以在不同的 IaaS 平台间自由地迁移。

3）CSA

CSA 是专门针对云计算安全方面的标准组织，发布的《云计算关键领域的安全指南》白皮书已成为云计算安全领域的重要指导文件。

4）IEEE

云计算（主要是以虚拟化方式提供服务的 IaaS 业务）给传统的 IDC（Internet Data Center，互联网数据中心）及以太网交换技术带来了一系列难以解决的问题，如虚拟机间的交换、虚拟机的迁移、数据/存储网络的融合等。作为以太网标准的主要制定者，IEEE 目前正在针对以上问题进行研究，并且已经取得了一些阶段性的成果。

5）SNIA

SNIA 是专注于存储网络的标准组织，目前已经发布了《云数据管理接口》2.0.0 版本。

6）其他组织

ITU、IETF、ISO 等传统的国际标准组织已经开始重视云计算的标准化工作。ITU 成立了云计算焦点组（Cloud Computing Focus Group）之后，又在 SG13 成立了云计算研究组（Q23）；

IETF 在近两次会议中都召开了云计算的兴趣组 BOF（Birds of a Feather），吸引了众多成员的关注；ISO 在 ISO/IEC JTC1 中进行了一些云计算相关的 SOA 标准化工作等。与其他专注于具体某个行业领域的组织不同，这些标准组织希望能够从顶层架构的角度对云计算标准化进行推进，虽然短期内可能不会取得太多成果，但长期来看，这些组织如果能够吸收众家之长，完成云计算标准的顶层设计，应该是非常有意义的。

2．国际云计算标准化的特点

1）私有与开源实现给标准化造成一定的困难

从目前云计算服务提供商的情况来看，云平台的私有和开源实现仍是主导。一方面，云计算相关的开源实现，如 Hadoop、Eucalyptus、KVM 等，已成为构建云计算平台的重要基础。一些具有自主开发能力的企业在这些开源实现的基础上进行开发，以提供具有个性化特点的云计算业务；另一方面，具有先发优势的公司利用其成熟的技术和产品形成了事实标准，如 VMware、Citrix 的虚拟机管理系统等，这些产品主导了云计算解决方案市场。

云平台基于开源或私有技术与云计算的标准化并不冲突，因为对于标准化来说，重点应该在于系统的外部接口，而不是系统的内部实现。但由于一些开源的实现方式无法提供面向平台间互联与互操作的接口，一些私有或专用的云平台出于利益关系不愿提供开放的接口，因此给标准化造成了一定的困难。

2）IaaS 是标准化的重点

IaaS 是基础性的云计算服务，实现了基础 IT 资源（存储、CPU、网络等）的虚拟化。从产业角度来看，由于 IaaS 具有比较成熟的产业链，是传统的企业数据中心向云计算迁移的最现实与便捷的方式，因此 IaaS 是目前市场上受到最多宣传与关注的云计算业务模式，在某种程度上，IaaS 已经成为云计算的代名词。从技术角度来看，IaaS 的概念和技术实现最为明确，主机虚拟化、分布式存储等技术在形式和目标上比较统一。由于 IaaS 的标准化既有技术上的可行性，又存在市场需求，因此成为目前标准化的重点目标。

3）互操作、业务迁移和安全是标准化的主要方向

NIST 将云计算标准化的重点定为互操作、可移植性与安全，这可能代表了产业界对云计算标准化方向的一种共识。目前，众多标准组织都把云的互操作、业务迁移与安全列为云计算的最主要的 3 个标准化方向。

类似于今天电信网络中不同运营商同类业务间的互联互通，未来云提供商之间必然也要实现互联、互操作，这是建立合理的市场竞合关系的必要条件。云平台之间的互操作将促进云计算产业链的进一步细分，并且产生更加灵活和多样化的业务形式。互操作将产生众多云间接口的标准化需求，如计算云与存储云间的接口、软件云与基础设施云间的接口等。

云间的业务迁移是维护市场秩序、避免业务垄断和用户锁定的重要基础。云间的业务迁移需要在提供同类云计算业务的提供商之间定义标准化的业务、资源、数据描述方式，产生了大量的标准化需求。

在云计算发展面临的挑战中，安全和隐私排在首位。由于云安全是决定云计算能否生存下去的关键问题，因此成为标准化所关注的重点。安全问题需要从法律、监管、信任体系等多个角度入手解决，标准化只是其中的一个方面。从技术角度看，云安全问题带来了对云平台及客

户端安全防护、数据加密、监管接口等多方面的标准化需求。

4）市场主导者在标准化问题上的态度日趋积极

由于标准化是避免垄断的一种技术手段，因此一些云计算的先行者最初对于标准化的态度并不积极。2009 年 3 月底，由 IBM 公司发起，AMD、EMC、Sun、SAP、VMware 等数十家业内知名的芯片、存储、虚拟化、软件厂商和组织共同签署了一份"开放云计算宣言"，为开放云计算制定若干原则，以保证未来云计算的互操作。该宣言受到了微软、Amazon、Google 等云计算先行者的抵制，这些公司均拒绝签署该宣言。

2009 年 4 月，在众多企业的支持下，DMTF 成立了开放云标准孵化器，希望能够为 IaaS 制定一套技术规范，但是当时市场上 IaaS 业务的最主要厂商 Amazon 并不支持这一组织，Amazon 认为云计算还没有到达需要标准化的阶段。

以上案例都表明了市场的主导者对于标准化的态度，他们不希望目前的垄断局面被打破。但市场的发展是无法阻挡的，市场规模的扩大必然需要给后来者生存空间。标准化，尤其是互操作与业务迁移的标准化，是使市场走向开放的重要基础。因此，市场主导者的态度也在逐渐发生积极的变化。目前，Google 正在积极参加 IETF 对于云计算的讨论；Salesforce 成为了 CSA 的成员之一；微软、Intel 等成为了 DMTF 的董事会成员。以上这些变化都说明，云计算的标准化已经成为业界的共识。云计算的相关标准组织及其工作目标和主要成员如表 1.2 所示。

表 1.2 云计算的相关标准组织及其工作目标和主要成员

序号	标准组织	工作目标	主要成员
1	ISO/IEC JTC1/SC7（国际标准化组织/国际电工委员会第一联合技术委员会/软件工程分技术委员会）	2009 年 5 月成立"云计算 IT 治理研究组"，研究分析市场对于 IT 治理中的云计算标准需求，并且提出 JTC1/SC7 内的云计算标准目标及内容	韩国、中国及其他有兴趣的国家成员体
2	ISO/IEC JTC1/SC38（国际标准化组织/国际电工委员会第一联合技术委员会/分布式应用平台与服务分技术委员会）	2009 年 10 月成立"云计算研究组"，研究分析市场对于云计算标准的需求，与其他云计算相关的标准组织或协会沟通，并确立 JTC1 内的云计算标准内容	韩国、中国及其他有兴趣的国家成员体； ISO 内其他有兴趣的标准组织及云计算协会
3	DMTF	2009 年成立开放云标准孵化器，着手制定开放式云计算管理标准；其他工作还有 OVF、云计算互操作性白皮书、DMTF 和 CSA 共同制定云安全标准	AMD、Cisco、CITRIX、EMC、HP、IBM、Intel、微软、Novell、RedHat、Sun、VMware、Savvis 等
4	CSA	促进最佳实践以提供在云计算内的安全保证和基于云计算的教育来帮助保护其他形式的计算	eBay、ING、Qualys、PGP、zScaler 等

续表

序号	标准组织	工作目标	主要成员
5	ETSI（欧洲电信标准组织）	正在更新工作范围，以包括云计算这一新出现的商业趋势，重点关注电信及 IT 相关的 IaaS	电信行政管理机构、国家标准化组织、网络运营商、设备制造商、专用网业务提供者、用户研究机构等
6	NIST	正在制定云计算的定义。NIST 主要为美国联邦政府服务，聚焦云架构、云安全和部署策略	美国 NIST 云计算工作组
7	SNIA	SNIA 云存储技术工作组于 2020 年 9 月发布了《云数据管理接口》2.0.0 版本，其中包括 SNIA 云存储的参考模型及基于这个参考模型的 CDMI 参考模型。SNIA 希望为云存储和云管理提供相应的应用程序接口并向 ANSI 和 ISO 提供这些标准	ActiFio、Bycast、Calsoft、Cisco、The CloudStor Group at the San Diego Supercomputer Center、EMC、CoGrig 等
8	OMG（对象管理组织）	建立云的互操作及可移植性	OMG 相关成员，IBM、HP 等
9	OGF	开发管理云计算基础设施的 API（Application Program Interface，应用程序接口），创建能与 IaaS 进行交互的实际可用的解决方案	Microsoft、Sun、Oracle、Fujitsu、Hitaohi、IBM、Intel、HP、AT&T、eBay 等
10	OCC	开发云计算基准和支撑云计算的参考实现；管理开放云测试平台；改善跨地域的异构数据中心的云存储和计算性能，使不同实体能一起无缝操作	Cisco、MIT 林肯实验室、各个大学（包括芝加哥的伊利诺伊大学）
11	OASIS（结构化信息标准促进组织）	OASIS 认为云计算是 SOA 和网络管理模型的自然延伸，致力于基于现存标准 Web Services、SOA 等建设云模型及轮廓相关的标准；OASIS 成立了云技术委员会 IDCloud TC，该技术委员会定位于云计算中的识别管理安全	OASIS 相关成员，EMQ、华为公司等
12	TOG（开放群组）	成立了云计算工作组，确保在开放的标准下高效安全地使用企业级架构与 SOA 的云计算	TOG 相关成员，美国 NASA、中国金蝶等

续表

序号	标准组织	工作目标	主要成员
13	CCIF	建立一个共同商定的框架/术语，使得云平台能在一个统一的工作区内交流信息，使得云计算技术和相关服务能应用于更广泛的行业	Cisco、Intel、Thomson Reuters、Orange、如 Sun、IBM、RSA 等
14	Open Cloud Manifesto	研究在同样应用场景下两种或多种云平台之间进行信息交换的框架，同时进行云计算的标准化最新趋势的研究，提供参考架构的最佳实践等。 该组织主要负责收集用户和云计算提供方对于云计算技术的需求并发起相关讨论，为其他标准组织提供参考，目前发布了《云计算案例白皮书 V3.0》	目前已有 300 多家单位参与，Sun、VMware、Cisco、EMC、RedHat 等

1.4.2　国内云计算标准化的现状

云计算要在中国发展，首先要在某个应用领域、某些专业领域内实现专业云，由专业云过渡到混合云，由混合云再到真正的云；其次要在现有的信息技术基础上实现迁移，把云的概念、体系架构应用到现有的体系架构、应用系统里面，并且迁移到云的架构体系当中去。援引中国电子学会常务副理事长刘汝林的说明，关于标准化工作，要考虑 4 个方面：一是云计算的迫切性和必要性；二是云计算标准的复杂性；三是云计算标准的开放性；四是云计算的兼容性和渐进性。同时，我国的标准化工作需要加强调研，要做好标准的顶层体系结构设计，协调相关方面的关系，坚持开放性，要采取先易后难的发展思路。

目前在云计算产业与服务方面我国并未在国际上取得领先地位，但在云计算的国际标准化方面，国内许多企业与研究机构都在积极参与。

在 DMTF 中，联想已经成为领导层（Leadership）会员，华为也成为参与（Participation）会员；联想网御、瑞星、蓝盾已经成为 CSA 的成员；在 IETF 中，中兴发起了云计算方面的 BOF 会议；在 ITU 中，中兴、电信研究院等单位在云计算焦点组、SG13 云计算研究组中发挥着重要作用；在标准化推动组织 The Open Group 中，我国的金蝶公司已经成为董事会成员；电子技术标准化研究院成为 ISO JTC1 云计算标准化工作的发起单位；中国电信正式加入了全球云计算研发测试平台 Open Cirrus。

全国信息技术标准化技术委员会 SOA 分委会联合云计算相关企业、高校和科研院所等开展制定了《云计算数据中心参考架构》的标准化工作。

由中国等国家成员体推动立项并重点参与的两项云计算国际标准——ISO/IEC 17788:2014《信息技术 云计算 概述和词汇》和 ISO/IEC 17789:2014《信息技术 云计算 参考架构》正式发布，标志着云计算国际标准化工作进入了新阶段。这是国际标准化组织（ISO）、国际电工委员会（IEC）与国际电信联盟（ITU）三大国际标准化组织首次在云计算领域联合制定标准，由

ISO/IEC JTC1 与 ITU-T 组成的联合项目组共同研究制定。

云计算服务安全评估相关国家标准包括 GB/T 31168—2014《信息安全技术 云计算服务安全能力要求》、GB/T 31167—2014《信息安全技术 云计算服务安全指南》、GB/T 34942—2017《信息安全技术 云计算服务安全能力评估方法》和 GB/T 37972—2019《信息安全技术 云计算服务运行监管框架》。

我国在云计算领域的相关标准如表 1.3 所示。

表 1.3　我国在云计算领域的相关标准

序号	标准编号	标准名称	发布日期	实施日期
1	GB/T 37700—2019	信息技术 工业云 参考模型	2019-8-30	2020-3-1
2	GB/T 37724—2019	信息技术 工业云服务 能力通用要求	2019-8-30	2020-3-1
3	GB/T 37732—2019	信息技术 云计算 云存储系统服务接口功能	2019-8-30	2020-3-1
4	GB/T 37734—2019	信息技术 云计算 云服务采购指南	2019-8-30	2020-3-1
5	GB/T 37735—2019	信息技术 云计算 云服务计量指标	2019-8-30	2020-3-1
6	GB/T 37736—2019	信息技术 云计算 云资源监控通用要求	2019-8-30	2020-3-1
7	GB/T 37737—2019	信息技术 云计算 分布式块存储系统总体技术要求	2019-8-30	2020-3-1
8	GB/T 37938—2019	信息技术 云资源监控指标体系	2019-8-30	2020-3-1
9	GB/T 37738—2019	信息技术 云计算 云服务质量评价指标	2019-8-30	2020-3-1
10	GB/T 37739—2019	信息技术 云计算 平台即服务部署要求	2019-8-30	2020-3-1
11	GB/T 37740—2019	信息技术 云计算 云平台间应用和数据迁移指南	2019-8-30	2020-3-1
12	GB/T 37741—2019	信息技术 云计算 云服务交付要求	2019-8-30	2020-3-1

上述情况表明，我国在云计算标准化方面已经不是一个旁观者，我们在不断尝试完善云计算标准化，为未来我国能够在云计算领域拥有一定的话语权打下了基础。

1.5　云计算的发展现状

1.5.1　国际云计算的发展现状

2009 年全球云计算市场规模相对较小，市场规模为 160 亿美元，但增长速度相当快，IDC 报告显示未来全球云计算市场平均每年将增长 27%。各国政府与 IT 企业纷纷合作，共同拉动云计算跳跃式发展。如今 IT 界对云计算的讨论及研发进入关键阶段，企业、研究部门纷纷向云计算靠拢。在众多云计算实验室、服务托管中心、云计算中心中，Google 的云计算平台、IBM 的蓝云和 Amazon 的弹性计算云的业绩夺目。IDC 的高级副总裁兼主要分析师 Frank Gens 在他的分析报告中指出云计算服务仍然处在早期发展阶段，同时列出了云计算服务面临的九大挑战和问题。他指出目前用户最关心的是云计算的安全问题，当他们的商业信息和重要的 IT 资源放置在云上时，用户们觉得很不安全。其次用户关心的是云计算的性能和可用性，即云计算的可靠性。云计算的可靠性涉及网络、云计算系统，提供云计算服务整个生态链的可靠性。

为了使读者更好地了解云计算的发展现状，笔者将展开介绍各个国家的发展特点。

1．美国云计算发展

由于美国政府的技术决策者认为云计算的优势远大于风险，因此美国政府正大力推行采用云服务或自行构建云服务的计划。云计算在美国政府机构的 IT 政策和战略中扮演着越来越重要的角色。2009 年 5 月，在美国华盛顿举行的联邦 IT 成本节约论坛上，来自美国军方、国防信息系统局、总务管理局、宇航局、国家标准和技术研究所及国防部、能源部和内政部的人士，充分讨论了采用云平台和云服务时所面临的安全、法规、互操作性和 IT 技能发展等问题。虽然他们在一些问题上达成了共识，但是由于云计算存在概念模糊、安全隐患及缺乏典型部署等问题而争议不断。因此，NIST 草拟了云计算的定义。美国总务管理局则向服务提供商们发布了信息请求，其中包括 45 个问题，涉及价格、服务级别协议、操作程序、数据管理、安全和互操作性等方面，这表明美国政府机构对云计算的兴趣渐浓。同年 9 月，美国前总统贝拉克·奥巴马就宣布将执行一项影响未来的长期性云计算政策，希望能借云计算的发展解决美国政府应用虚拟化带来的居高不下的 IT 经济支出问题。该政策的出台无疑成为了云计算发展最好的催化剂，迅速引起了 Amazon、Google、IBM 等科技公司的密切关注。

因此，在美国，政府成为了云计算最大也最可靠的 IT 支出来源。政府大力推行云计算计划，前联邦首席信息官维维克·昆德拉于 2009 年 9 月 16 日发布了一个在线商城，使各个联邦机构可以浏览及购买以云为主的 IT 服务，该网站提供了许多 IT 服务业者，整合了商业、社交媒体、生产力应用与云端 IT 服务。此后，美国政府在 2010 会计年度开始将轻量级的工作流程都转到云端，并且加强了对云计算的安排，把云计算纳入了政府规划与架构中，资助了众多试点项目，包括中央认证、目标架构与安全、隐私及采购等相关内容。此外，美国国防信息系统部门在其数据中心内部搭建云环境，美国宇航局下设的艾姆斯研究中心也推出了一个名为"星云"（Nebula）的云计算环境。政府行为一般能带动整个产业。在美国，Amazon 公司曾为与政府机构合作的 IT 服务公司开设了为期两天的有关云计算方面的培训课程。微软也表示美国政府目前对微软的 Azure 云服务很感兴趣，Azure 云服务可以为自己迅速扩展 IT 资源，满足奥巴马总统下令加强透明度的要求。在全球信息化浪潮与云计算等理念的推动下，Google、IBM、Intel、AMD、微软等 IT 巨头纷纷进入云计算及虚拟化领域，以软件创新推动硬件变革，最大限度地提高资产使用率，节约运营成本，以获得最大的效益和灵活性。

2．日本云计算发展

当美国政府大力支持云计算发展的时候，日本奋起直追，日本政府出台各种云计算发展计划政策，大力扶持和引领日本云计算发展。在当前日本 IT 业界，云计算已经是热门话题，它成为信息产业变革的代名词，不开展云计算业务，似乎就落后于潮流，落后于潮流就意味着在一日千里的 IT 业界竞争中败下阵来。

日本顺应 IT 发展的潮流，旨在降低政府 IT 运营成本，其内务部和通信监管机构计划建立一个大规模的云计算基础设施，以支持政府运作所需的信息系统。这一被命名为 Kasumigaseki Cloud 的基础设施已在 2015 年完工，目的是将政府的所有 IT 系统巩固到单一的云基础设施上，提高运营效率并降低成本。Kasumigaseki Cloud 让各个政府机构协作完成共同的职能，大大减少了电子政务的发展和运营成本，同时提高了政务处理速度和功能整合共享效率，提供安全、先进的政府服务。

日本 IT 大型公司纷纷加大对云计算的投入力度，积极响应政府发展云计算政策。日本富士通公司前总裁山本正已在 2010 年 7 月 9 日宣布，2010 财年对通过因特网向用户提供软件服务的云计算事业的投资计划为 1000 亿日元，约为 2009 财年的 1.5 倍，并且把云计算视为增长的原动力。富士通公司 2010 财年的设备投资和研究开发费用为 4050 亿日元，其中云计算投资占了 1/4。富士通公司计划先强化国内基础，再向海外扩展，二者结合提高经营效益。日本富士通公司还与美国微软公司合作，开展通过互联网向用户提供软件和信息系统服务的云计算业务，以增强竞争力，开拓世界云计算市场。在日本，把云计算作为投资重点的公司有很多：NTT 公司斥资 2800 亿日元收购南非 IT 企业，目的是强化云计算业务；NEC 公司从 2010 年 7 月开始加大云计算服务力度，计划在几年内营业额达到 1000 亿日元，并培育专业人员 1 万人。

3．欧洲云计算发展

美国领跑全球云计算发展，日本等国紧随其后，云计算成为多国 IT 热门的战略重点，然而在欧洲遭到了质疑和冷遇。目前，以德国和英国为首的欧洲各国，对云计算提出了 3 点质疑：安全隐患、可靠性缺乏和概念的不成熟。

云计算要求用户将信息存储在云端，使用时从云端直接启动，这点触及用户的数据隐私，引发欧洲各国政府对信息安全的担忧。微软、Google 和美国其他科技巨头正积极促使欧盟对隐私法规进行整合，以便为欧盟提供更多的远程计算和数据存储服务。这些公司希望斥巨资在欧洲建立一些大型数据中心，在欧盟 27 国内建立统一的云计算服务法规。同时，他们向 5 亿个欧盟用户销售计算能力和存储空间，这些空间可以存储从家庭照片到医疗记录的各种内容。但是多数的欧洲政府对私人公司保持着相当大的警惕，尤其是美国公司，不愿让它们控制太多公民的数据，因此强烈反对在欧盟建立统一的法规。

如果云计算的安全隐患不能消除，那么云计算在欧洲的发展将受到诸多阻碍。同时欧洲国家对云计算模糊的概念提出了异议，虽然目前已经有很多定义，但是始终没有统一云计算的定义。诸多原因导致云计算在欧洲各国的 IT 战略发展中成为排名较为靠后的战略项目。相比美国和日本，欧洲对于云计算的发展态度较为保守和谨慎。

1.5.2　国内云计算的发展现状

与国外相比，我国云计算起步较晚，但是发展的增长势头相当可观。从 2008 年开始，国内外企业在我国逐渐建立了多个云计算中心。政府对云计算的发展也保持鼓励和扶持的态度，意在增强科技创新力，提高云计算发展的自主创新能力。2010 年，国务院发布的《国务院关于加快培育和发展战略性新兴产业的决定》中明确指出，加快建设宽带、泛在、融合、安全的信息网络基础设施，推动新一代移动通信、下一代互联网核心设备和智能终端的研发及产业化，加快推进三网融合，促进物联网、云计算的研发和示范应用。同年，国家发展改革委、工业和信息化部联合印发《关于做好云计算服务创新发展试点示范工作的通知》，在北京、上海、深圳、杭州、无锡 5 个城市先行开展云计算创新发展试点示范工作。试点示范主要内容包括针对政府、大中小企业和个人等不同用户需求，研究推进 SaaS、PaaS 和 IaaS 等服务模式创新发展。可选择若干信息服务骨干企业作为试点企业，建设云计算中心（平台），面向全国开展相关服务。

我国云计算服务市场处于起步阶段，云计算技术与设备具备一定的发展基础。我国云计算服务市场总体规模较小，但追赶势头明显。据 Gartner 估计，未来我国与国外在云计算方面的差距将逐渐缩小。

大型互联网企业是目前国内主要的云计算服务提供商，业务以 IaaS+PaaS 形式的开放平台服务为主，其中 IaaS 服务相对成熟，PaaS 服务初具雏形。我国大型互联网企业开发了云主机、云存储、开放数据库等基础 IT 资源服务，以及网站云、游戏云等一站式托管服务。一些互联网公司自主推出了 PaaS 云平台，并且向企业和开发者开放，其中数家企业的 PaaS 平台已经吸引了数十万个开发者入驻，通过分成方式与开发者实现了共赢。

ICT（Information and Communication Technology，信息与通信技术）制造商在云计算专用服务器、存储设备及企业私有云解决方案的技术研发上具备相当强的实力。其中，国内企业研发的云计算服务器产品已经具备一定竞争力，在国内大型互联网公司的服务器新增采购中，国产品牌占到了 50%以上的份额，同时正在逐步进入国际市场；国内设备制造企业的私有云解决方案已经具备千台量级物理机和百万台量级虚拟机的管理水平。

软件厂商逐渐转向云计算领域，开始提供 SaaS 服务，并向 PaaS 领域扩展。业界领先的国内 SaaS 软件厂商签约用户已经过万人。

电信运营商依托网络和数据中心的优势，主要通过 IaaS 服务进入云计算市场。中国电信于2011 年 8 月发布天翼云计算战略、品牌及解决方案，计划于 2012 年提供云主机、云存储等 IaaS服务，未来还将提供云化的电子商务领航等 SaaS 服务和开放的 PaaS 服务平台（目前已完成）。中国移动自 2007 年起开始搭建大云（BigCloud）平台，2011 年 11 月发布了大云 1.5 版本，移动 MM 等业务将在未来迁移至大云平台（目前已完成）。中国联通则自主研发了面向个人、企业和政府用户的云计算服务沃·云。目前沃·云业务以存储服务为主，实现了用户信息和文件在多个设备上的协同功能，以及文件、资料的集中存储和安全保管。

工业和信息化部的调查中显示，2013 年我国公有云服务市场规模约为 47.6 亿元，增长率达36%，有 8%的受访企业已经开始了云计算应用，其中公有云服务占 29.1%，私有云服务占2.9%，混合云服务占 6%，更有 76.8%的受访者表示会将更多的业务迁移至云环境。国内企业对云计算的认知和采用逐年提升。国内云计算仍处在高速发展期，公有云市场规模不断扩大，首次超过私有云。中国信息通信研究院《云计算发展白皮书（2020 年）》显示，2019 年我国云计算整体市场规模达 1334 亿元，增速为 38.6%。其中，公有云市场规模达到 689 亿元，较 2018年增长 57.6%；私有云市场规模达 645 亿元，较 2018 年增长 22.8%。未来几年，云计算市场将保持稳定增长。2019 年，云计算领域人才月均薪酬在 1 万元以上的占比高达 93.7%，3 万元以上的占比也高达 24.7%，市场对云计算人才的刚需显见。

近年来国内细分行业 SaaS 市场需求旺盛，受新冠疫情的影响，SaaS 需求突增，并且原 IaaS需求也部分转移到 SaaS。新冠疫情的出现使很多企业养成了使用线上应用的习惯，这些线上应用的背后主要是疫情防控、视频会议等 SaaS 服务。

我国云计算发展独树一帜的地方是国内企业创造的云安全概念。云安全先通过大量网状的客户端对网络中软件行为的异常进行监测，获取互联网中病毒的最新信息，送到服务端进行自动分析和处理，再把病毒的解决方案分发到每一个客户端。云安全的策略构想是使用者越多，每个使用者就越安全。因为如此庞大的用户群，足以覆盖互联网的每个角落，只要某个网站被挂马或某个新病毒出现，就会立刻被截获。

1.6　云计算的挑战

现在无论是政府、学术界或企业界，许多行业对云计算的关注度都迅速提高。人们从多角度来分析定义云计算，在探讨云计算对人类未来影响的同时，关注到云计算存在的各种问题。当云计算"风起云涌"的时候，它也面临着巨大的挑战。

1. 信息安全问题方面的挑战

在云计算时代，用户需要把自己的所有信息存放到云计算提供商的服务器中，这意味着用户无法掌控服务器数据的生命周期。那么是否能够保证用户数据的隐私和安全，是云计算提供商面临的一个巨大挑战。云安全包括数据的安全性、隐私问题、身份鉴别等方面。与传统应用不同，云计算数据保存在云中，这对数据的访问控制、存储安全、传输安全和审计都带来了极大的挑战，在身份鉴别方面需要解决跨云的身份鉴别问题。因此，安全问题被认为是云计算普及的头号大敌，主要表现为以下几个方面。

- 若云端使用浏览器来接入，因为浏览器在计算机中相对脆弱，其自身漏洞可以使用户的证书或认证密钥泄露，所以客户端的可用性和安全性对于云计算的发展至关重要。
- 云中各种不同的应用需要认证，从云端到云之间进行有效的认证需要简单高效的认证机制。
- 在应用服务层中，需要高效的手段保证网络的服务质量，免受病毒侵袭，保护数据隐私安全。
- 在基础设施层中，数据的完整性、可用性、保密性和隔离风险性都是令人担忧且棘手的问题。

2. 云计算对软件的挑战

云计算是以应用为目的，通过互联网将必要的大量硬件和软件按照一定的结构体系连接起来，并且随应用需求的变化不断调整结构体系，建立的一个内耗最小、功效最大的虚拟资源服务中心。

首先，云计算应用的发展使用户可以在云里获取所需资源，软件开发会如用 Word 等工具编辑文字一样，用户将自己编写所需要的软件程序。

其次，云计算将促使全球资源迅速集中。各种资源通过技术手段按照市场规则被分类集中，资源的使用效率达到最大化，同时资源的分配在有效监控下做到了尽可能公平。大量的计算机组成了一个庞大的计算资源中心，大量的软件系统组成了一个庞大的云计算软件系统，这些软件系统原来是孤立地分散在不同的计算中心里。当数百万或数亿个功能集中到一个云里，而且它们之间有很多关联的时候，就有可能构成软件危机。由于软件危机有可能使云计算系统无法正常运营，甚至崩溃，因此云计算必须面对和解决软件危机。

3. 云计算对商业运营模式的挑战

商业模式是以商品所有者为中心，把商品、消费者、信息、流通等元素按照一定的组织形式连接在一起形成实现商品价值转移的结构体系。商业模式即赚钱策略。云计算的成功不仅在于先进的技术，还在于适合的商业模式和强大的运营能力，这三大要素的有机结合成为国内云计算服务提供商赢得市场和用户并最终成功的关键。根据不同的产业参与者，云计算领域存在4种商业运作模式：互联网公司模式、方案商模式、软件服务商模式与运营商模式。

互联网公司模式的代表是 Google。互联网公司在云计算方面的技术和业务积累优势明显。云计算对于它们来说，是向平台型公司演进的重要工具。但云计算业务本身不是目的，最根本的目的仍然是为其主营业务服务。

方案商模式以 IBM 为代表，国内的浪潮、曙光等公司也值得关注。这类企业除在硬件方案方面具有技术和产品优势外，对于行业信息化也有深刻的理解和丰富的经验。该类企业作为云计算行业的基础建设力量，商业模式较为简单，以产品交付和技术服务为基本模式，并不直接接触最终用户，是运营商的主要合作伙伴。

软件服务商模式的代表是微软和 Salesforce，国内代表企业有用友伟库和八百客等。

运营商模式又分为电信运营商模式和专业运营商模式。数据通过长期的运营、使用和剖析，才能够发挥出潜在价值。目前运营商拥有大量用户及行为数据，给用户提供相应的数据挖掘、技术和增值服务，是运营商的机遇和商业模式所在。

云计算的发展将对这些模式产生影响和一定的挑战。

4．企业遭遇的瓶颈

云计算企业遭遇的瓶颈包括网络接入成本增加、云服务的质量保障、企业的隐私保护、缺少相关的法律保障、云计算运营商的信誉等。

5．未来发展

随着新基建、5G/6G、物联网、互联网等技术的不断发展，数据呈现爆炸性增长趋势，人们对数据和算力的需求大大增加，这直接推动了云计算的发展。根据中国信息通信研究院《云计算发展白皮书（2020 年）》，云计算的未来发展具体表现为云技术从粗放向精细转型；云需求从 IaaS 向 SaaS 上移；云布局从中心向边缘延伸；云安全从外延向原生转变；云应用从互联网向行业生产渗透；云定位从基础资源向基建操作系统扩展。

6．云计算的发展建议

针对当前存在的问题与挑战，笔者对云计算发展提出以下建议。

1）加强宏观调控，完善政策法规

国家有关部门需要及时把握产业动态和走向，更新政策信息，为不同地域、不同规模的云计算建设创造条件。在发展过程中，要完善法律体系，保证数据安全、商业和服务模式的规范等，宏观把控中国云计算的发展方向。

2）深入开展云计算关键技术研发

企业想要做好云计算产业转型，必须结合自身条件制定研发模式，形成有企业特色的云计算运作模式，充分调用资源，把握市场，创造产业效益。

3）鼓励龙头企业参与标准制定工作

虽然业界推出了多种云计算解决方案，但从宏观产业角度看，云计算还没有规范统一的国家标准参考。云计算领先企业应密切跟踪云计算国际标准动态，结合自身研发路线，积极参与云计算标准的研究制定，以保证云服务的可移植性和互操作性。

4）针对各地不同特点发展云计算

云计算的规模是可以动态扩展的，最好的做法是随着应用规模的扩展而扩展，这样可以避免闲置和空转。中国最适合建立云计算数据中心的地方是东北、内蒙古等地，这些地方气候寒冷、电力充足。对于云计算制造业而言，目前最适合的地方当属深圳和江浙一带，这些地方产业配套非常齐全。至于云计算核心技术研发方面，北京、上海、南京等市具有优势，这些地方高校数量众多，人才优势明显，人力成本相对较低，科研政策优惠，已经形成全国研发企业的集聚效应。

本章小结

本章首先给出了云计算的概念与发展历程；然后分析了云计算模型所具有的 5 个主要特点、3 个分发模型，以及 4 个部署模型；接着介绍了云计算的特点及国内外标准化方面的进展情况，分析了云计算在国内外的发展状况，以及当前云计算所面临的挑战与机遇；最后给出了云计算发展的建议。

习题

1. 云计算模型的 5 个主要特点是什么？
2. 云计算模型的 3 个分发模型是什么？
3. 云计算模型的 4 个部署模型是什么？

第 2 章
云计算的系统结构

本章目标

◎ 掌握云计算的系统结构概念

◎ 理解云计算的系统结构模型

◎ 理解云计算服务层次结构

◎ 理解云计算技术层次结构

◎ 理解云计算 SOA 层次结构

◎ 认识典型的云计算平台及系统结构

2.1 云计算的系统结构概念

云是一个巨大的服务池，通过虚拟化技术来扩展云端的计算能力，实现资源的共享和服务，各个设备发挥最大的效能，解决云演化、云控制、云安全和云计算等复杂问题。数据的处理及存储均通过云端的服务器集群来完成，这些服务器集群由大量普通的工业标准服务器组成，由一个大型的数据处理中心负责管理，数据处理中心按用户的需要分配计算资源，达到与超级计算机等同的效果。作为用户的端点通过网络远程访问云里的丰富资源池，通过云计算系统可以实现端点与云、云与云、端点与端点之间的资源共享与访问控制。这些巨量的端点、云及互联部件构成了云计算系统，如何对这个复杂的云计算系统进行层次划分和管理就是云计算系统结构需要研究的范畴。

本章从云计算的系统结构模型、服务层次结构、技术层次结构、SOA 层次结构 4 个方面来描述云计算系统，并讲解几种典型的云计算平台及系统结构。

2.2 云计算的系统结构模型

云计算的系统结构模型如图 2.1 所示。

图 2.1 云计算的系统结构模型

云计算的系统结构模型各部分介绍如下。

① 用户交互界面（User Interaction Interface）。用户通过终端设备向服务云提出请求，打开 Web 浏览器、应用实例或本地操作桌面系统，注册、登录及定制服务和配置。

② 服务目录（Services Catalog）。一个用户能够请求的所有服务目录。用户在取得相应权限（付费或其他限制）后可以选择或定制服务列表，也可以对已有服务进行退订操作，在客户端界面生成相应的图标或以列表的形式展示相关的服务。

③ 系统管理（System Management）。用户管理计算机资源是否可用。

④ 服务部署工具。用于处理请求的服务，需要部署服务配置。系统管理和服务部署工具提供管理和服务，能对用户的授权、认证、登录进行管理，并能管理可用计算资源和服务，接收用户发送的请求，根据用户请求转发到相应程序，调度资源，智能地部署资源和应用，动态地部署、配置和回收资源。

⑤ 监控和测度。对用户服务进行跟踪测量，并提交给中心服务器分析和统计；监控并计量云系统资源的使用情况，以便迅速反应，完成节点同步配置、负载均衡配置和资源监控，确保资源能顺利分配给合适的用户。

⑥ 服务云。虚拟或物理的服务器，由系统管理进行管理，负责高并发量的用户请求处理、大运算量计算处理、用户 Web 应用服务，采用相应数据切割算法以并行方式上传和下载大容量数据。

在云计算的系统结构模型中，用户可在前端的用户交互界面通过服务目录来选择所需的服务，当服务请求发送并验证通过后，由系统管理调度相应的资源，呼叫服务提供工具（Provisioning Tool）来挖掘服务云中的资源。服务提供工具需要配置正确的服务栈或 Web 应用，通过服务部署工具分发请求、配置 Web 应用。云端为用户提供扩展的、通过互联网即可访问的、运行于大规模服务器集群的各类 Web 应用和服务，系统根据需要动态地提供、配置、再配置和解除提供服务器，用户只需要基于实际使用的资源来支付相关的服务费用。

2.3 云计算服务层次结构

云计算的服务层次是根据服务类型即服务集合来划分的，与大家熟悉的计算机网络体系结构中层次的划分不同。在计算机网络体系结构中，每个层次都实现一定的功能，层与层之间有一定关联，而云计算的服务层次是可以分割的，即某一层次可以单独完成一项用户请求而不需要其他层次提供必要的服务和支持。云计算服务层次如表 2.1 所示，整个云计算服务集合被划分为 5 个层次：物理层、核心层、资源架构层、开发平台层、应用层。此外，表 2.1 中列出了 5 个层次的服务形式、功能及典型市场产品。

表 2.1 云计算服务层次

层次	服务形式	功能（by Web）	典型市场产品
应用层	SaaS by Web Services	本层在开发平台层之上开发各种应用程序，提供各种分布式应用服务	Google Apps、Sales Force CRM System
开发平台层	PaaS by Web Services	本层在资源架构层之上构建开发平台，提供各种分布式开发服务	Google App Engine、Sales Force Apex System
资源架构层	IaaS by Web Services	本层在核心层之上构建计算资源架构，提供各种分布式计算服务	Amazon EC2、Enomalism Elastic Cloud
资源架构层	DaaS by Web Services	本层在核心层之上构建存储资源架构，提供各种分布式存储服务	Amazon S3、EMC Storage Managed Service
资源架构层	CaaS by Web Services	本层在核心层之上构建通信资源架构，提供基于局域网或 Internet 的分布式通信服务	Microsoft CSF
核心层	KaaS by Web Services	本层在物理层之上实现基本的分布式资源管理，通过各种抽象服务提供分布式应用的部署环境	Globus、Condor
物理层	HaaS by Web Services	本层是构成云骨干的地理分布的局部资源，提供各种局部资源支持	IBM-Morgan、Stanley's Computing Sublease、IBM's Kitty Hawk Project

下面分别对各层次作用进行介绍。

- 物理层：对地理位置不同的分布在各地的局部资源提供局部资源支持。局部资源可以是计算资源、存储资源或传感器、服务器、网络等本地资源。物理层是云计算的底层基础设施。物理层提供者负责运行、管理、维护和升级物理资源，提供 HaaS 服务给有巨大 IT 需求的大型企业。

- 核心层：对分布式资源具有基本管理功能，通过抽象服务提供分布式应用的部署环境。核心层可以通过 OS Kernel、超级监督者、虚拟机监视器或集群中间件实现抽象服务，提供 KaaS 服务给分布式应用的部署者。

- 资源架构层：对在核心层之上部署的分布式应用提供基本的分布式资源服务。本层提供的基本分布式资源服务包括 IaaS、DaaS、CaaS。其中，IaaS 是分布式计算服务，提供灵活、高效、高强度的计算服务，主要通过虚拟技术实现；DaaS 是分布式存储服务，提供可靠、安全、大容量、便捷的数据存储服务；CaaS 是分布式通信服务，提供可靠、安全的网络通信服务。

- 开发平台层：通过 API 为应用程序开发者提供各种云计算编程环境，同时提供扩展、负载均衡、授权、E-mail、用户界面等多样服务支持。PaaS 加速了应用服务部署，支持应用服务扩展。

● 应用层：通过开发平台层提供的开发环境和市场需求开发各种应用程序。应用程序开发者负责软件的开发、测试、运行、维护、升级，为用户提供安全可靠的服务。

这 5 个层次均可以将 Web Services 的 UI（User Interface，用户接口）提供给用户，所有层次都具有可靠、安全、可扩展、按需服务、经济等特点。

2.4　云计算技术层次结构

云计算技术层次和云计算服务层次不是一个概念，云计算服务层次从服务的角度来划分，主要突出云服务能带来什么，而云计算技术层次主要从系统属性和设计思想的角度来划分，是对软硬件资源在云计算技术中所充当角色的说明。从技术角度来分，云计算系统由 4 个部分构成，分别是物理资源、虚拟化资源、服务管理中间件和服务接口，如图 2.2 所示。

图 2.2 云计算系统技术层次

下面分别对各层次的作用进行介绍。

● 服务接口：统一规定了在云计算中使用计算机的各种规范、云计算服务的各种标准等。服务接口是客户端与云端交互操作的入口，用户可以完成服务注册，以及对服务的查找和访问。

● 服务管理中间件：在云计算技术中，服务管理中间件位于服务和服务器集群之间，提供管理和服务，是云计算体系结构中的管理系统。服务管理中间件对标识、认证、授权、目录、安全性等服务进行标准化和操作，为应用提供统一的标准化程序接口和协议，隐藏底层硬件、操作系统和网络的异构性，统一管理网络资源。

● 虚拟化资源：一些可以实现一定操作，具有一定功能，但本身是虚拟的而不是真实的资源，如计算资源池、存储资源池、网络资源池、数据库资源池等，通过软件技术来实现相关的虚拟化功能，包括虚拟环境、虚拟系统、虚拟平台等。

● 物理资源：主要指能支持计算机正常运行的一些硬件设备及技术，可以是价格低廉的 PC（Personal Computer，个人计算机），也可以是价格昂贵的服务器及磁盘阵列等设备，可以通过现有网络技术、并行技术和分布式技术将分散的计算机组成一个能提供超强功能的集群，用于计算和存储等云计算操作。在云计算时代，本地计算机不再像传统计算机那样需要空间足够的硬盘、大功率的处理器和大容量的内存，只需要一些必要的硬件设备，如网络设备和基本的输入/输出设备等。

2.5   云计算 SOA 层次结构

面向服务架构（Service Oriented Architecture，SOA）的云计算服务是一种信息化服务模式。随着互联网技术的迅速发展与普及，SOA 使整个软件系统的互联成本、维护成本、升级成本大幅降低，成为支撑云计算的技术标准。

当前企业随时随地面临着各种各样的环境变化，需要实时响应业务、生产流程、人员配置等不可预知的各种变化，必须用有效的 IT 架构在短时间内对变化做出响应，才能够在多变的环境中长期生存和成长。由此提出使用 SOA 的云计算服务，它能够解决 IT 基础架构和信息化服务应用中遇到的难题，以及企业生产、销售、服务、管理上遇到的各种问题，提高效率，降低投入成本，增强处理的灵活性。SOA 的云计算服务同时具备 SOA 和云计算众多特点。云计算SOA 层次结构如图 2.3 所示。

图 2.3 云计算 SOA 层次结构

云计算的 SOA 层次分别为物理资源层、资源池层、管理中间件层和 SOA 构建层，各层次介绍如下。

- 物理资源层包括计算机、存储器、网络设备、数据库等。
- 资源池层是由大量相同类型的资源构成的同构或接近同构的资源池，如计算资源池、数据资源池等。构建资源池更多是物理资源的集成和管理工作，如研究在一个标准集装箱的空间中如何装下 2000 个服务器、解决散热和故障节点替换的问题并降低能耗。
- 管理中间件层负责对云计算的资源进行管理，并对众多应用任务进行调度，使资源能够高效、安全地为应用提供服务。管理中间件层负责资源管理、映像管理、用户管理和安全管理等工作。资源管理负责均衡地使用云资源节点，检测节点的故障并试图恢复或屏蔽，并对资源的使用情况进行监视统计；映像管理负责执行用户或应用提交的任务，包括完成用户任务映像的创建、部署，以及映像库管理、映像生命期管理等；用户管理是实现云计算商业模式的一个必不可少的环节，包括用户身份管理、用户许可、用户请求管理、用户使用计费等；安全管理保障云计算设施的整体安全，包括身份认证、访问授权、综合防护和安全审计等。

- SOA 构建层将云计算能力封装成标准的 Web Services，并纳入 SOA 体系进行管理和使用，包括服务接口、服务注册、服务查找、服务访问和服务工作流等。管理中间件层和资源池层是云计算技术的关键部分，SOA 构建层的功能更多依靠外部设施提供。

SOA 关注 IT 架构中的服务架构，SOA 的云计算服务有如下特点。

- SOA 通过服务管理（Service Management）的方式响应 SOA 的云计算服务架构中发生的变化，对现有架构做出相应调整，通过松耦合的模式让新增加的服务更快地完成部署，不会影响系统原有的服务。
- SOA 遵循从架构出发（Start From Architecture）的理念。SOA 的实施是从架构到技术的，SOA 在实施过程中可以充分考虑到实际需求，其松耦合的技术能够保证按需使用资源、调配资源，并进行相应变动。
- 按需的服务设计。Amazon 和 Force.com 等在云计算中部署服务的一些公司在服务设计方面已经非常成熟。SOA 的按需服务设计包括两个方面：①资源服务的按需设计。云计算服务中心会建立一个巨大的资源池，包括存储资源池、计算资源池等，用户可以按需调用这些资源，保证资源的有效利用；②软件服务的按需设计。云计算服务中心中定义和部署了多种多样的服务，用户可以按需选择和使用。
- 服务的扩展性。SOA 的云计算服务可以根据需求进行扩展，云计算服务模式会弥补SOA 在服务扩展上的局限性，以保证在 IT 基础架构发生改变的时候，相应的服务也能适应性地发生改变。

SOA 的云计算服务将带来效益提升。据权威机构调查，当前大量企业都在使用传统的 IT 构架，不同的应用系统之间没有关联或不能有效地关联。SOA 的云计算服务建立在信息技术基础上，以系统化的管理思想提供决策运行手段的管理平台。只有根据实际需要，统一设计、实施完整的 IT 架构，建立一个高效的信息化平台和统一集成的业务平台，才能够支持不同类型业务的产、供、销运作和人、财、物管理，从而满足业务发展对信息化建设的需求。

SOA 的云计算服务实现了 IT 基础设施的社会共享。SOA 有利于整合技术平台，统一技术标准，推动软件产业价值链中的各成员之间协调配合，充分利用硬件资源共享的有利条件，促使云上的软件系统日趋成熟。

2.6　典型的云计算平台及系统结构

云计算一经提出便受到了产业界和学术界的广泛关注，目前国内外已经有多个云计算的科学研究项目，产业界也在投入巨资部署各自的云计算系统。云计算既描述了一种平台，又描述了一类应用。一个云计算平台能够根据需要动态提供、配置、再配置和解除提供服务器。云计算平台上则是那些经过扩展就能够通过互联网访问的各种应用，这些应用运行在托管 Web 应用和 Web 服务的大型数据中心及功能强大的服务器上，构建了一个超大计算能力平台。

在云计算平台研发上，有 IBM、Google、EMC、Amazon、Dell、Red Hat、CMU、Stanford、Berkeley、UW、USC 等公司和高校。下面对几个具有代表性的云计算平台及系统结构进行简要叙述。

1．Google 云计算平台

云计算的概念是 Google 公司首先提出的，其拥有一套专属的云计算平台，这个平台一开始为网页搜索应用提供服务，现在已经扩展到其他应用程序。作为一种新型的计算方式，Google 云计算包含了许多独特的技术，如数据中心节能技术、节点互联技术、可用性技术、容错技术、数据存储技术、数据管理技术、数据切分技术、任务调度技术、编程模型、负载均衡技术、并行计算技术和系统监控技术等。Google 云计算平台是建立在大量的 x86 服务器集群上的，Node 是基本的处理单元，其总体技术架构如图 2.4 所示。在 Google 云计算平台的总体技术架构中，除少量负责特定管理功能的节点（GFS、Scheduler 等），其他所有的节点都是同构的，即同时运行 BigTable Server、GFS Chunk Server 和 MapReduce Job 等核心功能模块。

图 2.4 Google 云计算平台的总体技术架构

Google 公司所构建的 Google 集群系统（Cluster System）是目前十分成功的商用集群系统，它将超过 15000 台普通的商用 PC 进行组合，通过软件容错，并且采用 MapReduce 技术将网页搜索引擎并行化，从而实现了目前世界上最大最强的网页搜索引擎系统。

Google 公司的云计算平台是在其搜索引擎平台上搭建的，通过 Google 文件系统（GFS）实现存储，采用 BigTable 作为数据库，实现结构化、半结构化数据存储，通过 MapReduce（Google 开发的编程模型，使用 Sawzall 语言）来处理和产生大量数据集的相关实现，用于大规模数据集（大于 1TB）的并行运算。对于使用这种技术实现的编程框架，程序员不需要任何并行及分布式系统的经验，就能够容易地使用大型分布式系统的资源。Google 云计算平台通过 Chubby 技术来进行云计算的互斥和同步，实现进程锁控制管理。

Google App Engine 是 Google 公司推出的云计算服务，允许用户使用 Python 编程语言编写 Web 应用程序在 Google 的基础架构上运行。另外，Google App Engine 还提供了一组 API，主要包括 Datastore API、Images API、Mail API、Memcache API、URL Fetch API 和 User API。用户可以在应用程序中使用这些接口来访问 Google 提供的空间、数据库存储、E-mail 和 Memcache 等服务，用户可以通过 Google App Engine 提供的管理控制台管理用户 Web 应用程序。简言之，Google App Engine 是一个由 Python 应用服务器群、BigTable 结构化数据分布式存储系统及 GFS 数据存储服务组成的平台，它能为开发者提供一体化的、可自动升级的在线应用服务。Google App Engine 专为开发者设计，开发者可以将自己编写的在线应用运行于 Google 的资源上。开发者不用担心应用运行时所需要的资源，Google 提供应用运行及维护所需要的一切平台资源。这与 Amazon 提供的类似服务（S3、EC2 及 Simple DB）不同，Amazon 直接提供一系列资源供用户选择使用。目前，Google App Engine 平台向用户免费提供 500MB 的存储空间，以及支持每月约 500 万次的页面访问。

2. 华为云原生平台

云原生 2.0 是企业智能升级的新阶段，企业云化从"ON Cloud"走向"IN Cloud"，新生能力与既有能力有机协同、立而不破，实现资源高效、应用敏捷、业务智能、安全可信。从技术角度看，以容器、微服务及动态编排为代表的云原生技术蓬勃发展，成为赋能业务创新的重要推动力，并且已经应用到企业核心业务。从市场角度看，云原生技术已在金融、制造、互联网等多个行业得到广泛验证，支持的业务场景也更加丰富，行业生态日渐繁荣。

华为云认为，在数字化、智能化时代，企业的 IT 资产主要包含软件资产、数据资产、AI 模型资产 3 个方面。同时，这些资产不只需要服务于物理世界，还需要支撑企业面向未来的虚拟数字世界构建能力，如企业生产线和城市信息的建模、仿真、交互。基于此，华为云持续打造技术即服务，并且推出了数据治理生产线 DataArts，实现一站式数据入湖、数据准备、数据分析、数据资产等全流程的数据治理，同时融合智能化治理能力，帮助数据开发者提升效率。如今的华为云四大生产线服务包含软件开发生产线 DevCloud、数据治理生产线 DataArts、AI 开发生产线 ModelArts 和数字内容生产线 MetaStudio。

3. Amazon EC2

Amazon EC2（Elastic Computing Cloud）被称为 Amazon 弹性计算云，是美国 Amazon 公司推出的一项提供弹性计算能力的 Web 服务。Amazon Web Service（Amazon 网络服务，AWS）架构如图 2.5 所示。Amazon EC2 向用户提供一个运行在 Xen 虚拟化平台上的基于 Linux 的虚拟机，用户可以在此之上运行基于 Linux 的应用程序。使用 Amazon EC2 之前，用户需要创建一个包含用户应用程序、运行库、数据及相关配置信息的虚拟运行环境映像，称为 Amazon 机器映像（Amazon Machine Image，AMI），或者使用通用的 AMI。Amazon 同时提供另外一项Web 服务——简单存储服务（Simple Storage Service，S3），用来向用户提供快速、安全、可靠的存储服务。用户只需要将创建好的 AMI 上传到 S3，就可以通过 Amazon 提供的各种 Web 服务接口来启动、停止和监控 AMI 实例的运行。用户只需要为自己实际使用的计算能力、存储空间和网络带宽付费。

Amazon 宣布，他们会为新用户提供为期一年的免费 AWS 使用权，所涉及的产品包括EC2、负载均衡器、EBS 和 S3 等。SimpleDB、SQS 和 SNS 对新用户及老用户的提供方式还没有确定。

4. IBM 云计算平台

IBM 的云计算计划取名为蓝云（Blue Cloud）。IBM 开发蓝云的目的是帮助用户充分利用云计算（包括云应用的能力），基于 SOA 的 Web 服务，与现有的 IT 基础架构集成。蓝云特别关注 IT 管理简化方面的突破性需求，以保证安全性、隐私性、可靠性、高使用率和高效率。另外，蓝云主要针对现有的和即将出现的大规模数据密集型工作负载。

IBM 的蓝云是一个先进的基础架构管理平台，可以对企业现有的基础架构进行整合，通过虚拟化和自动化技术，构建企业自己的云计算中心，实现企业硬件资源和软件资源的统一管理、分配、部署和备份，打破应用对资源的独占局面。IBM 蓝云系统架构如图 2.6 所示。

图 2.5 Amazon Web Service 架构

图 2.6 IBM 蓝云系统架构

IBM 蓝云解决方案由以下部分构成。

- 需要纳入云计算中心的软硬件资源。硬件包括 x86 或 Power 的计算机、存储服务器、交换机和路由器等网络设备，构成刀片中心。软件包括各种操作系统、中间件、数据库及应用，如 Aix、Linux、DB2、WebSphere、Lotus、Rational 等。
- 蓝云管理软件及 IBM Tivoli 管理软件。蓝云管理软件由 IBM 云计算中心开发，专门用于云计算服务。
- 蓝云咨询服务、部署服务及用户化服务。蓝云解决方案可以按照用户的特定需求和应用场景进行二次开发，使云计算管理平台与用户已有软硬件进行整合。

由图 2.6 可知，IBM 蓝云平台由刀片中心、Tivoli Provisioning Manager、Tivoli Monitoring、Websphere 应用服务器、DB2 构成。所有的请求首先由 Web 2.0 组件来处理，然后转发到 Tivoli 配置管理器进行服务器的分配或解除分配。通过 Xen 虚拟平台扩展，最大化蓝云平台的计算能力。

5．Apache Hadoop

Apache Hadoop 是一个从 Lucene 中抽取出来的软件框架（平台），可以分布式地操纵大量数据。它于 2006 年出现，由 Google 和 IBM 等公司支持。可以认为 Apache Hadoop 是一种 PaaS 模型。Apache Hadoop 云平台技术架构如图 2.7 所示。

Apache Hadoop 的核心是 MapReduce 和 HDFS，其中 MapReduce 是 Google 提出的一个软件架构，用于大规模数据集（大于 1TB）的并行运算。HDFS 在

图 2.7 Apache Hadoop 云平台技术架构

存储数据时，将文件按照一定的数据块大小进行切分，各个数据块在集群的节点中分布。为了保证可靠性，HDFS 会根据配置为数据块创建多个副本，并放置在集群的计算节点中。MapReduce 将应用分成许多小任务去执行，每个小任务对计算节点本地存储的数据块进行处理。

Apache Hadoop 的源代码现在已经对外公布，用户可以从官方网站上下载源代码并编译，从而安装在 Linux 或 Windows 计算机上。

6．Microsoft Azure

Microsoft Azure 是微软公司推出的依托于微软数据中心的云服务平台，实际是由一个公共平台上的多种不同服务组成的，主要包括微软的云服务操作系统及一组为开发人员提供的接口服务。Microsoft Azure 的基本架构如图 2.8 所示。Microsoft Azure 平台主要提供 Live Services、.NET Services、SQL Services、Microsoft SharePoint Services 及 Microsoft Dynamics CRM Services。开发人员可以用这些服务作为基本组件构建自己的云应用程序，很容易通过微软数据中心创建、托管、管理、扩展自己的 Web 和非 Web 应用。同时 Microsoft Azure 平台支持多个 Internet 协议，包括 HTTP、REST、SOAP 和 XML，为用户提供一个开放、标准及能够互操作的环境。

Microsoft Azure 的不同之处在于，除能够提供自主的 Azure 托管服务外，还能够运行于本地工作站和企业服务器，使测试应用变得方便。它支持的企业应用既可以运行于公司的内部网，又可以运行于外部环境。

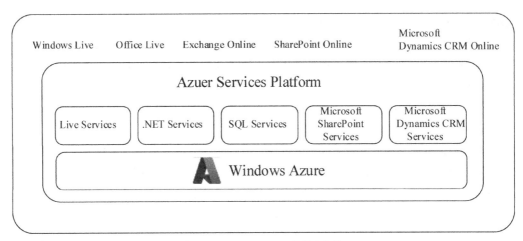

图 2.8 Microsoft Azure 的基本架构

7．Scientific Cloud

Scientific Cloud 是由美国芝加哥大学和佛罗里达大学发起的研究项目，目的是向科研机构提供类似 Amazon EC2 类型的云服务。该平台通过使用 Nimbus 工具包对外提供短期的资源租赁服务。Nimbus 工具包起初称为虚拟工作区服务（Virtual Workspace Service），是一组用来提供 IaaS 云计算方案的开源工具包，实际上是一个基于 Globus Toolkit 4 的虚拟机集群管理系统。Nimbus 工具包的主要组成部分如图 2.9 所示。

图 2.9 Nimbus 工具包的主要组成部分

Nimbus 工具包的主要组成部分介绍如下。

- 工作区服务允许远端用户部署和灵活地管理虚拟机（Virtual Machine，VM）。工作区服务主要由 Web 服务前端和基于虚拟机的资源管理器组成。目前 Web 服务前端支持两种接口：基于网格的 WSRF（Web Service Resource Framework）和基于 Amazon EC2 的 WSDL（Web Service Description Language）。
- 工作区资源管理主要用来完成虚拟机的部署。
- 工作区向导扩展了本地资源管理器（LRM）的功能，使本地配置不用进行大的更改就能部署虚拟机。当本地节点不分配工作区服务时，节点运行正常系统用户的作业。

- 工作区控制主要用来完成启动、停止、暂停虚拟机，实现虚拟机的重构和管理，连接虚拟机到网络等功能。
- IaaS 网关主要用来实现用户持本地 PKI 公钥证书访问其他 IaaS 基础设施的服务。
- 上下文代理（Context Broker）主要用来完成用户提交的虚拟机集群的快速部署功能。

使用 Nimbus 工具包，用户可以浏览云系统里的虚拟机映像、提交定制的虚拟机映像、部署虚拟机、查询虚拟机的状态、访问存储服务等。

8．Open Nebula

Open Nebula 是一个开源的虚拟架构引擎，最初由马德里康普顿斯大学的分布式系统结构研究组开发，后经欧盟发起的 Reservoir 项目开发人员增强和完善。Open Nebula 主要用来在物理资源池上部署、监控和管理虚拟机的运行，其内部结构主要分为 3 层，分别是内核层、工具层和驱动层。其中，内核层是最关键的部分，主要用来完成虚拟机的部署、监控和迁移等功能，同时提供了一组对物理主机的管理和监控接口；工具层主要利用内核层提供的接口开发各种管理工具；驱动层屏蔽了不同的虚拟环境和存储，向内核层提供了一个统一的功能接口，使 Open Nebula 的内核能够在不同的虚拟化环境上运行，因此 Open Nebula 并不与具体的环境绑定。

9．Eucalyptus

Eucalyptus（Elastic Utility Computing Architecture for Linking Your Programs to Useful Systems）是由美国加利福尼亚大学开发的一个开源的软件基础架构，用于在 Cluster（集群）上实施云计算，旨在为学术研究团体提供一个云计算系统的实验和研究平台。Eucalyptus 能够提供计算和存储架构的 IaaS 服务，它的接口与 Amazon EC2 兼容，可以使用 Amazon EC2 的 Command Line Tools 与 Eucalyptus 交互。Eucalyptus 的结构采用层次化设计，主要包括 CM（Cloud Manager）、GM（Group Manager）和 IM（Instance Manager）3 个部分。IM 运行在每个节点上，主要用来控制虚拟机的执行、停止和状态检查，托管虚拟机实例。GM 主要用来调度虚拟机实例在特定 IM 上运行，控制虚拟机实例之间虚拟网络的连接，收集关于 IM 的信息。CM 分为 3 层，主要提供接口服务、数据服务和资源服务。其中，接口服务是整个云系统用户和管理员的访问入口，并完成用户授权认证、协议转换等功能；数据服务用于存储用户和系统的数据；资源服务主要用于完成资源分配和监控。

10．阿里云计算平台

阿里云计算系统架构如图 2.10 所示。

由图 2.10 可知，阿里云计算系统架构包括数据中心、Linux 集群系统、大规模分布式计算系统（飞天）、分布式集群部署、阿里云的各种服务和云市场及第三方服务等，类似 Google 的云计算架构，把几千台廉价服务器整合成一台超级计算机。阿里云计算系统需要解决三大挑战：一是小概率的故障成为常态；二是全局同步代价达到节点规模的 1000 倍左右；三是云计算任务调度需要应对大量的非持续随机性事件。在阿里云计算系统中，分布协同服务提供了分布式锁、配置管理、分布式状态同步等服务。分布式文件系统基于 Master-Slave 架构，Master 采用基于 Paxos 的多 Master 架构，一个 Master 出了故障后，另一个 Master 可以很快接手，基本做到故障恢复时间在一分钟以内。资源管理需要在上万个资源和数十万个任务之间进行动态匹配。实现整个阿里云计算系统软件至少需要76万行软件开发代码和75万行软件测试代码。

图 2.10 阿里云计算系统架构

2022年4月15日，国际研究机构 Gartner 发布的报告显示，在全球前六名云厂商中，中国科技公司占比一半。其中，阿里云排名全球第三、亚太第一，市场份额达9.5%，全球云计算3A格局稳固，Amazon、微软和阿里云排名全球前三。在国内市场，华为云、腾讯云紧跟其后。

各种云平台的差异如表2.2所示。

表 2.2 各种云平台的差异

云平台	服务层次	服务类型	SLA&QoS	Web API	编程语言
Google App Engine	PaaS	Web App	none	yes	Python
Amazon EC2	IaaS	Compute Storage	none	yes	Customizable（用户自定义）
Apache Hadoop	PaaS	Web App	none	yes	Java C++
Microsoft Azure	PaaS	Web& non Web App	none	yes	Visual Studio
Scientific Cloud	IaaS	Compute	none	yes	Customizable（用户自定义）
Open Nebula	IaaS	Compute	none	yes	Customizable（用户自定义）
Eucalyptus	IaaS	Compute	none	yes	Customizable（用户自定义）

续表

云平台	服务层次	服务类型	SLA&QoS	Web API	编程语言
阿里云计算平台	PaaS/SaaS	平台/软件服务	yes	yes	Customizable（用户自定义）
华为云原生平台	PaaS/SaaS	平台/软件服务	yes	yes	Customizable（用户自定义）
IBM 云计算平台	IaaS/PaaS	Compute	yes	yes	Customizable（用户自定义）

不同的云计算提供商都以自己不同的方式应用、发展着云计算。Amazon EC2 是 IaaS 的应用典范。Rackspace 在价格上与 Amazon 展开竞争，它的优势是 Linux 的虚拟服务器价格比 Amazon 低得多，节约成本。Skytap 主要从事软件测试和开发。IBM 的 Computing on Demand 主要针对高性能计算，如汽车和航天工业模拟计算、生命科学领域的染色体组建模等。常规主机提供商 Savvis 和 Unisys 允许用户将物理服务器和虚拟服务器混合起来匹配使用。Property Room 使用专属云计算（Dedicated Cloud Compute）运行在线拍卖服务。Savvis 提供如弹性计算云那样的多承租式（Multi-Tenant）开放云计算（Open Cloud Compute），使得大量用户使用共享硬件运行虚拟机成为可能，Rackspace 也在尝试同样的方法。Amazon 的 Virtual Private Cloud 将模式延伸得更远，Virtual Private Cloud 允许用户先创建一套隔离的弹性计算云资源，再通过 VPN（Virtual Private Network，虚拟专用网络）连接到他们公司的设备。

云计算的应用很大程度上是一些大型 IT 企业不断推进的结果。云计算本身需要强大的基础架构设施，之前的许多分散化服务也需要逐步整合，就平台服务和基础架构服务这一层次来说，中小型企业无论在财力还是人力上都难以企及。不过从服务角度来看并非如此，如 SaaS 由于业务定制的灵活性，为众多中小型企业预留了一定的生存空间。

通过对云计算系统结构及典型平台的简单介绍，可以看出众多 IT 企业对于政府的积极倡导和实施都急于推出其自己定义的云存储和计算服务。企业在进行尝试，同时用户可以期待更多基于云计算的企业应用为人们带来的便利，甚至机遇。

本章小结

本章首先阐述了云计算的系统结构概念，然后从云计算的系统结构模型、服务层次结构、技术层次结构、SOA 层次结构 4 个不同角度分别描述了云计算系统，并结合 Google 云计算平台、Amazon EC2、IBM 云计算平台、阿里云计算平台等多种典型云计算平台，分别介绍其系统结构特点，最后对不同云平台的特点进行了分析与比较。

习题

1. 云计算服务集合可以划分成哪 5 个层次？

2．云计算的 SOA 层次分别为物理资源层、_____、管理中间件层和 SOA 构建层。

3．Hadoop 主要的 3 个部分包括 HDFS（Hadoop 分布式文件系统）、MapReduce 实现及_____的实现。

4．云计算技术层次主要从_____和设计思想的角度来划分，是对软硬件资源在云计算技术中所充当角色的说明。

第 3 章
云计算的关键技术

本章目标

◎ 掌握资源池技术

◎ 理解数据中心技术

◎ 掌握虚拟化技术

◎ 理解资源管理技术

◎ 掌握网络通信技术

◎ 理解编程模型及语言

◎ 了解云存储技术

◎ 了解云安全技术

3.1 资源池技术

资源池（或池）是一种资源配置机制，通过适当规模的资源集合提供云计算应用与服务，可以提高系统的性能、减少不必要的通信开销、具备一定的容错和容变能力，而且支持不同用户的区分服务。本书将这个适当规模的资源集合定义为资源池，资源池是一种在分布、自治环境下提高系统服务质量的有效机制。在云计算环境下，可对服务器、存储、网络、应用服务等资源进行整合，由一定规模的相似资源聚合形成资源池，按照协同策略为用户提供服务。

引入资源池的目的是提高性能。资源池运作机制是首先由资源池管理器提供一定数目的目标资源，当有该资源请求时，资源池分配一个，并给该资源标识为忙，标识为忙的资源不能再被分配使用。当某一个资源使用完后，资源池把相关资源的忙标识清除掉，以示该资源可以再被下一个请求使用。资源池常用的参数包括初始资源的数目（资源池启动时，一次建立的资源数目，资源池要保证资源最少在这个数目上）和最大资源的数目（当请求的资源超出这个数目时，就等待）。

云计算基于资源池实现资源的统一配置管理，通过分布式算法进行资源分配，从而消除物理边界，提升资源利用率。云计算区别于单机虚拟化技术的重要特征是通过整合分布式物理资源形成统一的资源池，并通过资源管理中间件实现对资源池中虚拟资源的调度。云计算的资源管理层需要负责资源管理、任务管理、用户管理和安全监控等工作，实现节点故障的屏蔽、资源状况监视、用户任务调度和用户身份管理等多重功能。

搭建云计算资源池需要考虑以下 5 个问题。

1．底层硬件平台的可靠性

要搭建虚拟资源池，首先需要具备物理资源，然后通过虚拟化的方式形成资源池。由于一台物理服务器可以虚拟出几台甚至几十台虚拟的服务器，每一个虚拟机都可以运行不同的应用和任务。因此在搭建资源池的时候，必须要考虑底层硬件平台的可靠性。

2．资源粒度的细化

云计算是跨越不同软硬件架构的一种广义上的分布式计算。它先把来自任何计算设备的运算能力集合在一起，再统一分配到需要运算的终端用户。在通过虚拟化的方式搭建资源池的时候，细化资源粒度可以提高云计算系统的灵活性。通过先进的虚拟化软件可以实现对硬件资源的细粒度调用，对底层硬件资源进行增加和减少操作，从而实现灵活控制与按需使用，资源的划分粒度越细，就越能灵活地为应用分配资源，而且不会为某一个应用分配多余的计算资源，这对于中小企业的用户来说尤为重要。

3．虚拟机实时迁移

虚拟机的实时迁移是搭建资源池时需要考虑的问题，一方面，是为了保证业务正常运行、保证服务供给、减少系统宕机时间、提升服务质量；另一方面，是为了更好地动态调配资源。虚拟机实时迁移主要有以下两个方面的好处。

一方面，可以平衡物理资源的利用率。例如，当某一台服务器的利用率即将超过设定的最大值，而另一台服务器的利用率比较低时，需要通过虚拟机实时迁移功能，把利用率即将超过设定的最大值的物理服务器上的虚拟机迁移到相对较为空闲的物理服务器上，实现计算资源的合理利用。

另一方面，虚拟机实时迁移对于系统的可靠性和服务水平的提升来说不可或缺。当某一台物理服务器出现问题时，需要通过虚拟机实时迁移的功能，将该物理服务器上的虚拟机迁移到其他的物理服务器上，确保业务的连续性和服务水平。

4．资源池应能提供对不同平台工作负载的兼容

资源池化以后，不同的应用系统要在一个资源池里进行数据交换，这要求资源池能够满足不同类型应用系统的运行需求。企业应用类型多样化要求系统平台多样化，一个企业可能既有基于 Linux 的应用，又有基于 Windows 的应用，甚至是基于 UNIX 的应用，如何使得原有的应用都能够在资源池上运行，而且不需要对应用进行重新编写?这是在搭建资源池的时候就需要考虑的问题。

5．资源池的扩展性

随着企业业务的增长，应用所需要的 IT 资源不断增加，应用的类型也在不断增加，这要求现有的资源池具有充足的扩展能力，并根据应用的需求动态添加所需要的资源。同时，当现有

的资源不足以支撑当前业务时，资源池需要随时进行 IT 资源的扩容。资源池的扩展性不但可以弥补资源池规划时的不足问题，而且能满足业务发展及动态调整的需要。

资源池的搭建是云计算基础架构建设的第一步，也是十分重要的一步。我们把资源池形象地理解为云计算基础架构的地基，只有把地基打好了，云计算基础架构才能更好地为企业服务并带来经济效益。

3.2　数据中心技术

3.2.1　数据中心的概念与发展

数据中心是一整套复杂的信息基础设施，不仅包括计算机系统和与之配套的设备（如通信和存储系统），还包含冗余的数据通信连接、环境控制设备、监控设备及各种安全装置。

数据中心是以外包方式让许多公司存放设备或数据的地方，是场地出租概念在互联网领域的延伸，标志着 IT 应用的规范化和组织化。随着数据中心的发展，尤其是云计算技术的出现，数据中心已经不只是简单的服务器统一托管、维护的场所，已经演变成集大数据量运算和存储为一体的高性能计算机的集中地。各 IT 厂商将之前的单台服务器模式变成多台服务器集群模式，在此基础上开发如虚拟化、云计算、云存储等一系列功能，以提高单位数量内服务器的使用效率。目前，新一代数据中心（又称云计算数据中心、集装箱式数据中心或绿色数据中心）仍没有一个标准定义。普遍认为新一代数据中心是基于标准构建模块，通过模块化软件实现自动化 7×24 小时无人值守计算与管理，并且以供应链方式提供共享的基础设施、信息与应用等 IT 服务的地方。

随着科学技术的不断进步，数据中心也在不断地演变和发展。从功能的角度来看，可以将数据中心的演变和发展分为 4 个阶段。

第一阶段称为数据存储中心阶段。在这一阶段，数据中心承担了数据存储和管理的功能。因此，数据中心的主要特征是有助于数据的集中存放和管理，以及单向存储和应用。由于这一阶段的数据中心功能较为单一，因此人们对其整体可用性要求也较低。

第二阶段称为数据处理中心阶段。在这一阶段，由于广域网、局域网技术的不断普及和应用，数据中心已经可以承担核心计算的功能。因此，这一阶段数据中心开始关注计算效率和运营效率，并且安排了专业的工作人员维护数据中心。然而，这一阶段的数据中心整体可用性仍然较低。

第三阶段称为数据应用中心阶段，需求的变化和满足成为其主要特征。随着互联网应用的广泛普及，数据中心承担了核心计算和核心业务运营支撑功能。因此，这一阶段的数据中心又称为信息中心，人们对数据中心的可用性也有了较高的要求。

第四阶段称为数据运营服务中心阶段。在这一阶段，数据中心承担着组织的核心运营支撑、信息资源服务、核心计算，以及数据存储和备份等功能。业务运营对数据中心的要求不仅仅是支持，而是提供持续可靠的服务。因此，这一阶段的数据中心必须具有高可用性。

新一代数据中心不是单一学科，应是一个整合的、标准化的、最优化的、虚拟化的、自动化的适应性基础设施（Adaptive Infrastructure）和高可用计算环境。云计算数据中心涉及数十万、百万规模的服务器或 PC 等，资源数量大，异构性强。

云计算数据中心是支撑云服务要求的数据中心，包括场地、供配电、空调暖通、服务器、存储、网络、管理系统、安全等相关设施，具有高安全性、资源池化、弹性、规模化、模块化、可管理性、高能效、高可用性等特征，具有虚拟化、弹性伸缩和管理自动化等技术特点。云计算数据中心是对传统数据中心的改造和升级，两者对比如图 3.1 所示。

	传统数据中心	云计算数据中心
服务连续性	主要依赖设备的可靠性。物理硬件意外宕机会导致关键业务中断，损失重大	支持基础设备的动态伸缩。即使出现物理设备异常，业务也可以及时动态迁移，从而确保服务不间断，提高可靠性
业务可扩展性	业务可扩展性有限，不适用于大型业务处理	高性能、高容错的基础设施支持高性能计算和海量存储业务
资源可扩展性	设备更新需要进行重新部署	新资源自动纳入资源池，业务自动与新设备匹配
生产总成本	按照业务的峰值负载采购设备，而实际应用中负载率低，大量资源闲置浪费，导致采购成本和运营成本居高不下	实现资源的动态流转和节能管理，根据业务负载，自动按需分配资源

图 3.1 传统数据中心与云计算数据中心对比

新一代数据中心是通过自动化、资源整合与管理、虚拟化、安全及能源管理等新技术的采用，解决目前数据中心普遍存在的成本快速增加、资源管理日益复杂、信息安全方面的严峻挑战，以及能源危机等尖锐的问题，从而打造与行业/企业业务动态发展相适应的新一代企业基础设施。"节能、高效、简化管理"是建设数据中心时的参考标准。

3.2.2 典型的云计算数据中心

1. Google 数据中心

Google 在创立之初，并没有刻意地追求云计算和网格计算等概念。但作为一家搜索引擎公司，Google 客观上需要拥有这些"云"，Google 真正的竞争力就在于有这些"云"，它们让 Google 有了无与伦比的存储和计算能力。

Google 数据中心服务器采用 2U 结构，支持两颗 CPU、两块硬盘，具有 8 个内存插槽。事实上，从 2005 年开始，Google 的数据中心就开始采用标准的集装箱设计。Google 的每个集装箱可以容纳 1160 台服务器，具有 250kW 的功率，每平方米最高具有超过 8396W 的功率密度。Google 数据中心的设计着重于"电源在上，水在下"，机架从集装箱的天花板悬挂下来，冷却设备在机架下面，让冷空气通过机架。冷却风扇速度可变，可以精确管理，保证风扇在能够冷却机架的前提下运行在最低速度。

2. 微软数据中心

芝加哥数据中心是微软最大的数据中心，占地面积为 7.5 万平方米，一层停放着几辆拖车，上面放着集装箱。这些集装箱里放置着微软云计算产品的重要组件，每辆拖车的集装箱都存放了 1800～2500 台服务器，每台服务器都可以用来为微软的云计算操作系统 Windows Azure 收发电子邮件、管理即时通信或运行应用程序等。

微软在二层布置了 4 个传统的升降板服务器机房，平均每个机房约 1115 平方米，功率为 3 MW。微软数据中心的总面积约为 6.503 万平方米，是全球最大的数据中心之一。即使只启用半数服务器，这个数据中心的能耗也将达到 30MW，是普通数据中心的数倍之多。

3．SGI 冰立方数据中心

SGI 的数据中心称为冰立方（Ice Cube）。2010 年 5 月，SGI 对冰立方进行了改造，除 SGI 硬件外，还可以在集装箱内安装其他公司硬件。冰立方采用模块化设计，能够容纳 SGI 所有的服务器和存储设备，包括 Altix UV 向上扩展超级计算机和 Altix ICE 向外扩展超级计算机，允许客户对数据中心硬件进行混搭，从而增加灵活性。SGI 模块化数据中心可以达到超高密度，每个集装箱可以支持 46080 个处理器核或 29.8PB 数据存储。这些优势使得冰立方成为建立新数据中心、改造旧数据中心或取代各种规模传统数据中心的理想选择。

3.3　虚拟化技术

3.3.1　虚拟化的基本概念

虚拟化的概念在 20 世纪 60 年代首次出现，利用它可以对稀有而昂贵的大型机硬件进行分区。虚拟化技术是指计算元件在虚拟的基础上而不是在真实的基础上运行，是计算机领域的一项基本技术，其内涵非常广泛。它可以扩大硬件的容量，简化软件的重新配置过程，减少软件虚拟机相关开销，支持更广泛的操作系统。目前虚拟化技术主要应用在处理器、操作系统、服务器等多个方面，是提高服务效率的最佳解决方案。虚拟化实现了 IT 资源的逻辑抽象和统一表示，在大规模数据中心管理和解决方案交付方面发挥着巨大的作用，是支撑云计算的重要技术基石。在云计算实现方案中，计算系统虚拟化是在云上建立服务与应用的基础。

虚拟化技术很早就在计算机体系结构、操作系统、编译器和编程语言等领域得到了广泛应用。该技术在服务器、网络及存储管理等方面都有着突出的优势，大大降低了管理复杂度，提高了资源利用率和运营效率，从而有效地控制了成本。虚拟化是云计算的核心特征，通过虚拟化技术可以提高资源的利用率，并且根据用户业务需求的变化，快速、灵活地进行资源部署。虚拟化涉及的范围很广，包括网络虚拟化、存储虚拟化、服务器虚拟化、桌面虚拟化、应用程序虚拟化、表示层虚拟化等。本书提到的虚拟化主要指服务器虚拟化。一般来讲，虚拟化是一个抽象层，它将物理硬件与操作系统分开，从而提供更高的 IT 资源利用率和灵活性。处理器、存储和网络等资源被抽象成标准化的虚拟硬件，与包括操作系统和应用程序在内的完整运行环境一起封装在独立于硬件的虚拟机中，而由于虚拟机以文件形式保存，因此可以快速进行保存、复制和部署。

虚拟化技术与多任务及超线程技术是完全不同的。多任务是指在一个操作系统中多个程序同时运行，而在虚拟化技术中，可以同时运行多个操作系统，而且每一个操作系统中都有多个程序运行，每一个操作系统都运行在一个虚拟的 CPU 或主机上。由于在大规模数据中心管理和基于互联网的解决方案交付运营方面有着巨大的价值，因此服务器虚拟化技术受到高度重视，人们普遍相信虚拟化将成为未来数据中心的重要组成部分。

图 3.2 虚拟化架构

虚拟化架构如图 3.2 所示，通过虚拟化技术，单台服务器可以支持多个虚拟机运行多个操作系统和应用，从而大大提高服务器的利用率。虚拟化为应用提供了灵活可变、可扩展的平台服务。虚拟机技术的核心是 Hypervisor（虚拟机监控程序），Hypervisor 在虚拟机和底层硬件之间建立一个抽象层，可以拦截操作系统对硬件的调用，为驻留在其上的操作系统提供虚拟的 CPU 和内存。

虚拟机有许多不同的类型，但是它们的一个共同主题就是模拟一个指令集的概念。每台虚拟机都有一个用户可以访问的指令集。虚拟机把这些虚拟指令映射到计算机的实际指令集上。硬分区、软分区、逻辑分区、Solaris Container、VMware、Xen、微软 Virtual Server 这些虚拟技术都运用了这个原理，只是虚拟指令集所处的层次位置不同。

虽然虚拟化技术可以有效地简化数据中心管理，但是仍然不能消除企业为了使用 IT 系统而进行的数据中心构建、硬件采购、软件安装、系统维护等环节。早在大型机盛行的 20 世纪50、60 年代，IBM 就采用租借的方式对外提供服务。IBM 公司当时的首席执行官 Thomas Watson 曾预言道："全世界只需要 5 台计算机"，1981 年—2011 年 30 年的 PC 大繁荣推翻了这个论断。人们常常引用这个例子来说明信息产业的不可预测性。然而，信息技术变革并不总是直线前进的，而是螺旋式上升的。半导体、互联网和虚拟化技术的飞速发展使得业界不得不重新思考这一构想，这些支撑技术的成熟让我们有可能把全世界的数据中心进行适度地集中，从而实现规模化效应，人们只需要远程租用这些共享资源而不需要购置和维护。

虚拟化和云计算技术正在快速地发展，业界各大厂商纷纷制定相应的战略，新的概念、观点和产品不断涌现。云计算的技术热点呈现百花齐放的局面，如以互联网为平台的虚拟化解决方案的运行平台，基于多租户技术的业务系统在线开发、运行时和运营平台，大规模云存储服务，大规模云通信服务等。云计算的出现为信息技术领域带来了新的挑战和新的机遇。

虚拟化技术的应用领域已经从服务器逐渐向存储、网络、应用等多方面拓展。

服务器虚拟化对服务器资源进行快速划分和动态部署，从而降低系统复杂度，消除设备无序蔓延，达到了减少运营成本、提高资产利用率的目的。存储虚拟化将存储资源集中到一个大容量的资源池并进行单点统一管理，实现了无须中断应用即可改变存储系统和数据迁移，提高了整个系统的动态适应能力。网络虚拟化通过将一个物理网络节点虚拟成多个节点，将多台交换机整合成一台虚拟的交换机来增加连接数量并降低网络复杂度，实现网络的容量优化。应用虚拟化则通过将资源动态分配到需要的地方来帮助改进服务交付能力，提高了应用的可用性和性能。

云计算数据中心跨越 IT 架构实现包括服务器、存储、网络、应用等在内的全系统虚拟化，对所有资源进行统一管理、调配和监控，进而提高整个系统的灵活性并产生最大的效益，主要包括网络虚拟化、计算资源虚拟化、存储虚拟化、应用程序和数据库虚拟化、设备虚拟化和安全虚拟化。

3.3.2　虚拟化的平台架构与部署

在云计算环境中，通过在物理主机中同时运行多台虚拟机实现虚拟化。多台虚拟机运行在虚拟化平台上，由虚拟化平台实现对多个虚拟机操作系统的监视和对多个虚拟机物理资源的共享。总的来说，虚拟化平台有 3 层结构，最下层是虚拟化层，提供基本的虚拟化能力支持；中间层是控制执行层，提供各控制功能的执行能力支持；最上层是管理层，对控制执行层进行策略管理、控制，提供对虚拟化平台统一管理的能力支持。如图 3.3 所示，虚拟化平台包含 Hypervisor、虚拟机管理、高可用集群、动态资源调配、动态负载均衡等功能实体。

图 3.3　虚拟化平台功能结构

各部分具体功能描述如下。

- 虚拟机管理：主要保证虚拟机的创建、启动、停止、迁移、恢复和删除，虚拟机映像管理，虚拟机运行环境的自动配置和快速部署启动等能力。虚拟机管理可根据主机节点/虚拟机的处理器、内存、输入/输出和网络等资源使用情况，自动地在不同主机节点之间迁移虚拟机，使得虚拟机的性能得到保障。
- 高可用集群：用于保证主机节点的失效保护。当一个主机节点失效后，高可用集群自动将其上的服务转移到集群中的其他节点上继续运行。该集群还具有负载均衡和存储集群的能力。
- 动态资源调配：具有虚拟存储、网络创建、配置、修改和删除等能力。当一台虚拟机的内存、外存或网络资源不足时，可临时借用同节点中其他虚拟机暂时不使用的同类资源。
- 动态负载均衡：兼顾能源消耗和工作负载的均衡。根据策略需要，动态负载均衡可开启/关闭部分主机节点，并迁移关联的虚拟机。
- 管理工具：包含虚拟化平台需要支持的一套工具，如物理到虚拟（Physical to Virtual，P2V）、虚拟到物理（Virtual to Physical，V2P）、虚拟应用（Virtual Application，VA）、精简系统（Just Enough Operating System，JEOS）等。
- 主机安全：用于保证虚拟机运行环境的安全，包含一组软件，如反病毒、入侵检测等。

在虚拟化平台的实际部署中，集群运行支持、动态资源分配支持、主机安全等与

Hypervisor 关系密切，可以作为独立的软件部署在主机节点之中。其他功能都可以集成在一起，形成虚拟机管理器。这样进行功能分配后，整个虚拟化平台可以分为两个软件包：一个是 Hypervisor 和主机操作系统（Host OS）软件包，驻留在主机节点中；另一个是虚拟机管理器软件包，如图 3.4 所示。两者共同支撑云管理平台，两者之间的接口将被简化为配置、简单控制、查看和监控几类。

图 3.4 虚拟化平台系统架构图

运行虚拟机的主机利用集群（Cluster）的功能组成一个高可用的集群系统，当其中的某个节点失效时，无须虚拟机管理器的干涉，集群自动地将失效节点上的服务迁移到其他节点，并为其重新分配存储和网络资源，使得服务不间断。虚拟机管理器可部署在独立的服务器上，由其负责对虚拟化平台的告警、运行状况监控、负载调整等工作。虚拟化平台物理部署如图 3.5 所示。

图 3.5 虚拟化平台物理部署

3.3.3　虚拟化的技术优势

虚拟化的技术优势如下。

- 平台虚拟化实现资源最优利用。利用虚拟化技术，在一台物理服务器或一套硬件资源上虚拟出多个虚拟机，让不同的应用服务运行在不同的虚拟机上。在不降低系统鲁棒性、安全性和可扩展性的同时，提高硬件的利用率，减少应用对硬件平台的依赖性，从而使得企业能够削减运营成本和资金，并且改善 IT 服务交付，不用受有限的操作系统、应用程序和硬件选择范围的制约。
- 利用虚拟机与硬件无关的特性，按需分配资源，实现动态负载均衡。当虚拟机监测到某个计算节点的负载过重时，可以在不中断业务的情况下，将其迁移到其他负载较轻的节点或在节点内重新分配计算资源。同时，执行紧迫计算任务的虚拟机将得到更多的计算资源，保证关键任务的响应。
- 平台虚拟化带来系统自愈功能，提升系统可靠性。当系统服务器硬件故障时，可自动重启虚拟机，消除在不同硬件上恢复操作系统和应用程序安装所带来的困难。任何物理服务器均可作为虚拟服务器的恢复目标，减少硬件成本和维护成本。
- 提升系统节能减排能力。与服务器管理硬件配合实现智能电源管理；优化虚拟机资源的实际运行位置，达到最小化耗电，可为运营商节省大量电力资源，减少供电成本，节能减排。
- 维护运行在早期操作系统上的业务应用。对于某些早期操作系统，发行厂商已经停止了系统维护，不再支持新的硬件平台，而重写运行在这些系统上的业务应用又不现实。为此，可以将这些系统迁移到新硬件平台运行的虚拟系统上，实现业务的延续。
- 提高服务器的利用率。《虚拟服务器环境》一书指出："多数用户承认，系统平均利用率只有 25%～30%。"这是一种对服务器硬件资源的浪费。将多种低消耗的业务整合到一台服务器上,可以充分发挥服务器的性能,从而提高系统的整体利用效率。

- 动态资源调配,提升业务应用整体的运行质量。可在一台计算机内部的虚拟机之间或集群系统的各个业务之间进行动态地资源调配,进而提升业务应用整体的运行质量。在实际应用上,这一优势更偏重于集群系统。
- 提供相互隔离的、安全的应用执行环境。虚拟系统下的各个子系统相互独立,即使一个子系统遭受攻击而崩溃,也不会对其他子系统造成影响。而且在使用备份机制后,子系统可被快速恢复。
- 提供软件调试环境,进行软件测试,保证软件质量。采用虚拟化技术后,用户可以在一台计算机上模拟多种不同操作系统,使调试环境的搭建简单易行,大大提高了工作效率,降低了测试成本。

3.3.4 虚拟化的技术类型与实现形式

虚拟化技术之所以会被广泛采用,是因为有其应用背景。当前虚拟化技术主要有拆分、整合、迁移等类型。具体介绍如下。

- 拆分。某台计算机性能较高,但工作负荷小,资源没有得到充分利用。这种情况适用于虚拟化技术拆分,可以将这台计算机拆分为逻辑上的多台计算机,同时供多个用户使用。这样可以使这台计算机的硬件资源得到充分利用。拆分技术适用于性能较好的大型机、小型机或服务器,可以提高计算机的资源利用率。
- 整合。当前有大量性能一般的计算机,但在气象预报、地质分析等领域,数据计算需要性能极高的计算机。此时可应用整合技术,将大量性能一般的计算机整合为一台计算机,以满足客户对整体性能的要求。整合技术适用于性能一般的计算机。通过整合技术,可以获得高性能计算机,满足特定数据计算要求。
- 迁移。首先将一台逻辑服务器中闲置的一部分资源动态地加入另一台逻辑服务器中,提高另一方的性能;然后通过网络将本地资源供远程计算机使用。例如,Windows 下的共享目录、Linux 下的 NFS,还包括远程桌面等。其目的为实现资源共享,实现跨系统平台应用等。

虚拟化的几种实现形式如下。

- 硬件虚拟化:不需要操作系统支持;可直接对硬件资源进行划分,任一分区内的操作系统和硬件故障不影响其他分区;代表有 HP nPAR。
- 逻辑虚拟化:不需要操作系统支持;在系统硬件和操作系统之间以软件和固件的形式存在,任一分区内的操作系统故障不影响其他分区;代表有 IBM DL PARS、HP vPAR、VMware ESX Server、Xen,其中 VMware ESX Server 结构如图 3.6(a)所示、Xen 结构如图 3.6(b)所示。相对硬件虚拟模式而言,逻辑虚拟模式会占用一定比例的系统资源。目前大型主机的虚拟效率一般在 95%以上,虚拟化损耗约为 2%～3%;IBM 的 AIX 操作系统和 HP 的 HP-UX 操作系统上的虚拟效率在 90%以上,虚拟化损耗约为 5%;x86 架构上的虚拟效率则在 80%左右,虚拟化损耗约为 20%。

（a）VMware ESX Server 结构　　　　　　（b）Xen 结构

图 3.6　VMware ESX Server 结构和 Xen 结构

- 软件虚拟化：需要主机操作系统支持；在主机操作系统上运行一个操作系统虚拟化层软件，可以安装多种客机操作系统，任何一个客机操作系统故障不影响其他用户的操作系统；代表有 VMware GSX Server 和微软 Virtual Server。软件虚拟化结构如图 3.7 所示。

图 3.7　软件虚拟化结构

- 应用虚拟化：需要主机操作系统支持；在单一操作系统上使用，在操作系统和应用之间运行虚拟层，任何一个应用包的故障不影响其他应用包；代表有 Solaris Container 和 SWsoft Virtuozzo 虚拟化。
- 容器虚拟化：人们在使用虚拟化技术一段时间后，会发现它存在一些问题。例如，有时候用户只是希望各自运行一些简单程序或小进程，为了不相互影响，就要建立虚拟机，显然资源浪费比较大，操作比较复杂；有时候用户想要迁移自己的服务程序，就要迁移整个虚拟机，迁移过程也很复杂。容器（Container）虚拟化技术就是为了解决轻量级虚拟化与隔离问题而产生的新技术。Docker，应用容器引擎，就是创建容器的工具。除使用 Docker 对容器进行创建外，还需要使用一个工具对容器进行编排，这个工具就是 Kubernetes。Kubernetes 是一个容器集群管理系统，主要职责是容器编排（Container Orchestration），包括启动容器，自动化部署、扩展和管理容器应用，回收容器。

图 3.8 容器虚拟化技术架构

应用程序容器产品，即在操作系统层上创建一个个容器，这些容器共享下层的操作系统内核和硬件资源，但是每个容器可单独限制 CPU、内存、硬盘和网络带宽容量，并且拥有单独的网络 IP 地址和操作系统管理员账户，可以关闭和重启。与虚拟机最大的不同是，由于容器里不再安装操作系统，因此浪费的计算资源大大减少，这样同样一台计算机就可以服务于更多的租户。容器虚拟化技术架构如图 3.8 所示。

容器属于虚拟化，但是属于轻量级的虚拟化。它的目的和虚拟机一样，都是创造隔离环境。但是，它和虚拟机又有很大的不同——虚拟机实现操作系统级别的资源隔离，而容器实现进程级别的资源隔离。容器里不能进行操作系统级别的修改和配置。做驱动开发和 Linux 内核定制的人不适合租赁容器，而虚拟机没有任何限制。

3.3.5 虚拟化技术存在的问题

虚拟化技术存在的问题如下。

- 虚拟化技术的认知。用户对虚拟化技术不了解，不明确虚拟化技术在提升现有系统效率和降低总体运营成本上的优势，这是虚拟化技术推广的最大障碍。
- 虚拟系统的可靠性。用户采用服务器，很大程度上是为了保障业务的稳定性。如果用户在一台服务器上运行多个业务，类似于将多个鸡蛋放在一只篮子里，一旦出现重大硬件故障，势必会影响所有的业务，这种威胁很难消除。而用户对于这种潜在的业务危险往往是不可接受的。
- 虚拟系统的运行效率。使用虚拟化技术的目的在于提高用户服务器的整体利用效率，如果虚拟系统的运行效率太低，就失去了它在服务器上应用的价值。
- 平台支持。硬件支持方面，需要虚拟系统不断更新，以兼容新的硬件平台；操作系统支持方面，需要虚拟系统支持早期操作系统。这样对于某些使用早期操作系统的用户才有意义。对于这两个方面，虚拟化平台都需要不断更新，这都依赖于虚拟化提供商的维护。
- 迁移能力。高端应用需要做到零宕机，迁移成本较高，并且需要集中存储设备的支持；低端应用虽然可以使用系统备份还原的迁移模式降低系统迁移成本，但迁移效率低。
- 部署效率和易用性。当前虚拟化标准尚不统一，移植和管理工具还不够成熟，影响到虚拟化的大面积普及。特别是远程管理功能需要配合虚拟化标准工作大力发展，以使得不同的虚拟化平台可以通过网络进行统一管理。

当前的云计算系统（如 Scientific Cloud 、Amazon EC2 等）一般以虚拟机的形式来满足用户的计算资源需求，但用户需要根据自己的需求将这些虚拟机手动配置成一个工作集群。针对这种情况，通过对虚拟集群所需上下文环境的详细分析，如虚拟机的 IP 地址、安全信息等，FREEMANT 提出了一种在多个虚拟机之间自动、快速部署上下文环境的机制（One Click Virtual Clusters）。另外，虚拟专用网络 VPN 为用户在访问计算云资源时提供了一个可以定制的网络环境。目前对于虚拟资源管理的研究，在满足用户对虚拟资源的 QoS（Quality of Service，服务质量）需求及 SLA（Service Level Agreement，服务等级协议）方面有待进一步发展。

3.4　资源管理技术

资源管理是云计算的核心问题之一，主要包括资源的描述、组织、发现与匹配、配置、监控等活动。与传统的分布式环境和网格环境下的资源管理不同的是，云计算环境下资源管理通过运用虚拟化技术来屏蔽底层资源的异构性和复杂性。把分散的各种资源管理起来，使得分布式资源能够被当成单一资源处理，形成一个统一的巨型资源池而不是分散的资源库，以此确保资源的合理、高效的分配和使用。并且云计算环境下资源管理的各个组成部分之间并不是孤立的，资源的描述、组织、发现与匹配、配置、监控是彼此存在紧密联系的系统要素，它们之间的共同作用构成了一个整体。资源的描述形式将影响它的组织形式；资源的发现与匹配机制会因上述两者的变化而进行相应的调整，以实现资源的高效提取；同样地，在配置资源调度策略时，会考虑底层资源的组织形式、发现与匹配机制；最后，资源的监控机制将对系统中的各个要素进行检测和控制，保证系统的安全、稳定和高效运行。

云计算资源管理系统的基本功能是接收云计算用户的资源请求，并且把特定的资源分配给资源请求者，合理地调度相应的资源，使请求资源的作业得以运行。为实现上述功能，云计算资源管理系统应提供 4 种基本的服务，即资源分发、资源发现、资源存储和资源调度。资源分发和资源发现提供相互补充的功能。资源分发由资源启动，提供有关机器资源的信息或一个源信息资源的指针，并且试图去发现能够利用该资源的合适应用。资源发现由网络应用启动，在云计算中发现适合本应用的资源。资源分发和资源发现及资源存储是资源调度的前提条件，资源调度把所需资源分配到相应的请求上去，包括通过不同节点资源的协作分配。

云计算资源管理需要达到的目标总体来讲包括以下 5 个方面。

- 准入控制。云计算资源管理系统能够及时获取整个云计算系统的运行状态，并且根据现有状态信息决定是否接收新的请求，以避免出现负载高峰而影响到整个系统的稳定性。
- 资源合理配置。需要在单个计算单元动态多变的云计算环境中合理分配每个运行实例所需的资源，以实现多约束条件下的资源全局优化分配。
- 实现负载均衡。通过合理的资源管理来避免出现少量计算单元资源负载高峰导致 QoS 下降甚至服务器瘫痪的情况，确保工作流能够较为平均地分配至正在运行的所有计算单元。

● 降低能耗。通过合理的资源管理策略，结合云计算虚拟化技术及其他硬件节能技术，来降低云计算数据中心的整体能耗。

● 保障 QoS。QoS 是云计算能够被用户接受且长期使用的关键所在，这需要对云计算系统本身进行更为合理的管理，确保为用户提供高可靠性和可用性的资源。

云环境下资源管理系统框架如图 3.9 所示。

图 3.9 云环境下资源管理系统框架

3.4.1 资源监测

云计算不仅实现了硬件资源、存储资源、网络资源等多种资源的虚拟化，还实现了在此基础上的各种软件资源的虚拟化，关注于如何实现 SaaS。一个统一的云平台注册、管理着互联网上大量不同种类的资源，对它们进行有效的动态监测及管理控制，是实现高质量的 SaaS 的保障。大规模分布式环境下异构资源管理属性的高效动态监测及有效管理涉及的关键问题包括如何满足不同种类的资源管理与监测需求，实现资源类型及管理属性的动态配置；如何实现可方便扩展的监测架构支持；如何实现高效且灵活的资源监测策略，以尽量少的资源开销实现有效的资源监测与状态预测；基于智能管理事件的资源状态管理技术，如何更加有效地主动监测资源的状态，并及时发现、诊断资源的故障，为高质量服务提供基本支撑。相关研究人员提出基于市场机制、SLA 进行资源分配的云计算架构。而按 SLA 进行资源分配的基础之一是对多个资源提供者的资源进行监测。

云计算的智能管理监控系统具有自动监控、反馈和处理机制，结合事件驱动和协同合作机制，对大规模计算机集群进行自动化智能管理。智能管理监控系统对软件服务提供自动部署、自动升级、自动配置、可视化管理和实时状态监控，还可以根据环境和需求的变化、异常情况，进行动态调度和自动迁移。

3.4.2　资源调度

　　云计算资源管理系统的有效性和可接受性在很大程度上依赖于资源调度系统，云计算的动态性和异构性决定了资源调度系统的复杂性。资源调度系统可采用集中式、分布式、层次式和基于计算经济的调度方法。在集中式的调度模型中，所有的资源由一个中央调度程序调度，所有可用系统的有关信息被聚集在该中心机上。在分布式的调度模型中，分布式的调度程序交互作用并且提交作业到远程系统中，没有中央调度程序负责作业的调度，单个组件的失效不会影响整个云计算系统，容错性和可靠性更高。但由于一个并行程序的所有部分可能被分配在不同域的资源上，因此不同的调度程序必须同步作业且同时运行，这使得调度系统的优化相当困难。在层次式的调度模型中，有一个集中式的调度程序，作业被提交到该集中的调度程序，而每一个机器资源使用独立的调度程序用于本地的调度。此模型的主要优点是不同的策略能够被用于本地和全局的作业调度。基于计算经济的调度模型的优越性是可调节供需矛盾，因为做出资源调度策略决定的过程被分布在所有的用户和资源拥有者身上，调度由以系统为中心转向了以用户为中心，用户可以自己进行决定，以最小的代价获取最好的性能。

　　用户做仿真试验需要多个虚拟机，但是这些虚拟机不会有很大的负荷，用户希望这些虚拟机全部启动在一个 Hypervisor 上边，这样就可以关闭其他的服务器，节约费用。但在需要这些虚拟机去完成负载比较大的任务时，用户又希望这些虚拟机能够均衡地在云上启动，平衡负载，尽可能使每个虚拟机都拥有充足的资源。

3.4.3　分布式资源管理技术

　　在多节点并发执行环境中，分布式资源管理系统是保证系统状态正确的关键技术。系统状态需要在多节点之间同步，关键节点出现故障时需要迁移服务。分布式资源管理技术通过锁机制协调多任务对于资源的使用，保证数据操作的一致性。Google 的 Chubby 是著名的分布式资源管理系统。

　　Chubby 是 Google 设计的提供粗粒度锁服务的一个文件系统，基于松耦合分布式系统，解决分布的一致性问题。通过使用 Chubby 的锁服务，用户可以确保数据操作过程中的一致性。不过值得注意的是，这种锁是一种建议性的锁（Advisory Lock）而不是强制性的锁（Mandatory Lock），如此选择的目的是使系统具有更大的灵活性。

　　GFS 使用 Chubby 选取一个 GFS 主服务器，BigTable 使用 Chubby 指定一个主服务器并发现、控制与其相关的子表服务器。除最常用的锁服务外，Chubby 还可以作为一个稳定的存储系统，存储包括元数据在内的小数据。同时 Google 内部使用 Chubby 进行名字服务（Name Server）。Chubby 被划分成客户端和服务器端两个部分，客户端和服务器端之间通过远程过程调用（Remote Procedure Call，RPC）来连接。在客户端，每个客户应用程序都有一个 Chubby 程序库（Chubby Library），客户端的所有应用都是通过调用这个库中的相关函数来完成的。服务器端称为 Chubby 单元，一般是由 5 台称为副本（Replica）的服务器组成的，这 5 台服务器在配置上完全一致，并且在系统刚开始时处于对等地位。这些服务器通过 Quorum 机制选举产生一台主服务器（Master），并保证在一定的时间内有且仅有一台主服务器，这个时间就称为主服务器租约期（Master Lease）。如果某台服务器被连续推举为主服务器的话，主服务器租约期就会不断地被更新。主服务器租约期内所有的客户请求都是由主服务器来处理的。客户端如果需要确定主服务器的位置，可以向域名服务（Domain Name Service，DNS）发送一个主服务器定位请求，非主服务器的副本将对该请求发出回应，通过这种方式客户端能够快速、准确地对主服务器定位。Chubby 的基本架构如图 3.10 所示。

图 3.10 Chubby 的基本架构

3.4.4　云计算系统管理技术

云计算资源规模庞大，一个系统的服务器数量可能会高达 10 万台并跨越几个坐落于不同地点的数据中心，同时运行着成千上万种应用。如何有效地管理这些服务器，保证这些服务器组成的系统能够提供 7×24 小时不间断的服务是一个巨大的挑战。云计算系统管理技术是云计算的"神经网络"。云计算系统管理技术能使大量的服务器协同工作，方便地进行业务部署和开通，快速地发现和恢复系统故障，使云计算系统通过自动化、智能化的手段实现大规模的运营、管理。

3.4.5　数据管理技术

云计算的特点是对海量的数据存储、读取后进行大量的分析，数据的读操作频率远大于数据的更新频率，云中的数据管理是一种读优化的数据管理。

云计算系统对大数据集进行处理、分析，向用户提供高效的服务。因此，数据管理技术必须能够高效地管理大数据集。另外，如何在规模巨大的数据中找到特定的数据，是云计算数据管理技术必须解决的问题。云计算系统的数据管理往往采用列存储的数据管理模式，保证海量数据存储和分析性能。采用列存储的方式管理数据后，如何提高数据的更新速率及进一步提高随机读速率是未来的数据管理技术必须解决的问题。著名的云计算数据管理技术是 Google 的 BigTable 数据管理技术，同时 Hadoop 开发团队开发了类似 BigTable 的开源数据管理模块 HBase。

1. BigTable 数据管理技术

BigTable 数据管理技术设计者——Google 给出了定义：BigTable 是一种为了管理结构化数据而设计的分布式存储系统，这些数据可以扩展到非常大的规模，如在数千台商用服务器上的达到 PB（PetaByte）规模的数据。

BigTable 在很多地方与数据库类似，使用了很多数据库的实现策略，但不支持完全的关系数据模型，而是为用户提供简单的数据模型。BigTable 对数据读操作进行优化，采用列存储的方式，提高数据读取效率。BigTable 的基本元素包括行（Rows）、列族（Column Families）和时间戳（Timestamps）等。其中，行关键字可以是任意字符串（目前最多支持 64 KB，多数情况下 10～100B 足够）。在一个行关键字下的每一个读写操作都是原子操作（不管读写这一行里有多少个不同列），这样在对同一行进行并发操作时，用户对于系统行为更容易理解和掌控。列族由一组同一类型的列关键字组成，是访问控制的基本单位。列族必须先创建，然后才能在其中的列关键字下存放数据；列族创建后，其中任何一个列关键字均可使用。一张表中的不同列族不能太多（最多几百个），并且在运作中极少改变。表中每一个表项都可以包含同一数据的多个版本，由 64 位整型的时间戳来标识。时间戳可以由 BigTable 来赋值，表示准确到毫秒的"实时"，或者由用户应用程序来赋值。不同版本的表项内容按时间戳倒序排列，即最新的排在最前面。为了简化对于不同版本的数据的管理，对每一个列族支持两个设定，以便于 BigTable 对表项的版本自动进行垃圾清除。用户可以指明只保留表项的最后 n 个版本，或者只保留足够新的版本（如只保留最近 7 天的内容）。

大表（BigTable）的内容按照行来划分，由多个行组成一个小表（Tablet），保存到某个小表服务器（Tablet Server）节点中。在物理层，数据存储的格式为 SSTable，每个 SSTable 包含一系列大小为 64 KB（可以配置）的数据块（Block）。图 3.11 所示为 BigTable 的体系结构。

图 3.11 BigTable 的体系结构

如果说 BigTable 是一块布，那么 Tablet 就好像从这块布上扯下的布条。每个 Tablet 所需要的存储空间为 100～200 MB，而每台服务器（廉价 PC）大约存储 100 个左右的 Tablet，同一台机器上的所有 Tablet 共享一个日志。SSTable 提供一个从关键字到值持续有序的映射，关键字和值都可以是任意字符串。块索引（Block Index）存储在 SSTable 的最后，用来定位数据块。

Chubby 是 BigTable 采用的一个高度可用的持续分布式数据锁服务。每个 Chubby 服务由 5 个活的备份构成，其中一个是主备份并响应服务请求。只有当大多数备份都保持运行并互相通信时，相应的服务才是活动的。当有备份失效时，Chubby 使用 Paxos 算法来保证备份的一致性。Chubby 提供了一个由目录和小文件组成的名字空间（Namespace），每个目录或文件可以当成一个锁来用，读写文件操作都是原子操作。

BigTable 于 2004 年开始研发并投入应用，基本能够满足 Google 数据管理的需求，处理海量数据，实现高速存储与查找。BigTable 是建立在 GFS、Scheduler、Lock Service 和 MapReduce 之上的。基于 BigTable 的应用包括 Google Analytics、Google Finance、Orkut、Personalized Search、Writely、Google Each 等 100 多个项目。2015 年 5 月，BigTable 作为 GCP（Google Cloud Platform）的一个可选组成部分向公众开放。

2．HBase 云数据库

HBase 是 Hadoop 的子项目，也是目前比较成熟的云数据管理开源解决方案之一。HBase 采用的数据模型与 BigTable 非常相似。在用户存储的数据行（Data Row）和标识表（Label Table）中，一个数据行有一个可排序的主键或分类键（Sortable Key）和任意数量的列（Column）。由于表是疏松（Sparsely）存储的，因此用户可以根据需要给同一表中的不同行定义各种不同的列。每张 HBase 表的索引是行关键字（Row Key）、列关键字（Column Key）和时间戳。HBase 把同族里面的数据存储在同一个目录下，而 HBase 的写操作是锁行的，每一行都是一个原子元素，都可以加锁。所有数据库的更新都有一个时间戳标记，每个更新都是一个新的版本。系统会保留一定数量的版本，这个数量是可以设定的，用户可以选择获取距离某个时间最近的版本，或者一次获取所有版本。

HBase 遵从简单主从服务器架构，每个 HBase 集群通常由单个主服务器（Master Server）、数百个或更多的区域服务器（Region Server）构成，HBase 集群体系结构如图 3.12 所示。每个 Region 由某个表的连续数据行组成，从开始主键到结束主键，而某张表的所有行保存在一组 Region 中。通过表名和开始 / 结束主键，来区分不同的 Region。区域服务器主要通过 3 种方式保存数据：一是 Hmemcache 高速缓存，保留的是最新写入的数据；二是 Hlog 记录文件，保留的是提交成功，但未被写入文件的数据；三是 Hstores 文件，数据的物理存放形式。

由于主服务器的主要任务是分配每个区域服务器需要维护的 Region，因此每个区域服务器都需要与主服务器通信。主服务器会和每个区域服务器保持长连接。如果该连接超时或断开，会导致区域服务器自动重启，同时主服务器认为该区域服务器已死机而把其负责的 Region 分配给其他区域服务器。

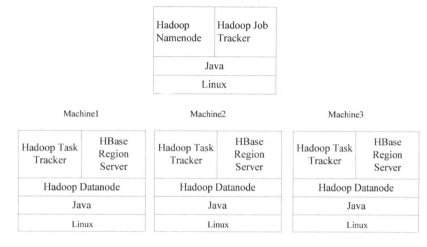

图 3.12　HBase 集群体系结构

3.5　网络通信技术

网络是云计算的核心承载平台，云服务的构建、备份、推送均离不开网络。网络健壮与否直接影响用户业务的连续，网络安全与否直接影响用户业务的信息安全，网络传输质量的好坏直接影响用户的使用效果。

在云计算系统构架内，根据网络互联功能的差异，可以将云计算网络分为以下 3 个层次。

- 云内互联：主要用于云数据中心内服务器、存储基础、IT 资源间的互联，完成计算、存储资源池的构建，满足云运营管理平台通过网络实现各资源的编排、调度与交付的需求。此外，还需要根据各用户、各业务系统的不同互访需求，实现网络层的资源隔离与安全访问控制。
- 云间互联：主要用于多个云数据中心间的横向互联，实现多个资源池横向整合和云服务、数据的备份，同时满足云运营管理平台实现跨数据中心资源的编排、调度、迁移、集群等需求。
- 云端互联：主要用于云数据中心与用户终端间的纵向互联，实现云服务的推送、呈现，满足用户对云计算资源的使用与管理需求。例如，物联网网关接入技术采用物联网网关设备将多种接入手段整合起来，统一互联到云端的接入网络，实现感知网络和基础网络之间的协议转换。物联网网关接入技术可满足局部区域短距离通信的接入需求，实现与公共网络的连接，同时完成转发、控制、信令交换和编解码等功能。物联网网关在未来云计算与物联网的融合过程中将会扮演非常重要的角色，成为连接感知网络与互联网的纽带。

在云计算环境下，这 3 个层面的互联网络与传统网络相比，存在较大的差异。其中，云内互联网络是云计算网络的核心，也是近年来新技术、新标准创新比较密集的地方。与传统数据中心网络相比，云计算数据中心内部互联网络面临着以下挑战。

1）从物理服务器互联到虚拟机互联

随着服务器虚拟化的大规模部署，网络中的业务流量和服务器主机表项的数量会呈 10～20 倍增长，这对网络设备的性能和表项规格提出了更高的要求。

服务器虚拟化之后如何进行网络对接，如何在网络层实现对虚拟机的管理与控制是云计算环境下网络互联技术面临的新问题。

2）从小规模二层网络互联到大规模二层网络互联

在云计算环境下，计算、存储资源通常以资源池的方式构建。池内虚拟机迁移与集群是两种典型的应用模型，这两种模型均需要二层网络的支持。随着云计算资源池的不断扩大，二层网络的范围也在逐步扩大。

3）从静态实体安全到动态虚拟安全

云计算将 IT 资源进行虚拟化和池化，这些资源将以服务的形式动态分配给用户使用。对于云计算网络层的安全防护，需要解决以下 2 个问题。

- 位于同一物理服务器内的多个不同虚拟机之间的流量安全防护，此类流量有部分是直接通过虚拟交换机进行交互的，部署在外部网络层的防火墙无法实现安全防护。
- 随着云计算中心内新用户的上线和业务变更，传统静态的防火墙部署方式已经不能满足需求，需要将防火墙进行虚拟化并交付给用户使用。

4）从孤立管理到智能联动管理

为保证网络、安全资源能够被云计算运营平台良好调度与管理，要求网络、安全设备及管理平台提供开放的 API，云计算管理平台能够通过 API 实现对网络资源的调度及管理。随着虚拟化技术的应用，网络和服务器的边界变得模糊，引发了新的问题，即网络及计算资源的协同调度问题。在创建虚拟机或虚拟机迁移时，为了保证虚拟机正常运行，不仅需要合理调度服务器上的资源，还需要合理调度网络连接。打通网络、计算之间的隔阂，实现资源的融合管理和智能调度，是实现云数据中心基于业务调度，最终实现自动化的关键。

3.6 编程模型及语言

3.6.1 MapReduce 编程模型

2004 年，Google 公司在自身的网络搜索业务应用的基础上，提出了一个新的抽象模型——MapReduce。该模型只需要执行简单运算，而不必过分关注并行计算、负载均衡、数据分布、容错等复杂细节。由于这些问题都封装在相应的库内，所以对于开发人员而言，它们都是透明的。为了使用户能更轻松地享受云计算带来的服务，能利用编程模型编写简单的程序来实现特定的目的，云计算上的编程模型必须十分简单，而且必须保证后台复杂的并行执行和任务调度向用户和编程人员透明。MapReduce 编程模型不仅适用于云计算，在多核和多处理器、Ceil Processor 及异构机群上同样有良好的性能。该编程模型仅适用于编写任务内部松耦合、能够高度并行化的程序。如何改进该编程模型，使程序员能够轻松地编写紧耦合的程序，运行时能高效地调度和执行任务，是 MapReduce 编程模型未来的发展方向。MapReduce 是一种处理和产生大规模数据集的编程模型，程序员在 Map（映射）函数中指定对各分块数据的处理过程，在 Reduce（化简）函数中指定如何对分块数据处理的中间结果进行规约。用户只需要指定 Map 和 Reduce 函数来编写分布式的并行程序。当在集群上运行 MapReduce 程序时，程序员不需要关心如何将输入的数据分块、分配和调度，同时系统将处理集群内节点失败及节点间通信的管理等。

　　云计算大部分采用 MapReduce 的编程模式。现在大部分厂商提出的云计划中采用的编程模型，都是基于 MapReduce 的思想开发的编程工具。MapReduce 不仅是一种编程模型，还是一种高效的任务调度模型。MapReduce 程序的具体执行过程如图 3.13 所示。

图 3.13 MapReduce 程序的具体执行过程

　　从图 3.13 可以看出，执行 MapReduce 程序需要 5 个步骤：输入文件、Map 阶段、写中间文件（本地写）、Reduce 阶段、输出文件。本地写中间文件减少了对网络带宽的压力，同时减少了写中间文件的时间耗费。当执行 Reduce 时，根据从 Master 节点获得的中间文件位置信息，Reduce 使用远程过程调用，从中间文件所在节点读取所需的数据。MapReduce 编程模型具有很强的容错性，当 Worker 节点出现错误时，只需要将该 Worker 节点屏蔽在系统外等待修复，并将该 Worker 节点上执行的程序迁移到其他 Worker 节点上重新执行，同时将该迁移信息通过 Master 发送给需要处理结果的节点。MapReduce 使用检查点的方式来处理 Master 出错的问题。当 Master 出错时，可以根据最近的一个检查点重新选择一个节点作为 Master 并由此检查点位置继续运行。

MapReduce 仅为编程模式的一种，微软提出的 DryadLINQ 是另一种并行编程模式。但 DryadLINQ 局限于.NET 的 LINQ 系统，同时并不开源，这限制了它的发展前景。

MapReduce 作为一种较为流行的云计算编程模型，在云计算系统中应用广阔。但是基于 MapReduce 的开发工具 Hadoop 并不完善，特别是其调度算法过于简单，判断需要进行推测执行任务的算法造成过多任务需要推测执行，降低了整个系统的性能。改进 MapReduce 的开发工具，包括任务调度器、底层数据存储系统、输入数据切分、监控云系统等方面是将来一段时间的主要发展方向。另外，将 MapReduce 的思想运用在云计算以外的其他方面也是一个流行的研究方向。

3.6.2 编程语言

只要能够使用关键字和结构来向计算机传达信息，这种语言就可以称为计算机编程语言。云计算领域常用的编程语言包括 Python 语言、Go 语言、Java 语言、R 数学语言、SQL 数据语言、XML 数据语言、Erlang 函数语言、Regex 正则表达式等，它们各有特点，需要根据实际场景选用不同的编程语言，按照需求进行设计与实现。

3.7 云存储技术

云存储是在云计算概念上延伸发展出来的一个新的概念，将网络中大量不同类型的存储设备通过应用软件集合起来协同工作，共同对外提供数据存储和业务访问功能的系统。云存储通过应用软件来实现由存储设备向存储服务的转变。

3.7.1 集群存储技术

在集群里，一组独立的节点或主机可以像一个系统一样步调一致地工作。它们不仅可以共享公用的存储阵列，还可以共享只有一个命名空间的公用文件系统。某用户目前使用 Lustre 文件系统，通过构建的集群来进行科学仿真和模型建立工作，把 2 个具有 1000 个节点的集群用于生产系统。以前，需要在每一个集群上安装文件系统，而且当有人需要数据时，经常需要把一个文件复制到另一个集群上去，文件系统之间频繁的文件传输任务对整个系统的性能造成了很大的影响。而现在能够随时将数据从文件系统中调出来阅读，在不影响正常仿真任务进行的同时查看系统运行结果。

通常，集群存储总是和高性能计算联系在一起，不过事实上，集群存储正快速被主流的商业环境采用，这些商业领域被集群存储的优点吸引。集群存储通过采用开放访问方法，如网络文件系统（Network File System，NFS）和微软的通用互联网文件系统（Common Internet File System，CIFS），以及使用第三方存储，对现有的技术和协议加以利用，如以太网、光纤卡及 InfiniBand 协议。

3.7.2 分布式文件系统

分布式文件系统是指在文件系统基础上发展而来的云存储分布式文件系统，可用于大规模集群。其主要特性如下。

- 高可靠性：云存储分布式文件系统支持节点间保存多副本功能，以提高数据的可靠性。
- 高访问性能：根据数据重要性和访问频率将数据分级多副本存储，热点数据并行读写，提高访问性能。
- 在线迁移、复制：存储节点支持在线迁移、复制，扩容不影响上层应用。
- 自动负载均衡：可以依据当前系统负荷将原有节点上的数据迁移到新增的节点。
- 元数据与数据分离：采取元数据与数据分离的方式设计分布式文件系统。

分布式文件系统架构如图 3.14 所示。其主要部分如下。

- 文件访问客户端：负责向用户提供文件访问接口，安装在服务器端；提供文件操作的 API 给应用；实现与文件位置记录和文件访问服务器的交互，完成数据的迁移。
- 文件访问服务器：负责文件的调度和访问，完成对磁阵的读写操作，对 FAC（File Access Client，文件访问客户端）提供数据读写功能，完成数据的分布式存储。
- 文件位置记录：负责元数据的管理，保存文件和块的命名空间、文件到块的映射，以及每个块副本的位置。

在图 3.14 中，粗实线代表客户端与文件访问服务器的数据传输，细实线代表客户端与元数据服务器的数据传输，圆点代表元数据服务器与客户端的连接。

图 3.14 分布式文件系统架构

3.7.3　分布式数据库

分布式数据库能够实现动态负载均衡、故障节点自动接管，具有高可靠性、高性能、高可用性、高可扩展性，在处理 PB 级以上的海量结构化数据的业务上具备明显性能优势。分布式数据库的系统架构如图 3.15 所示。其主要部分如下。

- PEC（解析执行控制器）：SQL 服务接入点，负责接收用户的 SQL 请求，并定向到特定的 Tablet Server 上进行数据访问。
- Master（主控端）：主要负责数据库的元数据管理和调度工作。
- Tablet Server（字表服务器）：负责保存数据库的子表。
- 锁服务（Space）：分布式文件系统的锁服务功能，主要保证共享访问时对数据的独占性。

图 3.15　分布式数据库的系统架构

3.8　云安全技术

云计算安全技术通常从物理环境、链路与网络、数据、管理等方面构建层次化的云计算安全体系架构，如图 3.16 所示。

图 3.16 云计算安全体系架构

3.8.1　物理环境安全

物理环境安全是整个云计算安全的前提，主要包括物理设备、网络环境的安全等。机房、计算机设备、监控等场地设施和周围环境及消防安全，应符合国家相关标准，并满足网络平台运行的要求。机房电源应防止尖峰、浪涌，以及实施用电管制。

2003 年，国家有关部门下发了《国家信息化领导小组关于加强信息安全保障工作的意见》，要求各基础信息网络和重要信息系统建设要充分考虑抗毁性与灾难恢复，制定并不断完善信息安全应急处置预案。灾难备份建设要从实际出发，提倡资源共享、互为备份。

3.8.2　链路与网络安全

由于云服务基于网络提供服务，因此云服务提供商的网络安全可靠是正常且持续提供服务的关键。网络安全主要在网络拓扑安全、安全域的划分及边界防护、网络资源的访问控制、入侵检测的手段、网络设施防病毒等方面加以保证。

网络拓扑安全采用新型的网络拓扑结构，如 VL2、Port-Land、DCell 等，这样节点之间的连通性与容错能力更高，易于负载均衡。在云计算平台中，物理的安全边界逐步消失，取而代之的是逻辑的安全边界。应通过采用 VPN 和数据加密等技术，保证用户数据的传输安全性；在云计算数据中心内部，采用 VLAN 及分布式虚拟交换机等技术实现用户系统和用户网络的隔离。

采用分布式入侵检测和病毒防护系统抵御来自外网的攻击。除此之外，还可以采取其他的安全措施和技术，如端口绑定、构建虚拟防火墙、提供 Anti-DDos 服务、设计适合于云计算的访问控制机制等，确保每台虚拟服务器上只运行一个网络服务。不能直接访问最敏感的数据，服务器上只开发支撑服务必需的端口，其余一律关闭。网络管理员熟悉路由器、交换机和服务器等各种设备的网络配置，了解网络拓扑结构，在发现问题后迅速定位，还要进行访问流量的统计，识别非正常使用情况并加以封禁。

3.8.3 数据安全

在云计算环境中，数据保存在云计算平台中，需要使用数据隔离、访问控制、数据加密、数据残留、消除和数据备份还原等技术手段，来保证数据的安全性、完整性、可用性和私密性。

1）数据隔离

虚拟化的资源池是云计算的一个重要特征，虚拟化技术是实现云计算的关键核心技术，意味着不同用户的数据存放在一个共享的物理存储中。由于这种虚拟化的多用户环境可能存在着安全漏洞，因此可根据不同应用需求，采取一定的安全措施将不同用户的数据进行隔离，确保每个用户数据的安全和隐私。

2）访问控制

为了维护数据的私密性，在数据的访问控制方面，云计算平台可建立统一、集中的身份管理、安全认证与访问权限控制。用户安全认证与访问权限控制的目的是在云计算多用户环境下授权合法用户进入系统访问数据。传统的认证技术有数字签名、单点登录认证、双因子登录认证等。

3）数据加密

对数据进行加密是保证数据私密性的一个重要办法，通过自行对重要敏感数据进行加密，即使被非法用户窃取，也无须担心数据泄密。成熟的数据加密算法有很多种，应该选择加密性能较高的对称加密算法，对数据进行加密传输和加密存储，来保障重要数据网络传输和存储的安全。

除此之外，还可以对文件系统进行加密，但是由于加密是需要付出代价的，因此需要权衡服务性能需求和数据保护需求，才能既方便云的管理，又提供更高的安全性。

4）数据残留消除

在云计算平台中，由于数据被存储在共享的基础设备中，数据残留可能会无意中泄露敏感数据，因此存储资源被重新分配之前，必须将数据进行多次擦除，以免数据被非法重建。

5）数据备份还原

不论数据存放在何处，用户都应该充分考虑数据丢失的风险。为应对突发、极端情况造成的数据丢失和业务停止，云计算平台应迅速执行灾难恢复计划，继续提供服务，所以应该完善云计算平台的容灾备份机制，提高云计算平台的健壮性。

3.8.4 管理安全

"三分技术七分管理"，虽然这个说法不是很精确，但管理的作用可见一斑。对于一个庞大且复杂的云计算平台，管理尤其需要重视。为了保证数据的安全性、服务的连续性，需要制定安全管理制度，建立安全审计系统，使云计算平台能够在检测到入侵事件时自动响应，记录和维护好各类日志内容，以提高对违规溯源的事后审查能力。

　　云安全联盟发布的《云计算关键领域安全指南》主要从攻击角度归纳了云计算环境可能面临的主要威胁。欧洲网络与信息安全局（European Network and Information Security Agency，ENISA）将云计算环境面临的风险分为策略和组织风险、技术风险和法律风险 3 类。

3.8.5　环境考虑

　　环境考虑包括两个方面，一个是指大环境，即数据中心所在的外部环境；另一个是指小环境，即数据中心的内部环境。外部环境需要考虑的因素包括自然因素，如气候、自然灾害、水资源等，还包括政府政策，以及电力、网络和人力等资源。内部环境需要考虑的因素包括数据中心内部的温度、湿度和污染物等。

本章小结

　　本章主要介绍云计算的关键技术，从云计算资源池技术、数据中心技术，到虚拟化技术、资源管理技术、网络通信技术，还介绍了云计算中常见的 MapReduce 编程模型，以及云存储技术和云安全技术。

习题

　　1．传统数据中心与云计算数据中心的关系是什么？

　　2．资源池（或池）是一种资源配置机制，通过适当规模的＿＿＿＿提供云计算应用与服务，可以提高系统的性能、减少不必要的通信开销，具备一定的容错和容变能力，而且支持不同用户的区分服务。

　　3．虚拟化技术主要有拆分、整合、＿＿＿＿。

　　4．资源管理是云计算的核心问题之一，主要包括资源的描述、动态组织、发现匹配、＿＿＿＿和即时监控等活动。

第4章
云存储技术及应用

本章目标

◎ 了解云存储的基本概念

◎ 认识云存储系统结构

◎ 掌握云存储的关键技术

◎ 了解云存储的标准化

◎ 认识云存储的安全性

◎ 认识云存储服务系统应用

4.1 云存储概述

随着互联网技术的发展，信息量呈爆炸性增长，以高可靠性、高通用性、高扩展性、大容量、低成本为特征的云存储系统凭借传统数据中心无法比拟的优势特性，成为个人和企业提高存储效率、降低成本的重要选择。云存储的兴起使得整个 IT 界进入一个重大的变革期，从以设备/应用程序为中心转向以数据为中心。与传统的存储设备相比，云存储不仅仅是一个硬件，而是一个由网络设备、存储设备、服务器、应用软件、公用访问接口、接入网和客户端程序等多个部分组成的系统。

4.1.1 云存储的概念

云存储是指通过集群应用、网格技术或分布式文件系统等功能，将网络中大量各种不同类型的存储设备通过应用软件集合起来协同工作，共同对外提供数据存储和业务访问功能的信息系统。

云存储的核心是应用软件与存储设备相结合，通过应用软件来实现存储设备向存储服务的转变。

4.1.2　云存储与云计算的关系

云计算系统的建设目标是将运行在 PC 上或单台服务器上的独立的、个人化的运算迁移到一个数量庞大的服务器云中，由这个云系统负责处理用户的请求并输出结果，它是一个以数据运算和处理为核心的系统。

云存储系统可以认为是配置了大容量存储空间的一个云计算系统。从架构模型来看，云存储系统比云计算系统多了一个存储层，同时在基础管理方面多了很多与数据管理和数据安全有关的功能；云存储系统与云计算系统在访问层和应用接口层则是完全相同的。

4.1.3　云存储与传统存储的关系

相比传统的集中存储方式，云存储具有以下几点优势。

- 更容易扩容。云存储的扩容过程更简单，新设备仅需在安装操作系统及云存储软件后，打开电源，接上网络，云存储系统便能自动识别，自动把容量加入存储池中完成扩展。相比传统的存储扩容，云存储系统采用的是并行扩容方式，即当容量不够时，采购新的存储服务器即可，扩容环节无任何限制。

- 更易于管理。在传统存储系统管理中，管理人员需要面对不同的存储设备和不同的管理界面，需要了解每个存储设备的使用状况，工作复杂而繁重。而云存储没有这个困扰，硬盘坏掉，数据会自动迁移到别的硬盘，不需要立即更换硬盘，大大减轻了管理人员的工作负担。对云存储来说，管理人员通过一个统一的管理界面监控每台存储服务器的使用状况，维护变得简单且易操作。

- 成本更低廉。传统的存储系统对硬盘的要求近乎苛刻，必须同厂家、同容量、同型号，否则系统很容易出问题。云存储则没有这个问题，云存储系统中不同的硬盘可以一起工作，既可以实现原有硬件的利旧保护投入，又可以实现新技术、新设备的快速更新。硬盘的合理搭配使云存储能可持续发展。云存储系统中所采用的存储及服务器设备均是性价比较高的设备，便于实现对成本及服务质量的控制。

- 数据更安全，服务不中断。传统存储系统会因为硬件损坏而停止服务，虽然可以设计全冗余的环境，但成本相对高且操作复杂。云存储系统则不同，它可以通过将文件和数据保存在不同的存储节点，避免单一硬件损坏带来的数据不可用。云存储系统知道文件存放的位置，在某一硬件发生损坏时，云存储系统会自动将读写指令导向存放在另一台存储服务器上的文件，保持服务的继续。由于云存储并不单独依赖一台存储服务器，因此存储服务器硬件的更新、升级并不会影响存储服务的提供，系统会将旧存储服务器上的文件迁移到其他存储服务器，等新存储服务器上线后，文件会再迁移回来。

4.2　云存储系统结构

云存储系统的结构模型由 4 层组成，如图 4.1 所示。

图 4.1 云存储系统的结构模型

云存储系统的结构模型各层介绍如下。

- 存储层。存储层是云存储最基础的部分。数量庞大的存储设备分布在不同地域，彼此之间通过广域网、互联网或光纤通道网络连接。各存储设备上都安装有统一的存储设备管理系统，可以实现存储设备的存储虚拟化、存储集中管理及硬件设备的状态监控、维护升级等。

- 基础管理层。基础管理层是云存储最核心的部分，也是云存储最难以实现的部分。基础管理层通过集群系统、分布式文件系统和网格计算等技术，实现云存储中多个存储设备之间的协同工作，使多个存储设备可以对外提供同一种服务，并且提供更大、更强、更好的数据访问性能。云存储系统通过集群文件操作系统实现后端存储设备的集群工作，并且通过系统的控制和管理单元实现整个系统的管理，包括数据的分发、处理和处理结果的反馈。可利用 CDN（Content Delivery Network，内容分发系统）、P2P（Peer to Peer，对等网络）、重复数据删除和数据压缩等技术保证云存储中的数据更有效地存储，使用更少的空间及更低的传输带宽，从而对外提供更高效的服务。数据加密技术实现了数据存储和传输过程中的安全性。数据备份和容灾技术可保证云存储中的数据多份保存不会丢失，保证云存储数据自身的安全和稳定。

- 应用接口层。应用接口层是云存储最灵活多变的部分。不同的云存储运营单位可以根据实际业务类型，开发不同的应用服务接口，提供不同的应用服务。任何一个授权用户通过网络（广域网或互联网）接入、用户认证和权限管理的方式登入云存储系统，都可以享受云存储服务。

- 访问层。云存储运营单位不同，提供的访问类型和访问手段也不同。云存储使用者采用的应用软件客户端不同，享受到的服务类型也不同，如个人空间服务、运营商空间租赁、数据备份、数据归档、集中存储、远程共享、在线编辑文档、网络游戏、视频监控、IPTV、网络视频等。

4.3　云存储的关键技术

4.3.1　存储虚拟化技术

通过存储虚拟化方法，把不同厂商、型号、通信技术、类型的存储设备互联起来，将系统中各种异构的存储设备映射为一个统一的存储资源池。存储虚拟化技术既能够对存储资源进行统一分配管理，又可以屏蔽存储实体间的物理位置及异构特性，实现了资源对用户的透明性，降低了构建、管理和维护资源的成本，从而提升了云存储系统的资源利用率。总体来说，存储虚拟化技术可概括为基于主机虚拟化、基于存储设备虚拟化和基于存储网络虚拟化 3 种技术。对 3 种存储虚拟化技术的优点、缺点、主要用途、适应场景和不适用场景等进行分析对比，结果如表 4.1 所示。

表 4.1　存储虚拟化技术分析对比

实现层面	主机	存储网络	存储设备
优点	支持异构的存储系统；不需要额外的硬件支持，便于部署	不占用主机资源；技术成熟度高，容易实施	架构合理，不占用主机资源；数据管理功能丰富，技术成熟度高
缺点	占用主机资源，降低应用性能；存在越权访问的数据安全隐患；主机数量越多，管理成本越高	消耗存储控制器资源；存储设备兼容性需要严格验证；原有磁盘阵列的高级存储功能不能使用	受制于存储控制器接口资源，虚拟化能力较弱；异构厂家存储设备的高级存储功能无法使用
主要用途	服务器的存储空间可以跨越多个异构磁盘阵列，常用于在不同磁盘阵列之间进行镜像保护	异构存储系统整合和统一数据管理（灾备）	异构存储系统整合和统一数据管理（灾备）
适用场景	主机采用 SF（Storage Foundation，存储基础卷）管理，需要新接多台存储设备；存储系统中包含异构阵列设备；业务持续能力与数据吞吐要求较高	系统包括不同品牌和型号的主机和存储设备；对数据无缝迁移及数据格式转换有较高时间性保证	系统中包括自带虚拟化功能的高端存储设备与若干需要利旧的中低端存储设备
不适用场景	主机数量大，采用 SF 会涉及高昂的费用；待迁入系统数据量过大，如果只能采用存储级迁移方式，数据格式转换将耗费大量时间和人力	对业务持续性能力和稳定性要求苛刻	当需要新购机头时，费用较高；存在更高端的存储设备

对 3 种存储虚拟化技术的介绍如下。

- 基于主机虚拟化。其核心技术是通过增加一个运行在操作系统下的逻辑卷管理软件将磁盘上的物理块号映射成逻辑卷号，并以此把多个物理磁盘阵列映射成一个统一的虚拟逻辑存储空间（逻辑块），实现存储虚拟化的控制和管理。

- 基于存储设备虚拟化。该技术依赖于提供相关功能的存储设备的阵列控制器模块，常见于高端存储设备，其主要应用于针对异构的 SAN（Storage Area Network，存储区域网络）存储构架。
- 基于存储网络虚拟化。该技术的核心是在存储区域网络中增加虚拟化引擎实现存储资源的集中管理，一般通过具有虚拟化支持能力的路由器或交换机实现。存储网络虚拟化又可以分为带内虚拟化与带外虚拟化两类，二者主要的区别在于，带内虚拟化使用同一数据通道传输存储数据和控制信号，而带外虚拟化使用不同的数据通道传输数据和命令信息。

4.3.2 分布式存储技术

分布式存储是指通过网络使用服务商提供的各个存储设备上的存储空间，并将这些分散的存储资源构成一个虚拟的存储设备，数据分散地存储在各个存储设备上。先进的分布式存储系统必须具备高性能、高可靠性、高可扩展性、透明性及自治性等特性。目前比较流行的分布式存储技术有分布式块存储、分布式文件系统存储、分布式对象存储和分布式表存储，介绍如下。

- 分布式块存储。块存储是指服务器直接通过读写存储空间中的一个或一段地址来存取数据。由于采用直接读写磁盘空间来访问数据，因此相对于其他数据读取方式，块存储的读取效率最高，一些大型数据库应用只能运行在块存储设备上。分布式块存储系统目前以标准的 Intel/Linux 硬件组件作为基本存储单元，组件之间通过千兆以太网任意点对点拓扑技术相互连接，共同工作，构成大型网格存储，网格内采用分布式算法管理存储资源。
- 分布式文件系统存储。分布式文件存储系统可提供通用的文件访问接口，如 POSIX（Portable Operating System Interface of UNIX，可移植操作系统接口）等，实现文件目录操作、文件访问、文件访问控制等功能。目前分布式文件系统存储的实现有软硬件一体和软硬件分离两种方式。
- 分布式对象存储。分布式对象存储引入对象元数据来描述对象特征，对象元数据具有丰富的语义，支持数据的并发读写，一般不支持数据的随机写操作。分布式对象存储技术相对成熟，对底层硬件要求不高，存储系统的可靠性和容错通过软件实现，同时其访问接口简单，适合处理海量的非结构化数据，如邮箱、网盘、相册、音频、视频存储等。
- 分布式表存储。分布式表存储是一种结构化数据存储，与传统数据库相比，虽然它提供的表空间访问功能受限，但更强调系统的可扩展性。提供分布式表存储的云存储系统的特征是同时提供高并发的数据访问性能和可伸缩的存储计算架构。提供分布式表存储的云存储系统有两类接口访问方式：一类是标准的 SQL（Structured Query Language，结构化查询语言）数据库接口；另一类是 MapReduce 的数据库应用处理接口。后者目前以开源技术为主，尚未有成熟的商业软件，前者已有商业软件和成功的商业应用案例。

4.3.3　数据备份技术

1．传统的备份策略

典型的用户备份流程：首先每天凌晨进行一次增量备份，然后每周末凌晨进行全备份。采用这种方法，一旦出现数据灾难，用户可以恢复到某天（注意是以天为单位的）的数据。因此，在最坏的情况下，用户可能丢失整整一天的数据。

传统的备份策略在备份的数据量很大的情况下，备份时间窗口很大，需要繁忙的业务系统停机很长时间才能做到。因此，为了确保数据更高的安全性，用户必须对在线系统实行在线实时复制，尽可能多地采用快照等磁盘管理技术维持数据的高可用性，这样需要增加很大一部分投资。

2．副本数据布局

副本数据布局通过集中式的存储目录来定位数据对象的存储位置。这种方法可以利用存储目录中存放的存储节点信息，将数据对象的多个副本放置在不同机架上，这样可以大大提高系统的数据可靠性。然而，它存在以下两个缺陷。

- 随着存储目录数量的增长，查找数据对象所需的开销会越来越大。
- 为提高数据对象的定位速度，一般情况下都会将存储目录存放在服务器内存中，对于 PB 级的云存储系统来说，文件的数量可能达到上亿级别，这导致存储目录将会占用上百 GB 的内存。因此，当数据对象数量达到上亿级别时，基于集中式存储目录的数据放置方法在存储开销和数据定位的时间开销上都是难以接受的，而且会大大限制系统的扩展性。

3．连续数据保护

连续数据保护是一种连续捕获和保存数据变化，并将变化后的数据独立于初始数据进行保存的方法，可以实现过去任意一个时间点的数据恢复。连续数据保护系统可能基于块、文件或应用，并且为数量无限的可变恢复点提供精细的可恢复对象。连续数据保护可以提供更快的数据检索、更强的数据保护和更高的业务连续性能力。与传统的备份解决方案相比，连续数据保护的总体成本和复杂性都更低。

连续数据保护解决方案应当具备的几个基本特性：数据的改变受到连续捕获和跟踪；所有的数据改变都存储在一个与主存储地点不同的独立地点中；恢复点目标是任意的，而且不需要在实际恢复之前定义。

尽管一些厂商推出了连续数据保护产品，然而它们还做不到真正连续的数据保护。例如，有的产品备份时间间隔为一小时，那么在这一小时内仍然存在数据丢失的风险。因此，严格地讲，它们还不是完全意义上的连续数据保护产品，目前只能称之为类似连续数据保护产品。

4.3.4　数据缩减技术

数据量的急剧增长为存储技术提出了新的问题——怎样低成本、高效快速地解决数量无限增长的信息的存储和计算问题？云存储技术不仅满足了存储中的高安全性、可靠性、可扩展、易管理等存储的基本要求，还利用云存储中的数据缩减技术，满足了海量信息爆炸式增长趋势，一定程度上节约企业存储成本，提高效率。

1．自动精简配置

自动精简配置技术利用虚拟化方法减少物理存储空间的分配。通过"欺骗"操作系统，造成"存储空间足够大"的假象，而实际物理存储空间并没有那么大。这样会减少已分配但未使用的存储容量的浪费，在分配存储空间时，按需分配，最大限度提升存储空间利用率，使存储空间利用率超 90%。利用自动精简配置技术，用户不需要了解存储空间分配的细节，在不降低性能的情况下，可以大幅度提高存储空间利用率。当用户需求变化时，无须更改存储容量设置，通过虚拟化技术集成存储，减少超量配置，降低总功耗。这项技术已经成为选择存储系统的关键标准之一。

随着自动精简配置的存储越来越多，物理存储的耗尽成为自动精简配置环境中经常出现的风险，因此，告警、通知和存储分析成为必要功能。

2．自动存储分层

过去，数据移动主要依靠手工操作，由管理员来判断数据访问压力，迁移的时候只能一个整卷一起迁移。自动存储分层技术的特点是其分层的自动化和智能化。一个磁盘阵列能够把活跃数据保留在快速、昂贵的存储上，把不活跃的数据迁移到廉价的低速层上以限制存储的花费总量。数据从一层迁移到另一层的粒度越精细，使用的昂贵存储的效率就越高。自动存储分层的重要性由于固态存储在当前磁盘阵列中的采用而提升，并随着云存储的来临补充内部部署的存储。自动存储分层使用户数据保留在合适的存储层级，由于不需要用户定义策略，因此减少了存储需求的总量，减少了成本，提升了性能。

3．重复数据删除

重复数据删除技术通过删除集中重复的数据，只保留其中一份，从而消除冗余数据，将数据缩减到原来的 2%～5%。重复数据删除技术按照消重的粒度可以分为文件级和数据块级。由于该技术计算数据指纹，具有相同指纹的数据块即可认为是相同的数据块，存储系统中仅需要保留一份。这样，一个物理文件在存储系统中就只对应一个逻辑表示。因此大幅度减少了物理存储空间的信息量，进而减少了传输过程中的网络带宽，节约了设备成本，降低了能耗。

4．数据压缩

数据压缩就是将数据通过存储算法存储到更小的空间中去。随着处理器处理能力的大幅提高，应用实时压缩技术节省数据占用空间成为现实。数据压缩技术就是新研发的在线压缩技术，与传统压缩技术不同，数据在首次写入时即被压缩，帮助系统控制大量数据在主存中杂乱无章的情形，在多任务工作时更加明显。该技术还可以在数据写入存储系统前压缩数据，进一步提高存储系统中磁盘和缓存的性能和效率。数据压缩算法分为无损压缩和有损压缩。相对于有损压缩，无损压缩的占用空间大，压缩比不高，但有效地保存了原始信息，没有任何信息丢失。随着限制无损压缩的种种因素逐渐被消除，无损压缩具有广阔的应用前景。

数据压缩中使用的 LZ77 算法主要由两个部分构成，滑动窗口（Sliding Window）和自适应编码（Adaptive Coding）。LZ77 算法示意图如图 4.2 所示。在进行压缩处理时，在滑动窗口中查找与待处理数据相同的块，并且用该块在滑动窗口中的偏移值及长度替代待处理数据，从而实现压缩编码。如果滑动窗口中没有与待处理数据块相同的字段，或者偏移值及长度数据超过被替代数据块的长度，则不进行替代处理。该算法的实现非常简洁，处理比较简单，能够适应各种高速应用。数据压缩可以显著降低待处理和存储的数据量，一般情况下可实现 2:1～3:1 的压缩比。

图 4.2 LZ77 算法示意图

压缩和去重是互补性的技术，提供去重的厂商通常也提供压缩。而对于虚拟服务器卷、电子邮件附件、文件和备份环境来说，去重通常更加有效，压缩对于随机数据效果更好，如数据库。换句话说，在数据重复性比较高的地方，去重比压缩有效。

4.3.5 存储安全技术

可扩展和高性能的存储安全技术是推动云存储发展的根本保证，已经成为当前网络存储领域的研究热点。存储安全技术包括认证服务、数据加密存储、安全管理、安全日志和审计。

- 认证服务：认证服务实现了用户身份认证、授权，防止非法访问和越权访问。其主要功能包括用户只能对经管理员或文件所有者授权的许可文件进行被许可的操作；管理员只能进行必要的管理操作，如用户管理、数据备份、热点对象迁移，不能访问用户加密的私有数据。
- 数据加密存储：对指定的目录和文件进行加密后保存，实现敏感数据存储和传输过程中的机密性保护。
- 安全管理：主要功能是维护用户信息和权限，如用户账户注册和注销、授权用户、紧急情况下对用户权限回收等。
- 安全日志和审计：记录用户和系统与安全相关的主要活动事件，为系统管理员监控系统和用户活动提供必要的审计信息。

随着存储系统和存储设备越来越网络化，存储系统在保证敏感数据机密性的同时，必须提供相应的加密数据共享技术，还需要研究适用于网络存储系统的加密存储技术，提供端到端的加密存储技术及密钥长期存储和共享机制，确保用户数据的机密性和隐私性，提高密钥存储的安全性、分发的高效性及加密策略的灵活性。在海量的加密信息存储中，加密检索是实现信息共享的主要手段，也是加密存储中必须解决的问题之一。加密检索技术有线性搜索算法、基于关键词的公钥加密搜索算法、安全索引、引入相关排序的加密搜索算法等。

（1）线性搜索算法。

线性搜索算法首先用对称加密算法对明文信息加密，对于每个关键词对应的密文信息生成一串长度小于密文信息的伪随机序列，然后生成由伪随机序列及密文信息确定的校验序列。伪随机序列与校验序列的长度之和等于密文信息的长度，伪随机序列及校验序列对密文信息再次加密。在搜索过程中，用户提交明文信息对应的密文信息序列。在服务器端，密文信息序列被线性的同每一段序列模 2 加，如果得到的结果满足校验关系，那么说明密文信息序列出现，否则说明密文信息序列不存在。

线性搜索算法是"一次一密"的加密信息检索算法，有极强的抵抗统计分析的能力。但有一个致命的缺点，即逐次匹配密文信息，这使得线性搜索算法在大数据集的情况下难以应用。

（2）基于关键词的公钥加密搜索算法。

基于关键词的公钥加密搜索算法由 Boneh 等人提出，其目的是可以在客户端存储、计算资源不足的情况下，通过访问远端数据库获取数据信息。此算法首先生成公钥、私钥，然后对存储的明文关键词用公钥进行加密，生成可搜索的密文信息。此算法可以解决两个方面的问题：第一，存储、计算资源分布的不对称性，即用户的计算、存储能力不能实时满足其需求；第二，用户在移动情况下对存储、检索数据的需求，如电子邮件服务等。

（3）安全索引。

安全索引由 Park 等人提出，其机制是每次加密所用的密钥是事先生成的一组逆 Hash 序列，加密后的索引被放入布隆过滤器中。当检索的时候，首先用逆 Hash 序列密钥生成多个陷门，然后进行布隆检索。对返回的密文文档解密即可得到所需检索的文档。这是一种针对有新用户加入、旧用户退出的多用户加密信息检索的解决方法。但其存在的缺陷是需要生成大量的密钥序列，随着检索次数的增加，其计算复杂度也线性增加。这在实际应用中很难被接受。

（4）引入相关排序的加密搜索算法。

引入相关排序的加密搜索算法由 Swaminathan 等人提出，在这一算法中，每一文档中关键词的词频都被保序加密算法加密。提交查询给服务器端后，首先计算检索出含有关键词密文的加密文档；然后对用保序加密算法加密的词频对应的密文信息进行排序处理；最后把评价值高的加密文档返回给用户，由用户对其进行解密。

这种算法可以在给定多个可能相关文档的情况下对加密文档进行排序，进而把最可能相关的文档返回给用户。但这种算法不适用于一个查询包含多个查询词的情况，并且算法只利用了文档中的词频信息，无法利用词的逆文档频率，进而无法直接应用向量空间模型。

4.3.6 容错技术

数据容错技术一般是通过增加数据冗余来实现的。虽然冗余提高了容错性，但是增加了存储资源的消耗。因此，在保证系统容错性的同时，要尽可能地提高存储资源的利用率，以降低成本。目前，常用的容错技术主要有基于复制（Replication）的容错技术和基于纠删码（Erasure Coding，EC）的容错技术两种。

- 基于复制的容错技术。该技术对一个数据对象创建多个相同的数据副本，并把得到的多个副本散布到不同的存储节点上。当若干数据对象失效以后，可以通过访问其他有效的副本获取数据。基于复制的容错技术简单直观，易于实现和部署，但是存储空间开销很大。
- 基于纠删码的容错技术。该技术源于信道传输的编码技术，因为能够容忍多个数据帧的丢失，所以被引入分布存储领域。基于纠删码的容错技术能够容忍多个数据块同时失效，是最常用的基于编码的容错技术。由于基于编码的容错技术通过对多个数据对象进行编码产生编码数据对象，能够把多个数据块的信息融合到较少的冗余信息中，因此能够有效地节省存储空间，但是对数据的读写操作要分别进行编码和解码操作，需要一些计算开销，并且当数据失效以后，需要下载的数据量一般远大于失效数据量，修复成本较高。

4.4　云存储的标准化

4.4.1　云存储的国际标准化

1. SNIA 国际标准

2009 年 4 月，超过 140 家公司成立了 SNIA。SNIA 作为一家非营利性的行业组织，拥有 420 多家来自世界各地的公司成员及 7100 多位个人成员，遍及整个存储行业。SNIA 成员有一个共同目标：推进存储网络成为信息科技业内完善并值得信赖的解决方案。2009 年 6 月，SNIA 云存储工作组发布了第一个工作文档《云存储使用情境和参考模型》。根据《云存储使用情境和参考模型》，SNIA 云存储工作组在 2009 年夏天提出了 CDMI（云数据管理接口）标准。2009 年 9 月，SNIA 云存储工作组发布了 0.8 版本的 CDMI 规范草案供公众在 SNIA 的 SNW（Storage Networking World，存储网络世界）大会上浏览和评价。SNIA 云存储工作组的成员企业包括 Bycast、Cisco、日立数据系统、NetApp、QLogic、Sun 和 Xyratex。这些企业在 CDMI 规范草案发布的过程中做出了卓越的贡献。2009 年底，云存储工作组将 CDMI 的 1.0 版本规范递交给 SNIA 审核，最终顺利通过。SNIA 在 2010 年 4 月 12 日的 SNW 大会上公布了第一个云存储标准——CDMI。

SNIA 表示，其公布的 CDMI 是一个直接的标准，能够让大多数旧的非云存储产品的访问方式演进成云存储访问，它提供了数据中心利用云存储的方式。数据中心对现有网络存储资源的访问可以相当轻松和透明地切换到 CDMI 云存储资源。CDMI 提供了访问云存储和管理云存储数据的方式，同时支持块（逻辑单元号或虚拟卷）和文件（通过互联网文件系统、网络文件系统或 WebDAV 访问的文件系统）存储客户端，块和文件的底层存储空间被封装器抽象为桶（Bucket）。CDMI 还将存储资源抽象为对象。

CDMI 也可以抽象化为简单的表存储空间以供数据库操作。这里的重点是可扩展性而不是功能。CDMI 并不基于虚拟化的关联表实例。每个关联表都有自己的专有接口，而 CDMI 没有在云里面提供访问虚拟关联表的方式。SNIA 对此的解释是："由于该领域的创新速度很快，我们最好还是等待这种类型的云存储进一步发展，而不是马上标准化该类存储的功能接口。"

另外，CDMI 将对象视为可以通过 URI（Uniform Resource Identifier，统一资源标识符）来访问的独一无二的项目。SNIA 表示数据对象被视为可以进行 CRUD（Create、Retrieve、Update、Delete，创建、检索、更新、删除）操作的独立资源。通过对象，封装器可以封装其他封装器。更准确地说，CDMI 定义了应用程序用于在云中创建、检索、更新和删除数据组件的功能接口。客户端可以发现云存储服务的功能，并且利用 CDMI 来管理封装器和其中的数据。此外，通过 CDMI 还可以在封装器和它们的数据组件上设定元数据。

CDMI 可以用于行政管理和管理型应用程序，以便管理封装器、账号，安全访问和监视账号信息，还可以用于我们熟知的协议所访问的存储，如 SAN、NAS（Network Attached Storage，网络附加存储）、FTP、WebDAV 和 HTTP/REST 等。客户端由于可以看到底层存储和数据服务的功能，因此理解这个云服务。

SNIA 存储行业资源域模式（SIRDM）还提供了一个处理云中元数据的框架。元数据能够详细表明存储中的数据是如何在云中管理的。

CDMI 还定义了云存储的概念，云存储是在网络上随需提供虚拟存储的一种服务方式，也被称为 DaaS（Data as a Service，数据即服务），用户是根据实际存储容量来支付费用的。SNIA 提醒用户，任何根据固定的容量增加量来提供存储的方式都不是云存储。CDMI 的不足之处是没有提供通过可靠性和质量来衡量云存储服务提供商质量的方式，所以它不能防止数据丢失。

SNIA 表示，云存储标准的受益群体包括云用户、云存储服务提供商、云存储服务开发商和云存储服务经纪人等方面。

- 对于云用户来说，通过云存储标准的 CDMI，用户可以更好地查询和比较不同云存储服务的安全性、移动性、安全保护、性能和其他关键指标。CDMI 为云用户提供了一个简单而通用的接口，帮助他们寻找合适的云存储服务提供商以满足自己的专有要求。
- 对于云存储服务提供商来说，通过云存储标准的 CDMI 来公布云存储服务能力，可以确保云存储服务提供商有广泛的市场覆盖。CDMI 为云存储服务提供商提供了一个通用的接口来宣传推广他们的独特功能，并帮助用户发现他们的服务。CDMI 帮助云存储服务提供商尽可能多地向目标用户群体宣传服务功能。对于那些一方面想面向广大市场，另一方面想突出自己独特功能的云存储服务提供商来说，CDMI 也是突出差异点的途径。
- 对于云存储服务开发商来说，Windows、Solaris、Linux 和 iOS 等操作系统已经证明了标准接口对应用程序开发者的价值。云的成功也将依赖于计算、网络和存储上的标准接口。CDMI 为希望在云中存储数据的应用程序开发人员提供了唯一的多厂商和基于行业标准的开发接口。CDMI 还确保应用程序开发商可以有兼容的服务提供商，为云应用程序开发商创造了潜在的用户市场。
- 对于云存储服务经纪人来说，随着云服务用户将越来越多的重要数据托管给云存储服务提供商，用户和提供商之间"分散风险"的需求越来越突出。大企业和政府部门复杂的云存储要求是单独一家云存储服务提供商无法满足的，在这种情况下，用户需要联合使用多个云存储服务。云存储服务经纪人可以在其中发挥作用，为用户提供"中间人"服务。例如，云存储服务经纪人可以通过 CDMI 提供"云保险"，将主要云存储服务提供商和备用云存储服务提供商"打包"在一起提供给用户。如果主要云存储服务提供商遭遇故障或中断服务，根据 SLA 的规定，备用云存储服务提供商可以接替主要云存储服务提供商。云存储服务经纪人还可以利用 CDMI 的云功能发现接口来设计定制的服务组合。在这个定制的"云套件"中，不同云存储服务提供商的服务被组合在一起，云存储服务经纪人把它当作单个的服务提供给用户。

2．对象存储接口标准

随着非结构化数据占比的显著增加，对象存储成为云存储领域的有效解决方案。2006 年，美国 Amazon 公司发布 S3，正式将对象存储作为一项云存储服务引入云计算领域，从此开启了对象存储的黄金时代。如今，S3 几乎成为对象存储的事实标准，各厂家基本上都会兼容 S3。S3接口标准是一种对象存储服务，提供行业领先的可扩展性、数据可用性、安全性和性能。各种规模和行业的用户可以使用 S3 接口实现对象存储服务和保护数据，如数据湖、云原生应用程序和移动应用程序等。通过存储接口和管理功能，可以优化成本、组织数据并配置精细的访问控制规则，满足特定的业务、组织和合规性要求。

对象存储呈现出来的是桶（Bucket），可以往桶里面存放对象（Object），对象包括 Key、Data、Metadata 3个部分，如图4.3所示。

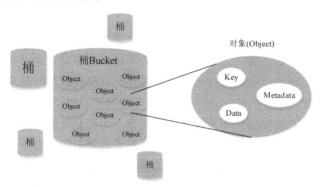

图 4.3 对象存储示意图

其中，Key 是该对象的全局唯一标识符（UID），用于全局检索对象。服务器和用户不需要知道数据的物理地址，也能通过 Key 找到对象，极大地简化了数据存储。图 4.4 所示为一个对象存储地址示例。

https://xiaoyunwu***.cos*****.mycloud**.com/shat**.mp4

　　用户 ID　　　云服务商域名　　对象名

图 4.4 对象存储地址示例

由图 4.4 可知，该对象存储地址是一个 URL 网址，如果该对象被设置为"公开"，则所有互联网用户都可以通过该地址访问它。

Data 是数据本身。Metadata 叫元数据，它是对象存储一个非常独特的概念。元数据类似数据的标签，标签的条目、类型和数量没有限制，可以是对象的各种描述信息。例如，如果对象是一张人物照片，那么元数据可以是姓名、性别、国籍、年龄、拍摄地点、拍摄时间等。

4.4.2　云存储的国内标准化

2019 年 8 月 30 日全国信标委云计算标准工作组发布了云存储系统服务接口功能国家标准——GB/T 37732—2019《信息技术 云计算 云存储系统服务接口功能》，对云存储系统架构提出了国家标准，该标准规定了云存储系统提供的块存储、文件存储、对象存储等存储服务和运维服务接口的功能，适用于指导云存储系统的研发、评估和应用。

按照该国家标准，云存储系统架构从下到上分为以下 3 层。

- 存储资源层：提供具体存储功能，包括物理存储（硬件）资源和软件功能（块、对象、文件、管理等功能）两个部分。各个厂商可以有自己的存储资源层的具体实现方式，对上层提供的服务功能和接口应符合标准要求。
- 接口层：为上层应用提供块、对象、文件、运维 4 类服务接口，确保上层应用可以高效地使用存储资源。
- 应用系统层：负责完成各种上层业务功能和运维管理功能，在调用存储功能服务时需要使用该标准定义的存储功能和接口。

4.5　云存储的安全性

云存储为人们有效地节省了昂贵的设备投资费用，简化了复杂的设置和管理任务，省去了日常监控、维护、升级的麻烦。同时，它的灵活性及便利性使得用户可以随时随地通过网络访问云中的数据。如同云计算一样，云存储也被视为革命性的存储。企业与个人用户只需要在服务商那里购买客户端，就可以租赁云存储空间。虽然云存储的优势听起来如此诱人，但对于一种新兴的技术，大多数人还是抱着观望的态度。这种态度来自存储最关键的问题——安全性。

云存储意味着数据存储到用户所掌控不到的机器上，而且这些数据可能不在提供云存储的服务商手中。那么，如何保证这些数据的安全性？如何能相信服务商不会将数据出卖给商业竞争对手？有没有人闯进云存储平台盗用账号从而造成数据泄密？而且云存储基于网络，数据在上传和下载的过程中极有可能被别有用心的人盗取、篡改，这些都是云存储用户所关心的问题。已经有用户报告过在云存储服务中丢失数据。一家大的跨国公司也曾在报告中说过在云存储服务中丢失了 3 个星期的用户数据，这足以说明云存储技术仍存在着问题。其实，早在 2009 年 Google 和 Amazon 都出现过类似的问题。这些问题足以让一些企业用户对云存储产生抵触心理。如果云存储被我们广泛地使用，对数据来说，监控、维护、管理是必须的。既然这些问题已不再由用户来考虑，那势必会抛给运营商，那么运营商能否具备高效的管理软件来应对如此庞大的集中监控管理，也成为用户所考虑的重要问题。关于提高云存储的安全性，以下 4 个方面非常重要。

（1）国家相关部门通过出台法规标准来规范云存储服务提供商准入机制，约束其行为和技术，强制其采用必要的安全措施。

云存储服务供应商的安全可信度成为当今云存储应用的主要障碍。解决这个问题的根本办法不是依赖云存储服务提供商的自觉性，而是依赖政府部门或权威部门强制要求云计算公司采用必要的措施，保证服务的安全性。即国家政府部门制定相应的准入标准，对云存储服务提供商强制进行准入性检查，检查包括服务条款、服务资质及安全性等。服务条款应审查提供商对用户承诺的不合理性、信守承诺的程度、对待用户的数据的审计和监管力度等；服务资质应着重审查提供商能否提供可用、可靠、持续的云存储服务，避免出现云端失联或消失的事故；安全性应着重审查云存储平台的用户身份验证、访问控制、入侵防御、反病毒部署、数据的迁移与备份、防止内部数据泄密和网络内容与行为监控记录等。通过审查后，国家颁发许可证，允许该提供商提供云存储服务。

目前，国际上数据存储合规性的政府法规包括萨班斯·奥克斯利法案和欧盟的 GDPR（General Data Protection Regulation，通用数据保护条例）。

国内 2021 年 6 月 10 日颁布的《中华人民共和国数据安全法》是为了规范数据处理活动，保障数据安全，促进数据开发利用，保护个人、组织的合法权益，维护国家主权、安全和发展利益。国家标准 GB/T 37939—2019《信息安全技术 网络存储安全技术要求》规定了网络存储的安全技术要求，包括安全功能要求和安全保障要求。国家公共安全行业标准 GA/T 1347—2017《信息安全技术 云存储系统安全技术要求》规定了云存储系统的安全功能要求、安全保障要求及等级划分要求。

（2）用户应谨慎选择云存储平台，有选择地将数据存储云端。

用户在享受云存储服务之前，要清楚地了解使用云服务的风险所在。用户通过减少对某些数据的控制，来节约经济成本，意味着可能要把企业信息、客户信息等敏感的商业数据存放到云存储服务提供商的手中。对于用户而言，他们必须对这种交易是否值得做出选择。一般地，用户应当选择那些规模大、商业信誉良好的云存储服务提供商。一种基于内容感知的技术可以帮助用户判断和设置什么数据可以上传，什么数据不可以上传，如果发现有人试图将敏感数据传到云端，系统将及时阻断并报警。

（3）用户使用云存储应注意保密，增强安全防范意识。

云存储是基于网络的数据存储，网络数据安全的脆弱性有一大部分是人为造成的。在日常使用中，一点点安全常识和一些简单的正确计算机操作可以将这类安全性失误的影响降至最低，例如，避免将机密资料放在云端上；避免在网络咖啡厅、学校或图书馆等公共场所内的公用计算机上进行存储操作，确保使用的计算机无病毒及漏洞；避免每个账号都使用同一个密码，就算只更改一个字母也好，同时应当定期更换密码，保证密码强度。对于存储在云里的数据，要经常在本地备份，以免在云计算服务遭受攻击、数据丢失的情况下，数据得不到恢复。

（4）采用加密技术来确保数据传输存储的安全。

目前互联网领域内的安全技术发展很迅猛，不管是基于硬件还是基于软件，安全技术都已经相当成熟。我们熟悉的与互联网有关的安全技术包括很多。例如，对消息传输进行加密及用户认证所用的技术；使用基于 X.509 标准的 PKI 与 PMI 体系进行数字加密的技术、动态密码技术等；对传输层进行加密的 TLS/SSL 技术；各种防病毒、防钓鱼、防 DoS、访问列表控制、防火墙等防止非法入侵和攻击的安全技术。这些技术不但在网络银行应用中广泛使用，而且在企业内部 IT 架构中的使用已相当成熟。当然，这些技术也可以在云存储中广泛使用。数据在本地计算机加密后上传至云端，以加密的方式存储，需要时再从云端下载至本地计算机解密，这种方式能够较大程度地提高云存储数据的安全性。加密技术可以借鉴目前较为成熟的网络银行 U盾数字证书技术或网游的动态密码认证技术。

综上，云存储相比传统的存储模式，具有投资少、容量大、方便快捷等众多优势，也是未来计算机存储模式的发展趋势，而其安全性是用户最关心的核心问题，也成为制约云存储发展的最大障碍。通过技术手段、用户安全意识的提高、云服务提供商安全设备和安全措施的部署到位及其可信赖的安全责任心，我们可以最大限度地确保云存储的安全性。云存储是可行的，我们有理由相信在不久的未来，云存储将成为主流、安全、便捷的存储模式。

4.6   云存储服务系统应用

从云存储的结构模型可知，云存储能提供什么服务取决于云存储架构的应用接口层中内嵌了什么类型的应用软件和服务，不同类型的云存储服务提供商对外提供的服务也不同，根据服务类型和面向用户的不同，云存储的应用可以分为个人级应用和企业级应用。

4.6.1   个人级云存储应用

1. 个人网络磁盘

网络磁盘是一种在线存储服务，使用者可通过 Web 访问方式来上传和下载文件，实现个人重要数据的网络存储和备份。高级的网络磁盘可以提供 Web 页面和客户端软件两种访问方式。网络磁盘的容量空间一般取决于服务商的服务策略，或者取决于使用者向服务商支付的费用。

2. 在线文档编辑

在线文档编辑不需要在计算机上安装 Office 等软件，只需要打开 Google Docs 网页，通过 Google Docs 就可以进行文档编辑和修改（使用云计算系统），并将编辑完成的文档保存在 Google Docs 服务所提供的个人存储空间中（使用云存储系统）。无论我们走到哪儿，都可以再次登录 Google Docs，打开保存在云存储系统中的文档。通过云存储系统的权限管理功能，还能轻松实现文档的共享、传输及版权管理。

4.6.2   企业级云存储应用

从目前不同行业的存储应用现状来看，下列系统可能很快进入云存储时代。

1. 企业空间租赁服务

信息化的不断发展使得企业的信息数据量呈几何级数增长。通过高性能、大容量的云存储系统，数据业务运营商和数据中心可以为无法单独购买大容量存储设备的企事业单位提供方便快捷的空间租赁服务，满足企事业单位不断增加的业务数据存储需求。

2. 企业级远程数据备份和容灾

通过高性能、大容量的云存储系统和远程数据备份软件，数据业务运营商和数据中心可以为所有需要远程数据备份和容灾的企事业单位提供空间租赁和备份业务租赁服务。普通的企事业单位可租用数据中心提供的空间服务和远程数据备份服务功能，建立自己的远程备份和容灾系统，以保证当本地发生重大的灾难时，可通过远程备份或远程容灾系统进行快速恢复。

3．视频监控系统

建立一个遍布全国的云存储系统，在这个云存储系统中可以内嵌视频监控平台管理软件，建设"全球眼"或"宽视界"系统。系统的建设者只需要安装摄像头和编码器等前端设备，为每一个摄像头、编码器分配一个带宽足够的接入网链路，通过接入网链路与云存储系统连接，实时的视频图像就可以很方便地保存到云存储系统中，并且可以通过视频监控平台管理软件实现图像的管理和调用。

本章小结

本章首先给出了云存储的基本概念，然后介绍了云存储的系统结构及关键技术，分析了云存储的标准化及安全性，最后根据服务类型和面向用户的不同，对个人级云存储应用和企业级云存储应用分别进行了介绍。

习题

1．简述云存储与云计算的关系。

2．云存储与传统存储的区别有哪些？

3．存储虚拟化技术可概括为基于主机虚拟化、基于存储设备虚拟化和基于_____虚拟化3 种技术。

4．如何保障云存储中数据的安全？

5．如何实现低成本、高效、安全的数据缩减?

第 5 章
云安全技术及应用

∷∷ 本章目标

◎ 了解云计算的安全问题

◎ 认识云计算的安全属性

◎ 掌握云计算的安全架构

◎ 理解云计算安全的标准化

◎ 了解云计算和服务保险

◎ 掌握云计算安全实施步骤

◎ 认识阿里云安全策略与方法

5.1 云计算的安全问题

云计算使公司可以把一部分计算处理工作外包出去,公司可以通过互联网访问计算基础设施。数据是一个公司最重要的财富,云计算中的数据对于数据所有者以外的其他云计算用户是保密的,但是对于提供云计算的商业机构毫无秘密可言。随着基于云计算的服务日益发展,存在由多家服务商共同承担云计算服务的现象。这样一来,公司的机密文件将经过层层传输,安全风险巨大。作为一项可以大幅降低成本的新兴技术,云计算受到众多企业的追捧。然而,云计算带来的安全问题也应该引起足够的重视。

总的来说,云计算带来的信息安全问题有以下几个方面。

- 特权用户的接入。在公司外的场所处理敏感信息可能会带来风险,因为这将绕过企业 IT 部门对这些信息进行"物理、逻辑和人工的控制"。

- 可审查性。用户对自己数据的完整性和安全性负有最终的责任。传统服务提供商需要通过外部审计和安全认证,但一些云计算服务提供商拒绝接受这样的审查。

- 数据位置。在使用云计算服务时,用户并不清楚自己的数据存储在哪里,用户甚至不知道数据位于哪个国家。用户应当询问云计算服务提供商数据是否存储在专门管辖的位置,以及他们是否遵循当地的隐私协议。

- 数据隔离。用户应当了解云计算服务提供商是否将一些数据与另一些数据隔离开，以及加密服务是否是由专家设计并测试的。如果加密系统出现问题，那么所有数据都将不能再使用。
- 数据恢复。即使用户不知道数据存储的位置，云计算服务提供商也应当告诉用户在发生灾难时，用户数据和服务将会面临什么样的情况。任何没有经过备份的数据和应用程序都可能出现问题。用户需要询问云计算服务提供商是否有能力恢复数据，以及恢复数据需要多长时间。

5.2 云计算的安全属性

5.2.1 可靠性

可靠性是指系统能够安全可靠运行的一种特性，即系统在接收、处理、存储和使用信息的过程中，发生自然和人为危害时所受到的影响。系统的高可靠性是云计算系统设计时的基本要求。Google 电子邮件服务中断、微软云计算平台 Windows Azure 运作中断、Amazon 的 S3 中断等问题都可归结为是由于云计算系统可靠性设计的不足而发生的。下文将从环境可靠性措施、设备可靠性措施、介质可靠性措施 3 个方面来研究如何提高云计算系统的可靠性。

（1）环境可靠性措施。

在设计云计算系统时，机房要避开各种高危（地震、磁场、闪电、火灾等）区域。当系统遭遇危害时，应具备相应的预报、告警、自动排除危害等机制。云计算系统不仅要有完善的容错措施和单点故障修复措施，还要有大量的支撑设备（不间断电源、备用服务器等）。为防止电磁泄漏，系统内部设备应采用屏蔽、抗干扰等技术。

（2）设备可靠性措施。

为提高云计算系统设备的可靠性，我们应运用电源保护、静电保护技术和防病毒、防电磁、防短路、防断路等技术。设备的操作人员应受到相应的教育、培养、训练和管理，并且要有合理的人机互通机制，这样可以在很大程度上避免设备非正常工作，并提高设备的效率和延长设备的使用寿命。

（3）介质可靠性措施。

在考虑云计算系统的传输介质时，应尽量使用光纤，也可使用美国电话系统开发的加压电缆。加压电缆密封于塑料中，置于地下并在线的两端加压，使用带报警功能的监视器来测试压力，可防止断路、短路和并联窃听等。

5.2.2 可用性

可用性指授权个体访问并使用其有权使用的信息的特性。安全的云计算系统应允许授权用户使用云计算服务，并且在系统部分受损或需要降级使用时，仍能为授权用户提供有效服务。

为保证系统对可用性的需求，云计算系统应引入以下 4 个机制。

（1）标识与认证。

标识与认证是进行身份识别的重要技术。标识帮助用户表明身份，以确保用户在系统中的可识别性和唯一性；认证指系统对用户身份的真实性进行鉴别。认证技术有用户名/密码认证、动态口令认证、数字证书认证、IC 卡认证和生物特征认证等，我们可以使用 Kerberos、DCE（Distributed Computing Environment，分布式计算环境）和 Secure Shell（安全壳）等目前比较成熟的分布式安全技术。

（2）访问控制。

访问控制分为自主访问控制和强制访问控制，其特点是系统能够将权限授予系统人员和用户，限制或拒绝非授权的访问。在云计算系统中，我们可参考 Bell-LaPadula 模型和 Biba 模型来设计适用于云计算系统的访问控制机制。

（3）数据流控制。

为防止数据流过度集中引起网络阻塞，云计算系统需要分析服务器的负载程度，并且根据负载程度对用户的请求进行正确的引导。控制机制应从结构控制、位移寄存器控制、变量控制等方面来解决数据流问题，并且能够自动选择稳定可靠的网络，在服务器之间实现负载均衡。

（4）审计。

审计是支持系统安全运行的重要工具，它可准确反映系统运行中与安全相关的事件。审计渗透于系统的每一个部分，包括 OS（Operation System，操作系统）、DBMS（Database Management System，数据库管理系统）和网络设备等。在云计算系统中，安全审计需要在检测到侵害事件时自动响应，记录事件的情况并确定审计的级别。日志审计内容应包括时间、事件类型、事件主体和事件结果等重要通信数据和行为。为了便于对大量日志进行有效审计，日志审计系统要有自己专用的日志格式，审计管理员要定时对日志进行分析。为了有效表示不同日志信息的重要程度，日志审计系统应按照一定的规则进行排序，如按照时间、事件的敏感程度排序等。

5.2.3　保密性

保密性要求信息不被泄露给非授权的用户、实体供其使用。为保证云计算系统中数据的安全，首先要加强对相关人员的管理；其次要利用密码技术对数据进行处理，这是保证云计算系统中数据安全最简单、有效的方法，常见的密码技术有分组密码系统、公钥密码系统、椭圆曲线密码系统和背包公钥密码系统等；此外，云计算系统设施需要能够防侦收（使外界侦收不到有用的信息）、防辐射（防止有用信息以各种途径辐射出去），并且利用限制、隔离、掩蔽、控制等物理措施保护数据不被泄露。我们可以使用防火墙技术、网络地址转换（NAT）技术、SSL、PPTP 或 VPN 等不同的方式对云计算系统中传输的信息进行保护。

建立私有云是人们针对保密性问题提出的一个解决方法。私有云是居于用户防火墙内的一种更加安全稳定的云计算环境，为内部用户或外部用户提供云计算服务，用户拥有云计算环境的自主权。公共云则是通过云计算服务提供商自己的基础架构直接向公众用户提供服务的云环境，用户通过互联网访问服务。公共云的透明加密技术可以帮助用户强制执行安全策略，保证存储在云里的数据只能以密文的形式存在，用户自主控制数据安全性，不再被动依赖云计算服务提供商的安全保障措施。采用私有云/公共云机制可让用户自主选择对敏感数据的处理方法，这大大减少了数据泄露的风险。

5.2.4　完整性

完整性指云计算系统内的信息在传输过程中不被偶然或蓄意地删除、修改、伪造、乱序、重放、插入等以造成破坏和丢失的特性。保护数据完整性的两种技术是预防与恢复。为保证存储、传输、处理数据的完整性，经常采用分级存储、密码校验、纠错编码（奇偶校验）、协议、映像、公证等方法。在设计云计算系统时，由于其复杂性，目前采用的主要技术有两阶段提交技术和复制服务器技术。

5.2.5　不可抵赖性

不可抵赖性也称作不可否认性，指在信息交互过程中，明确厂商及用户的真实同一性，任何人都不能否认或抵赖曾经完成的操作和承诺的特性。由于云计算制度的不完善，云计算服务提供商和用户之间可能会在非技术层面产生各种纠纷，对此，云计算系统可以增加可信任的第三方机构来办理和协调云计算服务提供商和用户之间的业务，利用信息源证据和递交接收证据来防止发送方/接收方事后否认已发送/接收的信息。

5.2.6　可控性

可控性指云计算系统对其数据应具有控制能力的特性。在云计算系统中建立从节点到主干的树状控制体系，使云计算系统可以对数据传输的内容、速率、范围、方式等进行有效控制，这样可以增加云计算系统的扩展性、有效性和自动容错能力，有效控制数据的传输，并降低云计算系统出现故障时数据的修复难度。

5.3　云计算的安全架构

通过对目前 IaaS、PaaS、SaaS 3 种云计算服务模式中的安全问题的分析，云计算的安全框架如图 5.1 所示。

图 5.1　云计算的安全框架

由图 5.1 可知，云计算的安全框架针对云计算的各个层次均设置了相应的安全技术来保障其安全特性。

5.3.1 用户认证与授权

身份认证是整个信息安全体系最基础的环节，身份安全是信息安全的基础。

身份认证是指计算机及网络系统确认操作者身份的过程。计算机及网络系统是一个虚拟的数字世界。在这个数字世界中，一切信息（包括用户的身份信息）都是用一组特定的数据来表示的，计算机只能识别用户的数字身份，所有对用户的授权也是针对用户数字身份的授权。而我们生活的现实世界是一个真实的物理世界，每个人都拥有独一无二的物理身份。如何保证以数字身份进行操作的操作者就是这个数字身份合法的拥有者，也就是如何保证操作者的物理身份与数字身份相对应，成为一个很重要的问题。身份认证技术的诞生就是为了解决这个问题。

在真实世界中，验证一个人的身份主要通过 3 种方式：一是根据你所知道的信息来证明你的身份（What You Know），假设某些信息只有某个人知道，如暗号等，通过询问这些信息就可以确认这个人的身份；二是根据你所拥有的东西来证明你的身份（What You Have），假设某一个东西只有某个人有，如印章等，通过出示这个东西也可以确认这个人的身份；三是根据你独一无二的身体特征来证明你的身份（Who You Are），如指纹、面貌等。

在信息系统中，对用户的身份认证手段也大体可以分为上述 3 种。仅通过一个条件的符合来证明一个人的身份的技术称为单因子认证。由于仅使用一个条件判断，用户的身份容易被仿冒，因此可以通过组合两个不同条件来证明一个人的身份，该技术称为双因子认证。身份认证技术从是否使用硬件来看，可以分为软件认证和硬件认证；从认证需要验证的条件来看，可以分为单因子认证和双因子认证；从认证信息来看，可以分为静态认证和动态认证。身份认证技术的发展经历了从软件认证到硬件认证，从单因子认证到双因子认证，从静态认证到动态认证的过程。现在计算机及网络系统中常用的身份认证方式主要有以下几种。

1. 用户名/密码认证

用户名/密码认证是最简单、最常用的身份认证方式，它是基于 What You Know 的认证手段。由于每个用户的密码是由用户自己设定的，只有用户自己知道，因此只要正确输入密码，计算机就认为他是这个用户。然而实际上，许多用户为了防止忘记密码，经常采用自己或家人的生日、电话号码等容易被他人猜测到的有意义的字符串作为密码，或者把密码抄在一个自己认为安全的地方，这都存在着许多安全隐患，极易造成密码泄露。即使能保证用户密码不被泄露，但由于密码是静态的数据，并且在验证过程中需要在计算机内存和网络中传输，而且每次验证过程使用的验证信息都是相同的，很容易被驻留在计算机内存中的木马程序或网络中的监听设备截获，因此用户名/密码认证是一种极不安全的身份认证方式。

2. 数字证书认证

数字证书是一个包含用户公钥及其身份信息的文件，证明了用户与公钥的关联关系。数字证书由 CA（Certificate Authority，证书认证机构）签发，并由 CA 通过数字签名保证数字证书的真实性。PKI（Public Key Infrastructure，公钥基础设施）通过数字证书来发布用户的公钥，并提供验证公钥真实性的机制。服务器与客户端通过 SSL（Secure Socket Layer，安全套接层）握手协议进行身份认证和消息加密。双方通过 Hello 消息交换随机数和协议版本等安全参数，被认证方通过私钥对认证方的随机数进行数字签名，发送给认证方。认证 SSL 服务器/SSL 客户端的身份之前，被认证方需要将从 CA 获取的数字证书发送给认证方，认证方通过 PKI 机制验证该数字证书的真实性，通过提取数字证书的公钥验证收到的数字签名的有效性。

3．IC 卡认证

IC 卡是一种内置集成电路的卡片，其中存有与用户身份相关的数据。IC 卡由专门的厂商通过专门的设备生产，可以认为是不可复制的硬件。IC 卡由合法用户随身携带，登录时必须将 IC 卡插入专用的读卡器读取其中的信息，以验证用户的身份。IC 卡认证是基于 What You Have 的认证手段，通过 IC 卡硬件不可复制来保证用户身份不会被仿冒。然而由于每次从 IC 卡中读取的数据是静态的，通过内存扫描或网络监听等技术很容易截取到用户的身份验证信息，因此 IC 卡认证的方式仍然存在一定的安全隐患。

4．动态口令认证

动态口令认证是一种让用户的密码按照时间或使用次数不断动态变化，每个密码只使用一次的技术。它采用一种称为动态令牌的专用硬件，内置电源、密码生成芯片和显示屏，密码生成芯片运行专门的密码算法，根据当前时间或使用次数生成当前密码并显示在显示屏上。认证服务器采用相同的算法计算当前密码。用户使用时只需要将动态令牌上显示的当前密码输入客户端计算机，即可实现身份的确认。由于每次使用的密码必须由动态令牌产生，只有合法用户才持有该硬件，因此只要密码验证通过就认为该用户的身份是可靠的。用户每次使用的密码都不相同，即使别人截获了一次密码，也无法利用这个密码来仿冒合法用户的身份。

动态口令认证采用"一次一密"的方法，有效地保证了用户身份的安全。但是如果客户端硬件与服务器端程序的时间或次数不能保持同步，就可能出现合法用户无法登录的问题，并且用户每次登录时需要通过键盘输入一长串无规律的密码，一旦看错或输错就要重新输入，因此使用起来不方便。

5．生物特征认证

生物特征认证是采用每个人独一无二的生物特征来验证用户身份的技术，常见的有指纹识别、虹膜识别等。从理论上说，生物特征认证是最可靠的身份认证方式，因为它直接使用人的物理特征来表示人的数字身份。由于不同的人具有相同生物特征的可能性可以忽略不计，因此用户身份几乎不可能被仿冒。

生物特征认证基于生物特征识别技术，受现在生物特征识别技术成熟度的影响，采用生物特征认证还具有较大的局限性。首先，生物特征识别的准确性和稳定性还有待提高，如果用户身体受到伤病或污渍的影响，往往会导致无法正常识别、合法用户无法登录的情况。其次，由于研发投入较大和产量较小的原因，生物特征认证的成本非常高，目前只适用于一些安全性要求非常高的场合，如银行、部队等，无法做到大面积推广。

6. USB Key 认证

USB Key 认证方式是近几年发展起来的一种方便、安全、经济的身份认证技术，它采用软硬件相结合、"一次一密"的强双因子认证模式，很好地解决了安全性与易用性之间的矛盾。USB Key 是一种 USB 接口的硬件设备，它内置单片机或智能卡芯片，可以存储用户的密钥或数字证书，利用 USB Key 内置的密码学算法实现对用户身份的认证。USB Key 认证主要有两种应用模式，一是基于冲击/响应的认证模式，二是基于 PKI 体系的认证模式。由于 USB Key 具有安全可靠、便于携带、使用方便、成本低廉的优点，加上 PKI 体系完善的数据保护机制，因此使用 USB Key 存储数字证书的认证方式已经成为目前最具有前景的主要认证模式。

现在信息安全越来越受到人们的重视。建立信息安全体系的目的就是要保证存储在计算机及网络系统中的数据只能被有权操作的人访问，所有未被授权的人无法访问。这里说的是对人的权限的控制，即对操作者物理身份的权限控制。不论安全性要求多高的数据，它存在就必然有相对应的授权人可以访问它，否则保存一个任何人都无权访问的数据有什么意义？然而，如果没有有效的身份认证手段，这个有权访问者的身份就很容易被伪造，那么，不论投入再多的资金，建立再坚固安全的防范体系都无济于事，就好像一座非常结实的保险库，安装了非常坚固的大门，却没有安装门锁一样。因此，身份认证是整个信息安全体系的基础，是信息安全的第一道关隘。

防火墙、入侵检测、VPN、安全网关、安全目录与身份认证有什么区别和联系呢？

防火墙保证了未经授权的用户无法访问相应的端口或使用相应的协议；入侵检测能够发现未经授权的用户攻击系统的企图；VPN 在公共网络上建立了一个经过加密的虚拟专用通道供经过授权的用户使用；安全网关保证了用户无法进入未经授权的网段；安全目录保证了授权用户能够对存储在系统中的资源迅速定位和访问。这些安全产品实际上都是针对用户数字身份的权限管理，它们解决了什么数字身份对应能干什么的问题。而身份认证解决了用户的物理身份和数字身份相对应的问题，给它们提供了权限管理的客观依据。

5.3.2 数据隔离

对于 IT 软件服务商来说，他们所提供的传统企业软件系统大多基于多实例（Multi-Instance）架构，即对于每一个客户组织，都有一个单独的软件系统实例为其服务。搭建于云计算平台的软件系统则广泛地采用了多租户（Multi-Tenancy）架构，即单个软件系统实例服务于多个客户组织。在多实例架构下，由于每个客户都拥有自己的软件实例，因此不存在数据隔离的问题。但是在多租户架构下，由于所有客户数据被共同保存在一个软件系统实例内，因此需要开发额外的数据隔离机制，保证各个客户之间的数据不可见性，并提供相应的灾备方案。

随着云计算技术的成熟，多租户已不再是新鲜的概念，目前已经有以下几种成熟的架构用来帮助系统实现数据隔离：分离数据库架构（Separated Database）、多租户共享表数据模式（Shared Schema Multi-Tenancy）、共享数据库架构（Shared Database）、分离表数据模式（Scparated Schema）。

1. 分离数据库架构

分离数据库架构即每个软件系统客户单独拥有自己的数据库实例。相比共享数据库架构，这种架构由于每个客户拥有单独的数据库实例，可以非常高效便捷地实现数据安全性和灾备，但是随之而来的缺点便是其硬件成本非常高昂。

2．多租户共享表数据模式

多租户共享表数据模式即所有的软件系统客户共享相同的数据库实例及相同的数据库表，但能够通过 Tenant ID 字段来区分数据的从属。因为多租户共享表数据模式最大化地利用了单个数据库实例的存储能力，所以这种数据模式的硬件成本非常低廉。但对于程序开发者来说，增加了额外的复杂度，由于多个客户的数据共存于相同的数据库表内，因此需要额外的业务逻辑来隔离各个客户的数据。此外，这种数据模式实现灾备的成本也十分高昂，不但需要专门编写代码实现数据备份，而且在恢复数据时，需要对数据库表进行大量的删除和插入操作，一旦数据库表包含大量其他客户的数据，就会对系统性能和其他客户的体验带来巨大的影响。

3．共享数据库架构

共享数据库架构即多个软件系统客户共享相同的数据库实例，但是不同客户可以使用自己的数据库表，从而通过数据库表和视图区分不同数据的从属。共享数据库架构是典型的传统数据库共享方式，可以通过对客户的认证和对数据库表的权限控制实现对不同数据库表的安全隔离和访问。

4．分离表数据模式

分离表数据模式即所有的软件系统客户共享相同的数据库实例，但是每个客户单独拥有自己的由一系列数据库表组成的表。分离表数据模式是一种折中的多租户方案，在这种数据模式下，实现数据分离和灾备相对多租户共享表数据模式来说更加容易一些，而且它的硬件成本比分离数据库架构低。

一般来说，系统服务的客户数量越多，越适合使用多租户共享表数据模式；对数据隔离性和安全性要求越高，则越适合使用分离数据库架构。在超大型的云计算系统中，一般都会采用复合型的多租户架构，以平衡系统成本和性能。Salesforce.com 最初基于多租户共享表数据模式搭建，但是随着新客户的不断签入，单纯的多租户共享表数据模式很难满足日益增长的性能要求，Salesforce.com 逐步开始在不同的物理区域搭建分布式系统。在全局上，Salesforce.com 以类似于分离数据库的架构运行，在单个区域内，系统仍然按照多租户共享表数据模式运行。

5.3.3　数据加密及隐私保护

随着云计算技术的逐步成熟，它给 IT 应用带来的商业价值越来越明显。相对于传统的软件架构，云计算运营和支持方面的成本更低廉，但同时能够获得更快速的部署能力和近乎无限的伸缩性。尽管云计算带来的价值如此巨大，仍然有许多企业在云计算和传统软件架构中选择了后者，这很大程度上在于云计算领域中有关企业数据的安全问题没有得到妥善解决。一些分析机构的调查结果显示，数据安全问题是企业应用迁移到云计算架构过程中的最大障碍之一。

数据安全是指通过一些技术或非技术的方式来保证数据的访问受到合理控制，并且保证数据不被人为或意外地损坏、泄露或更改。从非技术角度来看，可以通过法律或一些规章制度来保证数据的安全性；从技术角度来看，可以通过防火墙、入侵检测、安全配置、数据加密、访问认证、权限控制、数据备份等手段来保证数据的安全性。由于传统软件和云计算软件在技术架构上有着非常明显的差异，因此需要我们用不同的思路来思考两种架构下有关数据安全问题的解决方案。

对于任何一个 IT 系统来说，在运行过程中使用及生产的数据都是整个系统的核心部分，一般把这些系统数据分为公有数据和私有数据两种类型。公有数据代表可以从公共资源获得的数据信息，如股票信息、公开的财务信息等，这类数据可以被任何一个 IT 系统获得并使用。私有数据则代表这些数据是被 IT 系统独占的，并且无法和其他 IT 系统共享。对于公有数据，IT 系统并不需要处理安全相关的事物，然而对于私有数据，特别是一些较为敏感的私有数据，在构建 IT 系统时需要专门考虑如何保证数据不被盗用，甚至篡改。传统的 IT 系统通常搭建在客户自身的数据中心内，数据中心的内部防火墙保证了系统数据的安全性。和传统软件相比较，云计算软件在数据方面的最大不同便是所有的数据由第三方而非第一方来负责维护。由于云计算架构的特点，这些数据可能被存储在非常分散的地方，并且都按照明文的形式进行存储，尽管防火墙能够对恶意的外来攻击提供一定程度的保护，但是这种架构使得一些关键性的数据可能被泄露，无论是偶然还是恶意的。例如，由于开发和维护的需要，软件提供商的员工一般都能够访问存储在云平台上的数据，一旦这些员工信息被别人非法获得，那么获得员工信息的人便可以在万维网上访问部署在云平台上的程序或得到关键性的数据。这对于那些对安全性有较高要求的企业应用来说是完全不可接受的。

尽管目前公有云平台还没有很好的数据隐私保护方案，但是企业仍然可以选择构建私有云或混合云来实现弹性计算和数据隐私保护的均衡，同时为未来在公有云平台上的实施积累经验。从弹性计算的角度来看，私有云和公有云并无太大差别，都通过自动化管理虚拟化的 IT 资源来实现弹性计算的目的。然而，由于现有的企业应用基本上都基于传统的 IT 基础架构搭建，几乎所有的 IT 资源都要求 IT 工程师花费大量的时间和精力手动管理，并没有办法实现敏捷高效的自动化管理，因此无法满足云计算的要求。实施私有云计算的第一步也是最重要的一步便是重新搭建 IT 基础架构，将现有的处理器、存储、网络等 IT 资源高度虚拟化并重新组织整合，构建高扩展性的 IT 集群架构，辅以强大的管理软件来实现高效自动化的 IT 资源管理。整个 IT 架构可以搭建在企业或第三方的数据中心内，但是无论私有云部署在什么地理位置，企业都拥有完全的 IT 资源控制能力。通过网络控制和独享的防火墙保护，私有云上的企业数据能够得到和传统 IT 架构下相同级别的安全保障。

在主流的私有云架构之外，Amazon VPC（Virtual Private Cloud，虚拟私有云）提供了一套全新的企业级私有云构建方案。主流的私有云解决方案都致力于 IT 资源的虚拟化及自动化管理，而 Amazon VPC 将重点放在了如何构建专门针对单个企业的虚拟网络并与企业现有的 IT 架构安全无缝地连接起来。企业可以在 Amazon 的公有云平台上创建 VPC 网络，并通过企业自身的加密 VPN 将 VPC 网络与企业局域网连接起来，将整个 VPC 网络加入企业现有的安全架构下。在申请创建 EC2 实例时，可以指定与相应的 VPC 网络绑定，在 EC2 实例启动之后，该实例就相当于运行在了整个大的企业局域网之内。虽然 VPC 网络中所有的 EC2 实例仍然位于公有云平台上，但是在这种 IT 架构下，企业内的防火墙能够保证这些公有云上的数据安全。由于采用 Amazon VPC 的私有云解决方案无须对企业现有 IT 架构进行大规模的调整，因此无法减少 IT 运营成本，但是相比主流的私有云解决方案，减少了很多实施成本和风险。

混合云则将云平台与 In-House 系统或私有云结合起来，将部分子系统搭建在企业内部的数据中心（通常这些子系统中的数据对安全性有非常严格的要求，或者是一些 Legacy 系统）上，而把其他子系统构建于云计算平台上（通常这些子系统没有数据安全性的问题），通过 Service Bus 将 In-House 系统或私有云与公有云端系统连接起来。

5.3.4　网络隔离

面对新型网络攻击手段的出现和高安全度网络对安全的特殊需求，网络隔离技术应运而生。网络隔离技术的目标是确保隔离有害的攻击，在保证可信网络内部信息不外泄的前提下，完成网间数据安全交换。网络隔离技术是在原有安全技术的基础上发展起来的，弥补了原有安全技术的不足，突出了自己的优势。

1．网络隔离技术的发展历程

网络隔离（Network Isolation）主要是指把两个或两个以上可路由的网络（如 TCP/IP）通过不可路由的协议（如 IPX/SPX、NetBEUI 等）进行数据交换而达到隔离目的。由于其主要采用了不同的协议，所以通常也叫协议隔离（Protocol Isolation）。1997 年，信息安全专家 Mark Joseph Edwards 在他编写的 *Understanding Network Security* 一书中，就对协议隔离进行了归类。在书中他明确地指出了协议隔离和防火墙不属于同类产品。隔离的概念是为了保护高安全度网络环境而产生的。隔离产品的大量出现是经历了五代网络隔离技术，不断地实践和理论相结合后得来的。

第一代网络隔离技术：完全隔离。此方法使网络处于"信息孤岛"状态，做到了完全的物理隔离，需要至少两套网络和系统。更重要的是，信息交流的不便和成本的提高给维护和使用带来了极大的不便。

第二代网络隔离技术：硬件卡隔离。在客户端增加一块硬件卡，客户端硬盘和其他存储设备首先连接到该卡，然后转接到主板上，通过该卡能控制客户端硬盘和其他存储设备。在选择不同的硬盘时，同时选择该卡上不同的网络接口，则连接到不同的网络。但是，这种隔离产品有时仍然需要网络布线为双网线结构，存在着较大的安全隐患。

第三代网络隔离技术：数据转播隔离。利用转播系统分时复制文件的途径来实现隔离，切换时间非常久，甚至需要手工完成，不但明显减缓了访问速度，而且不支持常见的网络应用，失去了网络存在的意义。

第四代网络隔离技术：空气开关隔离。通过使用单刀双掷开关，内外部网络分时访问临时缓存器来完成数据交换，但它在安全和性能上存在许多问题。

第五代网络隔离技术：安全通道隔离。此技术通过专用通信硬件和专有安全协议等安全机制，来实现内外部网络的隔离和数据交换，不但解决了以前隔离技术存在的问题，有效地把内外部网络隔离开来，而且高效地实现了内外部网络数据的安全交换，透明支持多种网络应用，成为当前网络隔离技术的发展方向。该技术通过专用通信设备、专有安全协议和加密验证机制及应用层数据提取和鉴别认证技术，进行不同安全级别网络之间的数据交换，彻底阻断了网络间的直接 TCP/IP 连接，同时对网间通信的双方、内容、过程施以严格的身份认证、内容过滤、安全审计等多种安全防护机制，从而保证了网间数据交换的安全、可控，杜绝了操作系统和网络协议自身漏洞带来的安全风险。

2．网络隔离技术需要具备的安全要点

（1）要具有高度的自身安全性。

隔离产品要保证自身具有高度的安全性，至少在理论和实践上要比防火墙高一个安全级别。在技术实现上，除和防火墙一样对操作系统进行加固优化或采用安全操作系统外，关键还在于要把外网接口和内网接口从一套操作系统中分离出来。也就是说，至少需要两套主机系统，一套控制外网接口，另一套控制内网接口。在两套主机系统之间通过不可路由的协议进行数据交换，这样的话，即便黑客攻破了外网系统，也无法控制内网系统，就可以达到更高的安全级别。

（2）要确保网络之间是隔离的。

保证网络隔离的关键是网络包不可路由到对方网络，无论中间采用了什么转换方法，只要最终一方的网络包能够进入对方的网络中，都无法称之为隔离，即达不到隔离的效果。显然，只对网络包进行转发，并且允许建立端到端连接的防火墙，是没有任何隔离效果的。此外，那些只把网络包转换为文本，交换到对方网络后，再把文本转换为网络包的产品也是没有隔离效果的。

（3）要保证网间交换的只是应用数据。

要达到网络隔离，就必须做到彻底防范基于网络协议的攻击，即不能让网络层的攻击包到达要保护的网络中，因此必须首先进行协议分析，完成应用层数据的提取，然后进行数据交换，这样就把 TearDrop、Land、Smurf 和 SYN Flood 等网络攻击包彻底地阻挡在可信网络之外，使可信网络的安全性明显增强。

（4）要对网间的访问进行严格的控制和检查。

一套适用于高安全度网络的安全设备，要确保每次数据交换都是可信的和可控制的，严格防止非法通道的出现，以确保信息数据的安全和访问的可审计性。因此，必须施加一定的技术，保证每一次数据交换过程都是可信的，并且内容是可控制的，可采用基于会话的认证技术和内容分析与控制引擎等技术。

（5）要在坚持隔离的前提下保证网络畅通和应用透明。

由于隔离产品会部署在多种多样的复杂网络环境中，并且往往是数据交换的关键点，因此隔离产品要具有很高的处理性能，不能成为网络交换的瓶颈；要具有良好的稳定性，不能出现时断时续的情况；要具有很强的适应性，能够透明接入网络，并且透明支持多种应用。

3．网络隔离技术的关键点

网络隔离的关键在于系统对通信数据的控制，即通过不可路由的协议来完成网间数据交换。因为通信硬件设备工作在网络模型的底层，不能感知到交换数据的机密性、完整性、可用性、可控性、抗抵赖等安全要素，所以要通过访问控制、身份认证、加密签名等安全机制来实现，而这些安全机制都是通过软件来实现的。

因此，网络隔离技术的关键点就成为要尽量提高网间数据交换的速度，并且对应用能够透明支持，以适应复杂和高带宽需求的网间数据交换。

5.3.5　灾备恢复

随着国内信息化建设的发展及国家标准 GB/T 20988—2007《信息安全技术 信息系统灾难恢复规范》的颁布，越来越多的企事业机构意识到信息系统的灾备与恢复的重要性。IDC 报告显示，中国容灾市场经过近几年的探索，已经以快速增长的势头步入实践和发展阶段。

灾备市场在快速发展的同时，呈现出一些新的趋势。IBM、万国数据等厂商大力宣传灾备外包，而 H3C 也开始探索共享灾备模式。虽然概念各有不同，但这些厂商都试图向用户灌输一种信息，即传统的用户自建灾备中心的模式如今已不再流行，用户现在可以选择更安全、更经济的方式来备份自己的数据。IBM 在美国有 3 个很大的灾备中心，这 3 个灾备中心之间互相备份，并且已经进行过很多次灾备演练，在安全性、可靠性等方面目前没有出现任何问题，已经为很多客户提供了灾备的外包或托管服务。

对最终用户来说，根据数据的重要性及对业务的影响来对不同的数据划分不同的优先级，并且根据自己的预算决定哪些数据可以进行外包，能容忍外包给自己带来多大程度的风险。一般而言，这些在服务提供商与用户签署的 SLA 中都会有所体现。以 Mozy 为例，用户如果选择 Mozy 为其提供的灾备服务，他们就可以在需要的时候，随时进行测试，看数据能否恢复到自己要求的水平。

与国外相比，中国的灾备市场虽然起步较晚，但发展很迅速。近年来，万国数据、中金数据等厂商也开始提供灾备外包业务。

在 IBM、万国数据大力向用户宣扬灾备外包的好处的同时，国内存储厂商 H3C 提出了共享灾备的概念。什么是共享灾备？哪些用户适合选择共享灾备？所谓共享灾备，是指将多个数据中心的重要数据共享式地备份到灾备中心，所有相关单位共用一套灾备中心，实现灾备平台的集中管理和基础架构共享。

共享灾备对厂商的技术来说，是一个很大的考验。因为目前来看，适合采用共享灾备的用户包括一些垂直性较强的企业或机构，如中国石油天然气集团公司这样在各地拥有分公司的大型企业，如果由总公司来建立一个灾备中心，为下属各分公司集中提供灾备服务，不失为一个好的选择。但总公司与各分公司之间往往距离遥远，网络数据的传输就成为一个问题。此外，在共享灾备模式中，多对一的备份架构自然会带来兼容性的问题，同时主网环境、网络链路的复杂性等对厂商提出了很高的要求。H3C 在其 IP 远程复制技术的基础上，将高速网络技术、网格技术、虚拟化技术、复制与映像技术、CDP（Continuous Data Protection，持续数据保护）技术、广域存储网络技术、存储网络安全技术等融为一体，使用户无须对原有网络架构进行大的改造，能最大限度地保护用户的投资。

虽然共享灾备与灾备外包在概念上有一定差异，但是对最终用户来说，两者本质上是一回事儿，都由第三方通过网络来提供灾备服务，用户无须再购买软硬件设备，在某种程度上都可以当作云计算的一种。虽然以前我们较少提及云备份或云灾备的概念，而以云存储来总而概之，但实际上，灾备是云计算的一个必要的支撑方式。

提到云计算，就不能不提到虚拟化，共享灾备、灾备外包还有云灾备，无论哪一种灾备方式都离不开虚拟化。因为这几种方式均要求服务提供商在技术上实现对用户业务的弹性反应。例如，一个医院 8:00—17:00 需要集中对自己的业务数据进行备份，而一个网游公司的备份需求可能集中在 19:00—24:00，这一段时间是他们业务的高峰期。对于服务提供商来说，根据前端用户的需求自动地调节硬件与软件资源，动态地、弹性地反映前端业务对灾备的需求，做到负载均衡，保证每一个用户需要的服务水准，主要是通过虚拟化的技术手段来实现的。并不是说服务提供商有足够的资源，产品有很大的容量、很高的性能，就能保证每一个用户的需求都及时得到响应。

除云计算与虚拟化外，还有其他一些技术也在影响着灾备市场的发展，如重复数据删除技术。共享灾备、灾备外包还有云灾备这几种灾备方式都涉及异地备份，异地备份在把数据调回来的过程中，用到的技术就是 Replication（在线恢复）。以前没有重复数据删除技术，不能进行在线恢复，因为占用带宽资源太大。但采用重复数据删除技术后，占用的带宽资源比以前大大减少，数据恢复时间大大缩短了，保证了数据的可用性和可靠性。

5.4 云计算安全的标准化

安全和标准对于云计算的发展至关重要，没有标准，云计算产业就难以得到规范健康的发展，难以形成规模化和产业化集群。目前，各国政府、标准组织等正在积极着手标准研究、制定工作，但云计算安全研究尚处于起步阶段。

5.4.1 ISO/IEC JTC1/SC27

ISO/IEC JTC1/SC27 是国际标准化组织（ISO）和国际电工委员会（IEC）的信息技术联合技术委员会（JTC1）下专门从事信息安全标准化的分技术委员会（SC27），ISO/IEC JTC1/SC27 信息安全、网络安全和隐私保护分技术委员会是信息安全领域中最具代表性的国际标准化组织。SC27 下设 5 个工作组，工作范围广泛地涵盖了信息安全管理和技术领域，包括信息安全管理体系、密码学与安全机制、安全评价准则、安全控制与服务、身份管理与隐私保护技术。SC27 关于云计算安全和隐私的研究范围如表 5.1 所示，SC27 于 2010 年 10 月启动了云计算安全和隐私研究项目，由 WG1、WG4 和 WG5 联合开展。SC27 已经发布的云计算安全标准包括 ISO/IEC 27018:2019《信息技术 安全技术 可识别个人信息（PII）处理者在公有云中保护PII 的实践指南》、ISO/IEC 27017:2015《信息技术 安全技术 基于 ISO/IEC 27002 的云服务信息安全控制的实用规则》和 ISO/IEC 27036-4:2016《信息技术 安全技术 供应商关系的信息安全 第4 部分：云服务安全指南》；相关研究项目有云安全评估和审计、适于云的风险管理框架、云安全组件。目前，SC27 已基本确定了云计算安全和隐私的概念体系架构，明确了 SC27 关于云计算安全和隐私标准研制的 3 个领域。

表 5.1 SC27 关于云计算安全和隐私的研究范围

云计算安全和隐私的概念体系架构	标准研制领域	负责工作组	范围
概念和定义 安全管理要求 安全管理控制措施 安全技术 身份管理和隐私技术 审计 治理 参考文件	信息安全管理	WG1	标准项目主要涉及要求、控制措施、审计和治理
	安全技术	WG4	主要基于现有的信息安全服务和控制方面的标准成果，以及必要时专门制定相关云计算安全服务和控制标准
	身份管理和隐私技术	WG5	主要基于现有的身份管理和隐私方面的标准成果，以及必要时专门制定相关云计算隐私标准

5.4.2 ITU-T

ITU-T 的中文名称是国际电信联盟电信标准部（ITU Telecommunication Standardization Sector），它是国际电信联盟下的专门制定电信标准的分支机构。该机构创建于 1993 年，前身是国际电报电话咨询委员会，总部设在瑞士日内瓦。

ITU-T 于 2010 年 2 月成立了云计算焦点组（FG Cloud），致力于从电信角度为云计算提供支持，云计算焦点组运行时间截至 2011 年 12 月，后续云工作已经分散到别的研究组。云计算焦点组发布了包含《云安全》和《云计算标准制定组织综述》在内的 7 份技术报告。《云安全》报告旨在确定 ITU-T 与相关标准制定组织需要合作开展的云安全研究主题，确定的方法是对包括 ENISA、ITU-T 等标准制定组织目前开展的云安全工作进行评价，在评价的基础上确定对云服务用户和云服务提供商的若干安全威胁和安全需求。

《云计算标准制定组织综述》报告主要对美国国家标准与技术研究院、分布式管理任务组、云安全联盟等标准制定组织在以下 7 个方面开展的活动及取得的研究成果进行了综述和列表分析，包括云生态系统、使用案例、需求和商业部署场景；功能需求和参考架构；安全、审计和隐私（包括网络和业务的连续性）；云服务和资源管理、平台及中间件；实现云的基础设施和网络；用于多个云资源分配的跨云程序、接口与服务水平协议；用户友好访问、虚拟终端和生态友好的云。报告指出，上述标准制定组织都出于各自的目的制定了自己的云计算标准架构，但这些架构并不相同，也没有一个组织能够覆盖云计算标准化的全貌。报告建议 ITU-T 应在功能架构、跨云安全和管理、服务水平协议研究领域发挥引领作用，而 ITU-T 和 ISO/IEC JTC1 应采取互补的标准化工作，以提高效率和避免工作重叠。

5.4.3 CSA

CSA（Cloud Security Alliance，云安全联盟）是在 2009 年的 RSA 大会上宣布成立的一个非营利性组织。CSA 致力于在云计算环境下提供最佳的安全方案。如今，CSA 获得了业界的广泛认可，其发布的一系列研究报告对业界有着积极的影响。这些报告从技术、操作、数据等多方面强调了云计算安全的重要性、保证安全性应当考虑的问题及相应的解决方案，对形成云计算安全行业规范具有重要影响。其中，《云计算关键领域安全指南》最为业界所熟知，在当前尚无一个被业界广泛认可和普遍遵从的国际性云安全标准的形势下，它是一份重要的参考文献。

CSA 于 2011 年 11 月发布了《云计算关键领域安全指南 V3.0》，从架构、治理和运行 3 个部分，14 个关键域对云安全进行了深入阐述。另外，CSA 开展的云安全威胁、云安全控制矩阵、云安全度量等研究项目在业界得到积极的参与和支持。2017 年 7 月 28 日，CSA 发布了《云计算关键领域安全指南 V4.0》。目前，CSA 已经与 ISO、ITU-T 等国际标准化组织建立起定期的技术交流机制，相互通报并吸收各自在云安全方面的成果和进展。CSA 工作组介绍如表5.2 所示。

表 5.2 CSA 工作组介绍

工作组名称	主要职责
结构及框架工作组	主要负责技术结构和相关框架定义研究
风险管理与控制、适应性、审计、传统物理安全性、业务连续性管理工作组	主要负责信息风险管理、风险控制、适应性、审计、传统物理安全性、业务连续性管理和灾难恢复方面的研究
法律及电子发现工作组	主要负责法律指导、合约问题、全球法律、电子发现及相关问题的研究
可移植性、互操作性及应用安全工作组	主要负责应用层的安全问题研究并制定促进云服务提供商间互操作性及可移植性发展的指导意见
身份与接入管理、加密与密钥管理工作组	主要负责身份及访问管理、加密及密钥管理问题的研究及明确企业整合中出现的新问题及解决方案
数据中心运行及事故响应工作组	主要负责事故响应及取证问题的研究，并明确基于云的数据中心在运行中出现的问题
信息生命周期管理及存储工作组	主要负责云数据相关问题的研究
虚拟化及技术分类工作组	主要负责如何对技术进行分类，包括但不局限于虚拟化技术
安全即服务工作组	主要负责研究如何通过云模式来提供安全解决方案
一致性评估工作组	主要负责研究用于对云服务提供商进行一致性检验的工具和流程

5.4.4 NIST

NIST（美国国家标准与技术研究院）直属美国商务部，提供标准、标准参考数据及有关服务，在国际上享有很高的声誉，前身为美国国家标准局。2009 年 9 月，奥巴马政府宣布实施联邦云计算计划。为了落实和配合美国联邦云计算计划，NIST 牵头制定云计算标准和指南，加快联邦政府安全采用云计算的进程。NIST 在进行云计算及安全标准的研制过程中，定位于为美国联邦政府安全高效使用云计算提供标准支撑服务。迄今为止，NIST 成立了 5 个云计算工作组，出版了多份研究成果，由其提出的云计算定义、3 种服务模式、4 种部署模型、5 大基础特征被认为是描述云计算的基础性参照。NIST 的 5 个云计算工作组包括云计算参考架构和分类工作组、旨在促进云计算应用的标准推进工作组、云计算安全工作组、云计算标准路线图工作组、云计算业务用例工作组。NIST 云计算相关出版物如表 5.3 所示。

表 5.3 NIST 云计算相关出版物

名称	发布日期
SP800-125《完全虚拟化技术安全指南》	2011-1
SP800-144《公有云中的安全和隐私指南》	2011-12
SP800-145《云计算定义》	2011-9
SP800-146《云计算梗概和建议》	2011-5
SP500-291《云计算标准路线图》	2011-8
SP500-292《云计算参考体系架构》	2011-9
SP500-293《美国政府云计算技术路线图》	2011-11
SP500-299《云计算安全参考框架》	2013-5

5.4.5　ENISA

2004 年 3 月，为提高欧盟范围内网络与信息安全的级别，提高欧盟成员国及业界团体对于网络与信息安全问题的防范、处理和响应能力，培养网络与信息安全文化，欧盟成立了 ENISA（欧洲信息安全局）。

在 2009 年，ENISA 就启动了相关研究工作，先后发布了《云计算：优势、风险及信息安全建议》和《云计算信息安全保障框架》。2011 年，ENISA 又发布了《政府云的安全和弹性》报告，为政府机构提供了决策指南。2012 年 4 月，ENISA 发布了《云计算合同安全服务水平监测指南》，提供了一套持续监测云计算服务提供商服务级别协议运行情况的操作体系，以达到实时核查用户数据安全性的目的。

5.4.6　全国信息安全标准化技术委员会

国内有多个机构从事云计算标准研究制定，其中，专注云计算安全相关标准的管理单位是全国信息安全标准化技术委员会（TC260，以下简称"信安标委"）。信安标委专注于云计算安全标准体系的建立及相关标准的研究和制定，成立了多个云计算安全标准研究课题，承担并组织协调政府机构、科研院校、企业等开展云计算安全标准化研究工作。

从 2016 年起，信安标委大数据安全标准特别工作组负责云计算安全标准的具体编制工作。目前已经发布的云计算安全国家标准如下。

- GB/T 31167—2014《信安安全技术 云计算服务安全指南》：定义云计算基本概念、部署模式、服务模式、角色责任等的国家标准，描述了云计算可能面临的主要安全风险，提出了政府部门采用云计算服务的安全管理基本要求及云计算服务的生命周期各阶段安全管理和技术要求，适用于政府部门采购和使用云计算服务，也可供重点行业和其他企事业单位参考。

- GB/T 31168—2014《信息安全技术 云计算服务安全能力要求》：面向云服务提供商提出了其以社会化方式为特定用户提供云计算服务时应具备的安全技术能力。标准中的重要参数采用了选择和赋值的方式，为不同部署模式、不同服务模式等云计算服务提供了较大灵活性。该标准适用于对政府部门使用的云计算服务进行安全管理。

- GB/T 34942—2017《信息安全技术 云计算服务安全能力评估方法》：给出了依据 GB/T 31168—2014 开展评估的原则、实施过程及针对各项具体安全要求进行评估的方法，适用于第三方评估机构对云服务提供商提供云计算服务时具备的安全能力进行评估，云服务提供商在对自身云计算服务安全能力进行自评估时也可参考。

- GB/T 35279—2017《信息安全技术 云计算安全参考架构》：给出了云计算安全参考架构，描述了云计算角色，规范了各角色的安全职责、安全功能组件及其关系，适用于指导所有云计算参与者在进行云计算系统规划时对安全的考量与设计。

- GB/T 37956—2019《信息安全技术 网站安全云防护平台技术要求》：规定了网站安全云防护平台的技术要求，包括平台功能要求和平台安全要求，适用于网站安全云防护平台的开发、运营及使用，为政府部门、企事业单位、社会团体等组织或个人选购网站安全云防护平台提供参考。

- GB/T 38249—2019《信息安全技术 政府网站云计算服务安全指南》：规定了政府网站采用云计算服务过程中涉及的云服务用户、云服务提供商、云用户供应链服务商和第三方评估机构 4 个角色及其安全职责，并为政府网站采用云计算服务的规划准备、部署迁移、运行管理、退出服务等阶段应采取的安全技术和管理措施提供详细指南。

- GB/T 37950—2019《信息安全技术 桌面云安全技术要求》：规定了基于虚拟化技术的桌面云在应用过程中的安全技术要求，适用于桌面云的安全设计、开发，可用于指导桌面云安全测试。

- GB/T 37972—2019《信息安全技术 云计算服务运行监管框架》：针对云计算服务的运行监管环节，阐述了云计算服务运行监管框架、过程及方式等内容，用于指导云服务提供商和运行监管机构，为云服务提供商制定和实施云计算服务运行监管策略和计划，为运行监管机构进行监管活动提供指导，以保障云计算服务安全能力持续达到云计算用户的安全需求。

这些云计算安全系列标准面向多个云计算角色，从云计算服务整体层面为各类用户使用云计算服务提供指导，同时是我国云计算服务安全管理的支撑标准。它们共同支撑我国云计算产业对安全技术的需求及云计算服务安全管理要求。

5.4.7 云服务的制度和法律环境建设

各国通过制定标准、规范合同、评估认证、采购管控、管理制度等进一步提高了云服务的安全水平和服务质量，保障了政务应用的安全性和可靠性。美国、日本、欧盟等发达国家和地区在数据隐私保护法的基础上，通过政府云计算战略、信息安全管理法规等文件对政府采购云服务做出了规定。

- 制定标准：NIST 编制了标准《800-53 REV3，Information Security》，英国编制了标准

《HMG Information Standards No. 1 & 2》，以上标准对云服务的安全和服务质量等方面提出了具体要求。

- 规范合同：英国建议在与云服务提供商签订的合同中应包括服务器地点等与云环境安全相关的条款；日本规定应将云服务的安全特性、服务水平等方面的要求事项等写入协议书。
- 评估认证：美国 FISMA 法案规定为政府提供云服务的提供商必须通过测试认证，美国医疗行业要求第三方机构对云服务提供商进行监督审查。
- 采购管控：英国建立了政府云服务采购机制，所有的公共 ICT 服务的采购和续用都必须经过 G-Cloud 委员会的审查；日本规定云设备采购要通过信息安全委员会的安全审查。
- 管理制度：美国建立了较为完善的政府采购云服务管理制度，包括开展周期性评估、SLA 监控、QoS 管理等。

5.5 云计算和服务保险

近年来，随着云计算的发展，意外事故频发，如 2003 年美国 Amazon、Google、Apple 先后发生宕机事故，2015 年中国支付宝、携程网等先后发生故障。这些意外事故给各有关方造成了重大的损失和影响。由于云服务的安全问题可能会给用户造成损失，进而引发赔偿问题，因此云服务提供商和用户都希望能对云服务的潜在风险进行必要的管理并尽量减少损失。云保险正是一种针对云服务提供商的风险管理方式，即对于云服务提供商可能发生的服务失败做出经济赔偿的承诺。云保险可以被云服务提供商作为 SLA 的一部分，也可以由云服务提供商的合作伙伴——第三方保险公司单独提供。2013 年 5 月，世界两个知名组织：国际管理服务提供商行业协会 MSP Alliance 与经纪公司 Lockton Affinity 达成了合作关系，将面向全球云服务提供商推出云计算和管理服务保险。2013 年 6 月，美国保险公司 Liberty Mutual 开始提供云计算保险。

随着云计算的普及，大量政府核心数据、社会公共数据、企业运营数据已经接入云中。越来越多的云计算和云存储带来了数据安全风险，风险集中进而需要保险的风险转移功能，云计算保险随之诞生。云计算的高速发展需要保险服务作为安全后盾，两者共同发展，互为补充。

5.6 云计算安全实施步骤

当用户把其应用及数据转移到云中使用时，在云环境中提供与传统 IT 环境一样或更好的安全水平至关重要。如果云服务提供商不能提供合适的安全保护，将造成更高的运营成本，并且有可能导致潜在的业务损失，从而影响云计算的收益。

本节提供了评估云服务用户和管理云环境安全应采取的系列规范性步骤，目标是帮助用户降低风险并提供适当级别的支持。

1. 确保拥有有效的治理、风险及合规性流程

大多数机构已经为保护其知识产权和公司资产（尤其是在 IT 领域的资产）制定了安全合规的策略和规程。对云环境的安全控制与传统 IT 环境下的安全控制是相似的，然而由于职责部门采用的云服务和运维模型，以及云服务所使用的技术等因素，云计算与传统 IT 解决方案相比会为机构带来不同的风险。

依据安全和合规性政策，云服务用户保证其托管的应用和数据安全的主要方式是参考相关的 SLA，核实自己和云服务提供商之间的合同是否包含与安全性相关的所有条款，并确保这些条款能满足其需要。如果没有合适的合同和 SLA，不建议继续使用该机构的云服务。

2. 审计运维和业务流程报告

用户要能看到独立审计师编写的关于云服务提供商的运维报告。能够自由获取重要的审计信息是用户与任何云服务提供商签订合同和 SLA 条款时的关键因素。作为条款的一部分，云服务提供商应及时提供与用户相关的特定数据或应用程序审计事项及日志记录和报告信息，保证云服务的访问能力和自我管理能力。

主要从以下 3 个方面对云安全进行考虑。

- 了解云服务提供商的内部控制环境，包括其调配的云服务环境的风险、控制及其他治理问题。
- 对企业审计跟踪的访问，包括当审计跟踪涉及云服务时的工作流程和授权。
- 云服务提供商应向用户保证云服务管理和控制的设备是可用的，以及说明该设备是如何保障安全的。

对云服务提供商的安全审计是云服务用户在安全方面的重要考量，应由用户或独立审计机构中具备适当技能的人员进行操作。安全审计应以一个已发布的安全控制标准为基础，用户应检查安全控制是否符合其安全需求。

3. 管理人员、角色及身份

云服务用户必须确保云服务提供商具备相关的流程和功能来管理具有访问其数据和应用程序权限的人员，保证对其云环境的访问可控、可管理。云服务提供商必须根据其安全策略为每一个用户分配、管理角色和相关等级的授权。这些角色和授权以单个资源、服务和应用程序为基础。

云服务提供商应有一个安全系统来管理其用户和服务的唯一身份标识。这个安全系统必须支持简单的资源访问，以及可靠的用户应用程序和服务工作流。无论是何种角色或权限，提供商管理平台所有的用户访问或互操作行为都应该被监控并予以记录，以便为用户提供其数据和应用程序的所有访问情况的审计报告。

云服务提供商应设立正式流程，管理其员工对任何存储、传输或使用用户数据和应用程序的软硬件的访问情况，并应将管理结果提供给用户。

4. 确保对数据和信息的合理保护

云计算中的数据问题涉及不同形式的风险，其中包括数据遭窃取或未经授权的披露、数据遭篡改或未经授权的修改、数据损失或不可用。数据资产包括应用程序或机器映像等，与数据库中的数据和数据文件一样，这些资产也有可能遇到相同的风险。

我国国家标准 GB/T 31167—2014《信息安全技术 云计算服务安全指南》和 GB/T 31168—2014《信息安全技术 云计算服务安全能力要求》对保障数据安全性、使用云服务时需要解决的数据安全注意事项等，从不同方面做了详细规定。

用户为确保云计算活动中的数据得到适当保护应注意以下几个方面。

- 创建数据资产目录。

- 将所有数据包含其中。
- 注重隐私。
- 保密性、完整性和可用性。
- 身份和访问管理。

5．实行隐私策略

在云计算服务合同和 SLA 中有必要充分解决隐私保护问题。如果协议中没有明确列出隐私安全问题，用户应考虑通过其他方式实现目标，包括寻找其他云服务提供商或不将敏感数据导入云计算环境。例如，如果用户希望在云计算环境中导入 HIPAA（Health Insurance Portability and Accountability Act，健康保险携带和责任法案）信息，则用户必须寻找签订 HIPAA 业务相关协议的云服务提供商，否则用户不应将信息导入云计算环境中。

用户有责任制定策略以处理隐私保护问题，并提高数据保护意识，同时应确保云服务提供商遵守隐私保护策略。用户有义务持续核对云服务提供商是否遵守了上述策略，包括涵盖隐私保护策略等所有方面的审计项目（涉及确保云服务提供商是否采取改进措施的方法）。

6．评估云应用程序的安全规定

制定明确的安全策略和流程对确保应用程序能够帮助业务正常进行且避免额外风险至关重要。应用程序的安全性对云服务提供商和用户至关重要，与保障物理和基础设施安全性一样，双方应尽力保障应用程序的安全性。不同云分发模型下的应用程序安全策略均不一样，主要区别如下。

（1）IaaS。
- 用户有责任部署完整的软件栈（包括操作系统、中间件及应用程序等）及与堆栈相关的所有安全因素。
- 应用程序安全策略应精确模拟用户内部采用的应用程序安全策略。
- 在通常情况下，用户有责任给操作系统、中间件及应用程序打补丁。
- 应采用恰当的数据加密标准。

（2）PaaS。
- 用户有责任进行应用程序部署，并保证应用程序访问的安全性。
- 云服务提供商有责任合理地保障基础设施、操作系统及中间件的安全性。
- 应采用恰当的数据加密标准。
- 在 PaaS 模式下，用户可能了解也可能不了解其数据的格式和位置。但有一点很重要，用户应被告知获得管理访问权限的个人将如何访问其数据。

（3）SaaS。
- 应用程序安全策略的限制通常是云服务提供商的责任并取决于合同及 SLA 中的条款。用户必须确保这些条款满足其在保密性、完整性及可用性方面的要求。
- 了解云服务提供商的修补时间表、恶意软件的控制及发布周期十分重要。
- 阈值策略有助于确定应用程序用户负载的意外增加和减少，阈值以资源、用户和数据请求为基础。
- 在通常情况下，用户只能修改云服务提供商已公开的应用程序的参数，这些参数可能与应用程序的安全配置无关，但用户应确保其配置更改不会妨碍云服务提供商的安全模式。

- 用户应了解其数据如何受到云服务提供商管理访问权限的保护。用户可能并不了解其数据存储的位置和格式。
- 用户必须了解适用于其静态和动态数据的加密标准。

7. 确保云网络和连接的安全性

确保云网络和连接的安全性分外部网络安全和内部网络安全两个部分。建议用户从流量屏蔽、入侵检测防御、日志和通知等方面来评估云服务提供商的外部网络管理。

内部网络安全与外部网络安全不同，在用户得以访问云服务提供商的部分网络后，维护内部网络安全由云服务提供商负责。用户应关注的主要内部网络攻击类别包括保密性漏洞（敏感数据泄露）、完整性漏洞（未经授权的数据修改）及可用性漏洞（有意或无意地阻断服务）。用户必须根据需求和现存的安全策略评估云服务提供商的内部网络管理。建议从保护用户不受其他用户攻击、保护提供商网络和检测入侵企图等方面，对云服务提供商的内部网络管理进行评估和选择。

8. 评估物理基础设施和设备的安全管理

云服务提供商应采用的适用于物理基础设施和设备的安全管理策略如下。

- 物理基础设施和设备应托管在安全区域内。应设置物理安全界限以防止未授权访问，并配合物理准入控制设施以确保只有经授权的人员才能访问包含敏感基础设施的区域。所有云服务相关的物理基础设施的房间或设备都应设置物理安保措施。
- 应针对外部环境威胁提供安保措施。由于火灾、洪灾、地震及其他潜在威胁都有可能破坏云服务，因此应对上述威胁提供安保措施。
- 应对在安全区域工作的员工进行管理，目的在于防止恶意行为。
- 应进行设备安全管理，以防止发生丢失、损失或破坏等情况。
- 应对配套公共设施进行管理，包括水、电的供应等。防止服务失败或设备故障（如漏水）导致的服务中断。应通过多路线和多个设备提供商保证公共设施正常运作。
- 保障线缆安全，尤其要保障动力电缆和通信线缆的安全，以防止意外或恶意破坏的情况。
- 应进行适当的设备维护，确保服务不会因不可预见的设备故障而中断。
- 管理资产搬迁，防止重要或敏感资产遭盗窃。
- 保障废弃设备或重用设备的安全，这一点对可能包含存储媒体等数据的设备尤为重要。
- 保障人力资源安全，对在云服务提供商的设施内的工作人员进行管理，包括任何临时或合同员工。
- 备份、冗余和持续服务计划。云服务提供商应提供适当的数据备份、设备冗余和持续服务计划，以应对可能发生的设备故障。

9. 管理 SLA 的安全条款

云活动中的安全责任必须由云服务提供商和用户双方通过 SLA 的条款来共同明确和承担。SLA 保障安全的一大特征是，任何 SLA 中对云服务提供商提出的要求，该提供商为提供服务而可能会合作的其他云服务提供商也必须遵守。

10．了解退出过程的安全需要

用户退出或终止使用云服务的过程需要认真考虑安全事项。从安全性角度出发，当用户完成退出过程，用户具有可撤销权，云服务提供商不可继续保留用户的数据。云服务提供商必须保证数据副本已经从服务商环境下可能存储的位置（包括备份位置及在线数据库）彻底清除。同时，除法律层面需要保留的用户数据可暂时保留一段时间外，云服务提供商应全部清除其他与用户相关的数据信息（日志或审计跟踪等）。

5.7　阿里云安全策略与方法

阿里云借助自主创新的大规模分布式存储和计算等核心云计算技术，为小企业、个人和开发者提供云计算产品及服务（包括云服务器、开放存储服务、关系型数据库、开放数据处理服务、开放结构化数据服务、云盾、云监控等）。这种随时、随地、随需的云计算产品和服务同时需要具备安全方面的保障。

本节将介绍阿里云在安全方面所采用的策略与方法，具体涵盖安全策略、组织安全、合规安全、数据安全、访问控制、人员安全、物理和环境安全、基础设施安全、系统和软件开发及维护、灾难恢复及业务连续性 10 个方面。

5.7.1　安全策略

生产数据不出生产集群，阿里云基于十多年的信息安全风险管控经验，以保证数据的保密性、完整性、可用性为目标，制定防范数据泄露、篡改、丢失等安全威胁的控制要求，根据不同类别数据的安全级别（例如，生产数据是安全级别最高的数据类型，其类别主要包括用户数据、业务数据、系统数据等），设计、执行、复查、改进各项云计算环境下的安全管理和技术控制措施。

5.7.2　组织安全

阿里云安全团队由信息安全、安全审计、物理安全 3 个团队组成，阿里云通过这些团队的协同工作给用户打造安全的云计算环境。

5.7.3　合规安全

阿里云根据国家信息安全相关法律法规要求，设置并维护与各信息安全监管机构之间的联络员和联络点。制定并实施程序，以确保所提供的云计算平台、云计算产品、云计算服务符合知识产权、网络安全、数据安全等相关的国家法律法规要求。

5.7.4　数据安全

阿里云的数据分类不同于传统 IT 环境下基于数据密级的分类模式，不但在分类对象方面覆盖数据资产和包含数据的对象，而且在数据类型方面通过明确定义数据处理权限、管理者的区域、前后关系、法律上的约束条件、合同上的限定条件、第三方的义务来防止数据未经授权的披露或滥用。

5.7.5　访问控制

为了保护阿里云用户和自身的数据资产安全，阿里云采取了下述一系列控制措施，以防止未经授权的访问。

（1）认证控制。

阿里云密码系统强制策略用于员工的密码或密钥（如登录工作站），其中包括密码定期修改频率、密码长度、密码复杂度、密码过期时间等。阿里云针对生产数据及其附属设施的访问控制除采用单点登录外，均强制采用双因子认证机制，如数字证书和一次性口令生成器。

（2）授权控制。

访问权限及等级是基于员工在工作中的功能和角色的。最小权限和职责分离是所有系统授权设计的基本原则，阿里云员工访问公司的资源只被授予有限的默认权限。如果根据特殊的工作职能，员工需要被授予权限访问某些额外的资源，则依据阿里云安全策略规定进行申请和审批，并得到数据或系统所有者、安全管理员或其他部门的批准。

（3）审计。

阿里云所有信息系统的日志和权限审批记录均采用碎片化分布式离散存储技术进行长期保存，供审计人员根据需求进行审计。所有批准的审计记录均记录于工作流平台，平台内控制权限的修改与审批过程中的审批策略确保一致。

5.7.6　人员安全

在员工入职前，阿里云在国家法律法规允许的情况下，通过一系列背景调查来确保入职的员工符合公司的行为准则、保密规定、商业道德和信息安全策略。在入职后，所有的员工必须签署保密协议，确认收到并遵守阿里云的安全策略和保密要求。而在这些安全策略和保密要求中，关于用户信息和数据的机密性要求，将在每一位新员工入职培训过程中被重点强调。

5.7.7　物理和环境安全

阿里云数据中心在地理位置上呈分布式状态，涵盖中国本土内的"两地三中心"。阿里云对数据中心的所有资产设备、物资配件、耗材、人员等，均采用了多种不同的物理安全机制。

5.7.8　基础设施安全

为了保护基础设施安全，阿里云采用了云盾、漏洞管理、网络安全、安全事件管理、传输层安全、操作系统安全等综合措施。

5.7.9　系统和软件开发及维护

阿里云在云服务设计阶段就制定了针对不同的服务特点的安全基线，阿里云的安全开发流程参照软件安全开发周期（Security Development Lifecycle，SDL）建立并实施。

5.7.10　灾难恢复及业务连续性

为了避免由硬件故障、自然灾害或其他灾难带来的服务中断，阿里云提供所有数据中心的灾难恢复计划，该计划包含降低任何单个节点失效风险的多个组件。

本章小结

本章首先分析了云计算的安全问题，并从可靠性、可用性、保密性、完整性、不可抵赖性、可控性等方面对云计算的安全属性进行了论述，针对云计算的安全问题，通过相应的安全技术构成云计算的安全架构；然后分析了云计算安全标准的国内外发展现状，说明了云计算和服务保险的关系，给出了云计算安全的实施步骤；最后介绍了阿里云在安全方面所采用的策略与方法。

习题

1. 云计算的安全属性有哪些？
2. 如何保障云计算各个层次的安全？
3. 试述云计算安全实施步骤。

第6章
开源云计算系统

本章目标

◎　了解开源软件与云计算
◎　认识主流开源云计算系统

6.1　开源软件与云计算

在构建云计算平台的过程中，开源软件起到了不可替代的作用。从某种程度上说，云计算起于开源技术。云计算和开源都是当前信息技术发展的重要方向，开源软件的兴起加速了云计算时代的来临，云计算的发展也推动着开源软件的进步，越来越多的企业和科研机构投身其中。开源软件的出现鼓励了人们创新，从而新项目层出不穷。云计算的出现降低了创新成本，为人们的创新提供了更多的资源，使创新失败的代价降低。云计算的最终目的是实现灵活、自由的资源分配和使用，开源技术可以为云计算提供强有力的支持。对于要求必须开放的公共云计算而言，开源软件的支撑必不可少。从某种意义上而言，开源是云计算的灵魂。

从目前国内主要云服务企业进行技术研发的实践来看，开源软件已经成为云计算技术的重要来源。例如，阿里巴巴基于 Hadoop 搭建了云梯系统作为集团及各子公司进行业务数据分析的基础平台，目前云梯系统规模已经达到万台；腾讯基于开源的 Hadoop 和 Hive 构建了腾讯分布式数据仓库，单集群规模为 4400 台，CPU 总核数为 10 万个左右，存储容量为 100PB，承担了腾讯内部离线数据处理的任务。在开源社区版本的基础上，国内企业根据自身的业务需求和应用场景进行了多方面的技术革新，如阿里巴巴的 Hadoop 集群实现了跨数据中心的数据分布和共享，腾讯分布式数据仓库集群则实现了 JobTracker 分散化和多个 NameNode 的热备。

与传统开发方式不同，开源软件通过开源社区实现技术的更新与传播，技术资源丰富，获取相对容易，开发成本较低，使企业摆脱了对商用软件的依赖。从这一点上来看，充分利用开源软件有利于企业形成自有技术体系。但开源软件也有缺点。首先，一些开源许可证是允许厂商在开源软件中包含技术专利的，如果不仔细鉴别，可能存在知识产权风险；其次，开源社区是开发者自发构建的，组织形式不稳定，存在技术断供的风险；最后，相对于成熟且有售后保障的商业系统，开源系统的可靠性较低。

6.2　主流开源云计算系统

6.2.1　Hadoop

Hadoop 由 Apache Software Foundation 公司于 2005 年秋天作为 Lucene 的子项目 Nutch 的一部分正式引入。Hadoop 的诞生最先受到由 Google Lab 开发的 MapReduce 和 Google File System 的启发。2006 年 3 月份，MapReduce 和 Nutch Distributed File System （NDFS） 分别被纳入称为 Hadoop 的项目中。

Hadoop 是一个能够对大量数据进行分布式处理的软件框架，但它是以一种可靠、高效、可伸缩的方式进行处理的。Hadoop 是可靠的，由于它假设计算元素和存储会失败，因此它维护多个工作数据副本，确保能够针对失败的节点进行重新分布处理。Hadoop 是高效的，它以并行的方式工作，通过并行处理加快处理速度。Hadoop 是可伸缩的，能够处理 PB 级数据。此外，由于 Hadoop 依赖于社区服务器，因此它的成本比较低，任何人都可以使用。Hadoop 带有用 Java 语言编写的框架，运行在 Linux 生产平台上是非常理想的。Hadoop 上的应用程序也可以使用其他语言编写，如 C++等。

Hadoop 是一个分布式计算基础架构下的相关子项目的集合，属于 Apache 软件基金会。Apache 软件基金会为开源软件项目社区提供了支持。虽然 Hadoop 最出名的是 MapReduce 及 HDFS，但还有其他子项目提供配套服务和补充性服务。Hadoop 技术栈如图 6.1 所示。

Pig	Chukwa	Hive	HBase
MapReduce		HDFS	ZooKeeper
Core		Avro	

图 6.1 Hadoop 技术栈

Hadoop 运行在商用独立的服务集群上，可以随时添加或删除 Hadoop 集群中的服务器。Hadoop 系统会检测和补偿服务器上出现的硬件或系统问题。换句话说，Hadoop 是自愈系统，在系统出现变化或故障时，它仍可以运行大规模的高性能处理任务并提供数据。虽然 Hadoop 提供了数据存储和并行处理平台，但它真正的价值来自它的添加件、交叉集成和定制实现。为此，Hadoop 还提供增加功能性和新能力的子项目，具体如下。

- Hadoop Common：支持其他 Hadoop 子项目的通用工具。
- Chukwa：管理大型分布式系统的数据采集系统。
- HBase：支持大型表格结构化数据存储的可伸缩、分布式数据库。

- HDFS：向应用数据提供高吞吐量访问的分布式文件系统。
- Hive：提供数据汇总和随机查询的数据仓库基础设施。
- MapReduce：用于对计算集群上的大型数据集合进行分布式处理的软件框架。
- Pig：用于并行计算的高级数据流语言和执行框架。
- ZooKeeper：用于分布式应用的高性能协调服务。

Hadoop 平台的多数实现包括其中的一些子项目，因为这些子项目常常是利用大数据所不可或缺的。例如，大多数机构会选择 HDFS 作为主分布式文件系统，选择可以保存几十亿行数据的 HBase 作为数据库，而使用 MapReduce 几乎是肯定的事情，因为其引擎赋予了 Hadoop 平台速度和灵活性。

Hadoop 提供的 MapReduce、HDFS、HBase、ZooKeeper 等 4 个子项目的具体描述如下。

1. MapReduce

MapReduce 是 Hadoop 的一种编程模型，用于大规模数据集（大于 1TB）的并行运算。Map、Reduce 概念和 MapReduce 的主要思想都是从函数式编程语言里借来的，还有从矢量编程语言里借来的特性。MapReduce 极大地方便了编程人员在不会分布式并行编程的情况下，将自己的程序运行在分布式系统上。MapReduce 当前的软件实现是指定一个 Map 函数，把一组键值对映射成一组新的键值对，指定并发的 Reduce 函数，用来保证所有映射的键值对中的每一个共享相同的键组。运用这种模型，分布式并行程序的编写变得非常简单，用户可以方便地开发出分布式并行程序，完成大量的数据运算。

（1）Map 和 Reduce 操作。简单说来，一个 Map 函数就是对一些独立元素组成的概念上的列表（如一个测试成绩的列表）的每一个元素进行指定的操作（例如，在测试成绩列表中有人发现所有学生的成绩都被估高了一分，他可以定义一个"减一"的 Map 函数来修正这个错误）。事实上，每个元素都是被独立操作的，而原始列表没有被更改，因为创建了一个新的列表来保存新的答案。这就是说，Map 操作是可以高度并行的，这对高性能要求的应用及并行计算领域非常有用。Reduce 操作指的是对一个列表的元素进行适当的合并，虽然 Reduce 操作不如 Map 操作并行，但是因为 Reduce 操作总有一个简单的答案，大规模的运算相对独立，所以 Reduce 操作在高度并行环境下也很有用。

（2）分布和可靠性。MapReduce 通过把对数据集的大规模操作分发给网络上的每个节点来实现可靠性，每个节点会周期性地把完成的工作和更新的状态报告回来。如果一个节点保持沉默超过预设的时间间隔，主节点（类似 Google File System 中的主服务器）会记录这个节点状态为死亡，并把分配给这个节点的数据发到别的节点。每个操作使用命名文件的原子操作以确保不会发生并行线程间的冲突。当文件被改名的时候，系统可能会把它们复制到任务名以外的另一个名字上去。Reduce 操作方式与 Map 很类似，但是由于 Reduce 操作的并行能力较差，主节点会尽量把 Reduce 操作调度在一个节点上，或者离需要操作的数据尽可能近的节点上。这个特性可以满足 Google 系统的需求，因为 Google 系统有足够的带宽且内部网络没有那么多机器。

（3）用途。在 Google 系统中，MapReduce 应用在非常广泛的应用程序中，包括分布搜索、分布排序、Web 连接图反转、每台机器的词矢量、Web 访问日志分析、反向索引构建、义档聚类、机器学习和基于统计的机器翻译等。值得注意的是，MapReduce 实现以后，被用来重新生成 Google 系统的整个索引，并且取代原来的程序更新索引。MapReduce 会生成大量的临时文件，为了提高效率，它利用 Google File System 来管理和访问这些文件。

2．HDFS

HDFS 是一个分布式文件系统，有着高容错性，用来部署在低廉的硬件上。HDFS 提供高传输率来访问应用程序的数据，适合有着超大数据集的应用程序。HDFS 放宽了 POSIX 的要求，以实现流的形式访问文件系统中的数据。HDFS 一开始是为开源的 Apache 项目 Nutch 的基础结构而创建的，HDFS 是 Hadoop 项目的一部分，而 Hadoop 又是 Lucene 的一部分。HDFS 访问过程如图 6.2 所示。

图 6.2 HDFS 访问过程

硬件故障是计算机常见的问题，整个 HDFS 由数百或数千台存储着文件数据片段的服务器组成。实际上 HDFS 有非常多的组成部分，每一个组成部分都会频繁出现故障，这意味着HDFS 里的一些组成部分总是失效的，因此，故障检测和自动快速恢复是 HDFS 的核心目标。

HDFS 访问具有以下特点。

- 流式的数据访问。HDFS 使应用程序流式地访问它们的数据集。因为 HDFS 是适合批量处理数据的系统，而不是用户交互式的系统，所以 HDFS 重视的是数据吞吐量，而不是数据访问的反应速度。
- 简单一致性模型。大部分的 HDFS 程序对文件操作需要一次写入，多次读取。一个文件一旦创建、写入、关闭后就不需要修改了。这个假定简化了数据一致和高吞吐量的数据访问问题。
- 通信协议。所有的通信协议都是建立在 TCP/IP 协议上的。一个客户端节点和配置端口的命名节点建立连接之后，它和命名节点之间采用的协议是 Client Protocal。数据节点和命名节点之间采用的协议是 DataNode Protocal。

3．HBase

HBase 是一个分布式的、面向列的开源数据库，该技术来源于 Fay Chang 撰写的论文《BigTable：一个分布式的结构化数据存储系统》。就像 BigTable 利用了 Google File System 所提供的分布式数据存储一样，HBase 在 Hadoop 之上提供了类似 BigTable 的能力。HBase 是 Hadoop 项目的子项目。HBase 不同于一般的关系数据库，它是一个适合非结构化数据存储的数据库。HBase 的另一个不同之处是基于列的而不是基于行的模式。

HBase 使用和 BigTable 非常类似的数据模型。用户存储数据行在一个表里。一个数据行拥有一个可选择的键和任意数量的列。由于表是疏松存储的，因此用户可以给行定义各种不同的列。

因为 HBase 和 BigTable 都是在分布式文件系统上构建的，所以基础的文件存储能够散布在分布式文件系统的机器上。

4．ZooKeeper

ZooKeeper 是一个开放源代码的分布式应用程序协调服务，它包含一个简单的原语集。分布式应用程序可以基于原语集实现同步服务、配置维护和命名服务等。ZooKeeper 是以 Fast Paxos 算法为基础的。Fast Paxos 进行了一些优化，通过选举产生一个 Leader，只有 Leader 才能提交 Propose，具体算法可见 Fast Paxos。ZooKeeper 主要存在选举 Leader 和同步数据两个流程。

6.2.2　Eucalyptus

Eucalyptus 是加利福尼亚大学的 Daniel Nurmi 等人开发的，是一个实现云计算的开源软件基础架构。Eucalyptus 在一个开源的平台上（也可以商业化），它的源代码是公开的。Eucalyptus 是 Amazon EC2 的一个开源实现，它与 EC2 的商业服务接口兼容。Eucalyptus 是一个面向研究社区的软件架构，它不同于其他的 IaaS 云计算系统，能够在已有的常用资源上进行部署。Eucalyptus 采用模块化设计，组件可以进行替换和升级，为研究人员提供了一个进行云计算研究的平台。Eucalyptus 依赖于 Linux 和 Xen 进行操作系统的虚拟化。

Eucalyptus 的设计目标是容易扩展、安装和维护。目前 Eucalyptus 系统已经可以下载，并且可以在集群和个人计算机环境中进行安装使用。相信随着研究的深入，Eucalyptus 将引起更多人的关注。

从下述几个方面详细介绍 Eucalyptus。

1．开发目的

Eucalyptus 专门用于支持云计算研究和基础设施的开发。Eucalyptus 基于 IaaS 的思想，不同于 Google、Amazon、Salesforce、3Tera 等云计算提供商，它所使用的计算和存储基础设施（如集群和工作站等）均可为学术研究组织所用。Eucalyputs 为他们提供了一个模块化的开放的研究和实验平台，该平台提供了运行和控制部署在各种虚拟物理资源上的整台虚拟机实例的能力。Eucalyptus 的设计强调模块化，允许研究者对云计算的安全性、可扩展性、资源调度及接口实现进行测试，这有利于广大研究社区对云计算的研究探索。

2．设计原则

虽然云计算系统已经为用户提供了一些可用的服务，但是其软件的封闭性使得云计算爱好者很难找到一个公开的灵活框架来定制自己的实验系统。Eucalyptus 为了满足众多研究者的需求，采用了下列独特的设计。

- Eucalyptus 必须能够在不受设计者操控的软硬件环境中进行部署和执行。
- Eucalyptus 必须是模块化的，以便不同的研究者进行升级、改造和替换，同时实现最大程度的可扩展性。

Eucalyptus 的设计同时考虑了上述两个原则，并且在它们之间做出了权衡。

3．组织结构

Eucalyptus 的设计主要考虑两个目标：可扩展性和非侵入性。因为 Eucalyptus 具有简单的组织结构和模块化设计，所以扩展起来很方便，而且 Eucalyptus 使用开源的 Web 服务技术，其内部结构一目了然。Eucalyptus 的每个组件由若干个 Web 服务组成，具有定义良好的用 WSDL 文档描述的接口，并且通过使用 WS-Security 策略支持安全通信。Eucalyptus 使用符合行业标准的软件包，如 Axis2、Apache 和 Rampart 等。这些实现技术的选择还支持设计的第二个目标：非侵入性。Eucalyptus 并不要求其使用者将所有的机器都适配 Eucalyptus，也不要求以一种潜在的破坏性方式来修改本地软件配置，它只要求使用 Eucalyptus 的节点通过 Xen 支持虚拟化执行和部署 Web 服务。只要满足了上述要求，Eucalyptus 就可以在不修改基础设施的情况下进行安装和执行。

为了在单一的云计算系统中使用所有的资源，Eucalyptus 采用了分层拓扑结构，如图 6.3 所示。

图 6.3　Eucalyptus 的分层拓扑结构

这些分层的组件能够容易地在常见的网络分层结构上进行安装。一个 Eucalyptus 部署的典型例子如图 6.4 所示。

图 6.4 一个 Eucalyptus 部署的典型例子

4．主要构件

Eucalyptus 的主要构件包括节点控制器、集群控制器和云控制器，具体介绍如下。

（1）节点控制器。

节点控制器负责管理一个物理节点。节点控制器是运行在虚拟机寄宿的物理资源上的一个组件，负责启动、检查、关闭和清除虚拟机实例等工作。一个 Eucalyptus 安装有多个节点控制器，但一台机器上只需要运行一个节点控制器，因为一个节点控制器可以管理该节点上运行的多个虚拟机实例。节点控制器接口用 WSDL 文档来描述，该文档定义了节点控制器所支持的实例数据结构和实例控制操作。这些操作包括 Run Instance、Describe Instance、Terminate Instance、Describe Resource 和 Start Network。Run Instance、Describe Instance、Terminate Instance 操作执行系统的最小配置，并调用当前的管理程序来控制和监测运行的实例。Describe Resource 操作为调用者返回当前物理资源的特性，包括处理器资源、内存和磁盘容量等信息。Start Network 操作用于配置虚拟以太网，有关内容将在后面讨论。

（2）集群控制器。

典型的集群控制器运行在集群的头节点或服务器上，它们都可以访问私有或公共网络。一个集群控制器可以管理多个节点控制器。集群控制器负责从所属的节点控制器收集节点的状态信息，根据这些节点的状态信息调度进入的虚拟机实例执行请求到各个节点控制器上，并负责管理公共和私有实例网络的配置。和节点控制器一样，集群控制器接口也是用 WSDL 文档来描述的，相关操作包括 Run Instance、Describe Instance、Terminate Instance 和 Describe Resource。Describe Instance 和 Terminate Instance 操作会被直接传给相关节点控制器。当集群控制器接收到一个 Run Instance 请求后，它执行一个简单的调度任务，该任务通过调用 Describe Resource 来查询每一个节点控制器，选择第一个具有足够空闲资源的节点控制器来执行 Run Instance 请求。集群控制器还实现了 Describe Resource 操作，该操作将一个实例需要占据的资源作为输入，并返回可以同时在其所属的节点控制器上执行的实例的个数。

（3）云控制器。

每一个 Eucalyptus 都包括单一的云控制器。云控制器相当于系统的中枢神经，它是用户的可见入口点和进行全局决定的组件。云控制器负责处理由用户发起的进入请求或由系统管理员发出的管理请求，进行高层的虚拟机实例调度决定，并且处理服务等级协议和维护系统与用户相关的元数据。云控制器由一组服务组成，这些服务用于处理用户请求、验证和维护系统、用户元数据（虚拟机映像和 SSH 密钥对等），并且可以管理和监视虚拟机实例的运行。这些服务由企业服务总线（Enterprise Service Bus，ESB）来配置和管理，通过企业服务总线可以进行服务发布等操作。Eucalyptus 的设计强调透明和简单，以促进 Eucalyptus 的实验和扩展。

云控制器的组件包括虚拟机调度器、SLA 引擎、用户接口和管理接口等。它们是彼此独立的模块化组件，对外提供定义良好的接口，企业服务总线负责控制和管理它们之间的交互和有机配合。通过使用 Web 服务和 Amazon EC2 查询接口与 EC2 的客户端工具互操作，云控制器可以像 Amazon EC2 一样进行工作。选择 EC2 是因为它相对成熟，有大量的用户群体且很好地实现了 IaaS。

6.2.3　OpenStack

OpenStack 是一个由 NASA（美国国家航空航天局）和 Rackspace 公司合作研发并发起的，Apache 许可证授权的自由软件和开放源代码项目。Rackspace 公司称，NASA 将把 NASA Nebula 云计算平台的技术整合至 OpenStack。OpenStack 云计算平台帮助云服务提供商和企业内部实现类似于 Amazon EC2 和 S3 的云基础架构服务。OpenStack 包含两个主要模块：Nova 和 Swift，前者是 NASA 开发的虚拟服务器部署和业务计算模块；后者是 Rackspace 开发的分布式云存储模块，两者可以一起使用，也可以分开单独使用。

OpenStack 分为云计算和云存储两个项目。

- OpenStack 云计算主要为虚拟服务器提供自动创建和管理功能。
- OpenStack 云存储可以创建大量的、可扩展的对象存储软件，主要用于商用的集群服务器，能够存储 TB 级别，甚至 PB 级别的数据。

OpenStack 发布了 Austin 产品，它是一个开源的云计算平台，是基于 Rackspace 的云服务器和云服务。OpenStack 是一个可以管理整个数据中心里大量资源池的云操作系统。管理员可以通过管理台管理整个系统，并通过 Web 接口为用户划定资源。OpenStack 的主要目标是管理数据中心的资源，简化资源分派。它管理以下 3 种资源。

- 计算资源。OpenStack 可以规划并管理大量虚拟机，从而允许企业或云服务提供商按需提供计算资源。开发者可以通过 API 访问计算资源从而创建云应用，管理员与用户可以通过 Web 访问这些资源。
- 存储资源。OpenStack 可以为云服务或云应用提供所需的对象及块存储资源。由于对性能及价格有需求，很多组织已经不能满足于传统的企业级存储技术，因此 OpenStack 根据用户需要提供可配置的对象存储或块存储功能。
- 网络资源。如今的数据中心存在大量的设备，如服务器、网络设备、存储设备、安全设备等，而且它们被划分成更多的虚拟设备或虚拟网络。这会导致 IP 地址、路由配置、安全规则的数量发生爆炸式增长。由于传统的网络管理技术无法真正高扩展、高自动化地管理下一代网络，因此 OpenStack 提供了插件式、可扩展、API 驱动型的网络及 IP 管理。

微软为 Cloud.com 提供架构和技术上的指引，从而 OpenStack 能够在微软的虚拟平台上运行。OpenStack 的每个主版本系列以字母表顺序（A~Z）命名，以年份及当年内的排序为版本号，这些代码会在 OpenStack.org 上提供。

6.2.4 CloudStack

1. CloudStack 平台介绍

CloudStack 最早由 Cloud.com 开发，Citrix 收购 Cloud.com 后将 CloudStack 捐给了 Apache 软件基金会。经过多年的发展，CloudStack 相对于其他开源云计算平台，最大的优势在于平台更为成熟，并且已经有一定数量的大规模部署案例。CloudStack 是一个开源的具有高可用性及扩展性的云计算平台，目前能够支持大部分主流的虚拟化管理软件，如 KVM（Kernel-Based Virtual Machine，基于内核的虚拟机）、Citrix XenServer、VMware ESXi、Xen Cloud Platform（XCP），以及 Hyper-V、LXC（Linux Container，Linux 容器）。CloudStack 基础架构如图 6.5 所示。

图 6.5 CloudStack 基础架构

CloudStack 同时是一个云计算解决方案，将计算资源池化来加速高伸缩性的公有云、私有云和混合云的部署、管理和配置。CloudStack 具备大规模可扩展的基础架构管理能力，能够管理安装在多个地理位置上分散的数据中心中的成千上万的服务器。CloudStack 的管理服务器是线性可扩展的，所以单一组件的失效不会影响整个云计算平台的运行，可以在不影响云中虚拟机的情况下对管理服务器进行定期维护。CloudStack 自动配置每个用户虚拟机的网络和存储。CloudStack 大量使用虚拟应用来简化安装部署及云管理的过程，虚拟应用提供控制台访问、DHCP、存储访问等多项服务。CloudStack 提供了一个友好的用户界面，并且根据角色的不同，提供了管理员和用户两种不同的 Web 接口。

CloudStack 也提供了 API，开发人员可以通过 API 开发命令行工具或满足特定要求的新用户界面。为了能够通过统一的管理接口来管理成千上万的物理服务器，CloudStack 云平台采用了分层结构，分为客户端、核心引擎及资源层，并提供多种访问方式。资源层使用区域、提供点、集群和主机的组织结构。CloudStack 云平台通过管理服务器管理一个或多个区域，用多个管理服务器来保证平台的高可用性，防止某个管理服务器失效导致平台崩溃。一个区域包括一个或多个提供点及被区域中所有提供点共享的二级存储（Secondary Storage）。每个提供点又包含一个或多个集群。用户虚拟机运行于集群中的主机上，与主存储相连接。

管理服务器是 CloudStack 的最重要的组件，用来管理在云中的所有资源。管理服务器通过管理网络控制位于主机上的虚拟化管理软件或通过合作的方式来管理 IT 基础设施。管理服务器的主要功能包括控制虚拟机部署到指定主机，分配存储和网络地址给虚拟机实例，向管理员及最终用户提供 Web 接口，提供 CloudStack API 服务，管理快照、模板、ISO 映像等文件。

区域对于最终用户是可见的。当用户运行一个虚拟机实例时，必须选择该实例所属的区域。区域可以设置为公有或私有，公有区域向所有终端用户开放，私有区域则为特定用户保留。位于同一个区域内的主机直接互相访问，不需要穿过防火墙。而位于不同区域内的主机需要穿过防火墙才能互相访问。区域能够将系统错误局限于一个域内，对于保证 CloudStack 的高可用性具有重要作用。

提供点对于最终用户是不可见的，它位于区域中。每个提供点内有一个或多个集群。在一个提供点中的所有主机位于同一子网段内。集群提供了组织主机的方式，集群可以是安装 KVM 的主机集合、XenServer 虚拟化池或通过 VCenter 创建的 VMware 集群。位于同一集群中的主机具有相同的硬件配置、网络号且共享集群内的主存储。用户虚拟机可以在一个集群内进行动态迁移。主机（Host）是一个独立的服务器，用于运行用户虚拟机并提供相应的计算资源（CPU、内存、存储、网络等）。每台主机都装有虚拟化管理软件（KVM、XenServer、VMware ESXi 等）。主机对于最终用户是透明的，最终用户不能选择特定主机来运行他们的虚拟机实例。

主存储和集群相关联，用来存放集群内所有虚拟机实例的磁盘卷，供虚拟机实例使用。主存储需要有较好的 IOPS。为了提高性能，主存储一般在地理位置上离主机较近。目前主存储支持多种存储协议，包括网络文件系统（NFS）、本地磁盘、FC-SAN、iSCSI 等。

二级存储用来存放模板、ISO 映像、快照等文件，这些文件的特点是一次写、多次读。二级存储对 IOPS 的要求不如主存储高，但存储的数据量要大于主存储。目前二级存储支持 NFS 协议，已完善对 OpenStack Swift、HDFS 等分布式文件系统的支持。

2. CloudStack 网络流量与模式

CloudStack 将平台运行过程中产生的数据流量分成了管理流量、公共流量、用户流量和存储流量 4 种。主机、系统虚拟机和其他 CloudStack 组件与管理服务器相互通信或主机之间、系统虚拟机之间相互通信都会产生管理流量。当虚拟机实例访问外网时会产生公共流量。CloudStack 可以从公共 IP 地址池中取出一个 IP 地址进行 NAT 映射，也可以使用静态 NAT 的方式指定一台用户虚拟机访问外网。用户流量是指用户运行虚拟机实例时产生的流量，同时包括虚拟机之间互相通信产生的流量。连接相互通信的虚拟机的网络称为虚拟网络，这种网络可以是隔离或共享的。当虚拟机模板或快照文件在二级存储虚拟机和二级存储之间传输产生存储流量时，CloudStack 使用 NIC（Network Interface Controller，网络接口控制器）来处理存储流量。

CloudStack 提供了一种类似 AWS 网络的扁平网络模式，称为基础网络，在这种网络模式下，虚拟机被看成实体机添加到网络中，适合大规模扩展。还有一种网络模式是高级网络，提供多种网络服务，如负载均衡、端口映射、NAT 和静态 NAT 等。两种网络模式下的管理流量、用户流量和存储流量相同，而公共流量只存在于高级网络中。

3．CloudStack 系统虚拟机

CloudStack 云平台中使用了 3 种系统虚拟机，分别是 SSVM（Secondary Storage Virtual Machine，二级存储虚拟机）、CPVM（Console Proxy Virtual Machine，控制台代理虚拟机）和 VRouter（Virtual Router，虚拟路由器）。这些虚拟机帮助 CloudStack 管理资源，方便配置和建立虚拟机，提供复杂的网络服务等。

SSVM 负责对存放在二级存储中的模板、ISO 映像、快照等文件进行上传、下载、查询和删除等操作。这些操作都是在 SSVM 将二级存储挂载到本地之后完成的。SSVM 也处理一些后台任务，如下载新的模板到区域中、在区域之间复制模板、备份快照等。

CPVM 连接用户浏览器和虚拟化管理软件上可用的 VNC（Virtual Network Console，虚拟网络控制台）端口，将控制台呈现给用户。CPVM 工作流程如图 6.6 所示。

图 6.6 CPVM 工作流程

CloudStack 具有丰富的虚拟网络功能，如 DHCP、DNS、NAT、静态 NAT、防火墙、端口转发、负载均衡、VPN 等，这些功能都是通过 VRouter 来实现的。VRouter 在启动一个用户网络中的第一台虚拟机实例时自动创建，一个用户网络中至少存在一个 VRouter。当用户网络中长时间没有运行虚拟机实例时，VRouter 就自动关闭。为了提高系统性能，CloudStack 也支持用专用硬件设备来提供 VRouter 的网络功能。

4．Libvirt 虚拟化管理

Libvirt 是一套用来和 Linux 操作系统的虚拟化功能进行交互的开源 API，用 C 语言编写，并支持 Python、C#、Java 等多种语言绑定。目前支持对 KVM/QEMU、Xen、VMware ESXi、Hyper-V 等多种虚拟化管理软件的管理。

（1）Libvirt API。

不同版本的 Libvirt API 主要为不同的虚拟化技术方案对外提供统一的接口，其设计思想如下。

- Isolation from HV API Changes。隔离底层硬件虚拟化接口对上层的影响。
- Portable across HV。支持多种操作系统，如 Linux、Windows、Solairs 等。

- Rapid Application Development。提供封装的 API，加快软件开发的过程。
- TLS、SASL（Simple Authentication and Security Layer，简单认证和安全协议）、SSH、PolicyKit。提供各种加密协议，保证上层应用对下层资源的安全访问。

Libvirt API 通过封装原始的 C 库，实现多种编程语言的接口，如 Perl、Python、OCaml、Java、Ruby、C#、Php 等，并且对目前在应用层编程中常用的协议进行封装，形成不同的协议库，方便在应用层编程中调用。

Libvirt API 由虚拟化管理软件的连接、域管理、网络管理、存储卷管理、存储池管理 5 个主要部分组成。

（2）Daemon 进程。

Daemon 进程主要实现以下功能。

- 远程代理。所有远程客户端发送来的命令，由该进程监测执行。
- 本地环境初始化。负责 Libvirt 服务的启停、用户命令的响应等。
- 根据环境注册各种 Driver（QEMU、Xen、Storage 等）。

不同虚拟化技术以 Driver 的形式实现，由于 Libvirt 对外提供的是统一的接口，所以各个 Driver 的功能就是实现这些接口，即将 Driver 注册到 Libvirt 中。

（3）Virsh 工具集。

Virsh 工具集即将 Libvirt API 封装，用 Command Line Interface 提供的对外接口。

（4）Libvirt 层次体系结构。

为了便于理解，将 Libvirt 分为 3 层结构，如图 6.7 所示。

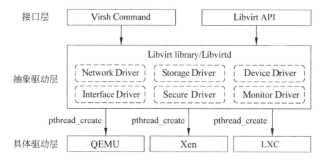

图 6.7 Libvirt 的 3 层结构

由图 6.8 可知，通过 virsh 命令或接口创建虚拟机实例的代码执行路径如下。

① 通过 virsh 命令或 API 接口 c 创建虚拟机——接口层。

```
virsh create vm.xml
```
或
```
virDomainPtr virDomainCreateXML (virConnectPtr conn, const char * xmlDesc, unsigned
int flags)
```

② 调用 Libvirt 提供的统一接口——抽象驱动层。

```
conn->driver->domainCreateXML(conn, xmlDesc,flags)
```

此处的 domainCreateXML 即抽象的统一接口，这里并不需要关心底层的 Driver 是 KVM，还是 Xen。

③ 调用底层的相应虚拟化技术的接口——具体驱动层。

```
domainCreateXML = qemuDomainCreateXML
```

如果 driver=qemu，那么此处调用了 QEMU 注册到抽象驱动层上的函数 qemuDomainCreateXML。

④ 拼装组合以上 shell 命令并执行。

以 QEMU 为例，qemuDomainCreateXML 首先会拼装一条创建虚拟机的命令，如 qemu-hda disk.img，然后创建一个新的线程来执行。

这样 Libvirt 通过 4 步，将底层的直接在 shell 界面中输入命令来完成的操作进行了抽象封装，给应用程序开发人员提供了统一、易用的接口。

Libvirt 被广泛地应用于虚拟化管理程序和平台上，如提供图形界面的虚拟化管理软件 virt-manager、控制台程序 virsh，以及 IaaS 平台 OpenStack、Eucalyptus 等。Libvirt 是对一般虚拟机管理操作的抽象，用户通过调用 Libvirt 提供的 API 来管理运行于宿主机上的虚拟机，而无须关注使用的是哪种虚拟化技术。Libvirt 运行于 Linux 宿主机上，通过一种特定的方式与所支持的虚拟化管理软件进行通信以完成 API 请求。Libvirt 支持的虚拟化技术及软件如图 6.8 所示。

图 6.8 Libvirt 支持的虚拟化技术及软件

有两种不同的控制方式来使用 Libvirt：第一种是虚拟化管理软件和主机操作系统位于同一节点上，虚拟化管理软件通过调用 Libvirt API 来控制本地域；第二种是虚拟化管理软件和主机操作系统位于不同的节点上，Libvirt 允许通过身份认证或加密连接方式访问运行于远程节点上的虚拟化管理软件。使用 Libvirt 控制远程虚拟机应用程序如图 6.9 所示。

图 6.9 使用 Libvirt 控制远程虚拟机应用程序

第二种方式首先需要在远程节点上运行一个名为 Libvirtd 的特殊守护进程，然后将远程节点的宿主机名添加到 URI 中传递给 virCommectOpen 函数通知 Libvirt 要访问一个远程资源。Libvirt 提供一个通用和稳定的接口层来安全地管理节点上的虚拟机，包括创建、修改、监控、迁移和停止等。

在 C 语言的编程 API 中，使用 Libvirt 首先需要通过调用 virConnectOpen 建立与虚拟化管理软件的连接，该调用返回一个 virConnectPtr 对象，代表到虚拟化管理软件的一个连接，作为其他 API 的参数使用；然后调用相关函数来执行不同操作，包括根据标识/名称等来查询某种资源的函数、枚举一个连接中资源的集合的函数、给出资源信息描述的函数、通过特定访问来查询或修改资源属性的函数、创建资源的函数和销毁资源的函数等。

6.2.5　云原生及 K8s 架构

云计算早期是简单的分布式计算，解决任务分发问题，并且进行计算结果的合并。现阶段的云计算不单是一种分布式计算，而是分布式计算、效用计算、负载均衡、并行计算、网络存储、热点备份和虚拟化等计算机技术混合演进与跃升的结果。

云原生（Cloud Native）是基于分布部署和统一运营的分布式云，是以容器、微服务、DevOps 等技术为基础建立的一套云技术产品体系。云原生技术使组织能够在现代动态环境（如公共云、私有云和混合云）中构建和运行可扩展的应用程序。云原生是一种新型技术体系，是云计算未来的发展方向。云原生应用是面向云而设计的应用，在使用云原生技术后，开发者无须考虑底层的技术实现，可以充分发挥云平台的弹性和分布式优势，实现快速部署、按需伸缩、不停机交付等。CNCF（Cloud Native Computing Foundation，云原生计算基金会）中包括毕业项目、孵化项目、沙盒项目 3 类。

CNCF 将云原生生态圈划分为上下 5 层及公用 2 层。其中，上下 5 层包括定义与开发层、编排与治理层、运行时层、供应保障层、云设施层；公用 2 层包括观察与分析层、平台层。

Kubernetes 也称为 K8s，是一个开源系统，用于自动化部署、扩展和管理容器化应用程序。K8s 系统的特点如下。

- 开源。
- 轻量级（消耗资源少）：底层采用 Go 语言实现，语言级别支持进程管理等。
- 弹性可伸缩：可平滑地增加节点，主节点通过一条命令就可以将一些节点剥离。
- 负载均衡：内部实现了模块之间的负载均衡。

K8s 核心架构如图 6.10 所示（该项目会不断地扩展模块，这里只列举可独立运行的模块）。

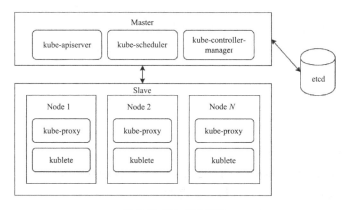

图 6.10　K8s 核心架构

K8s 整体架构是一个 Master/Slave 的集群结构，分为控制集群节点和计算节点两大部分，同时有一个负责存储配置等相关信息的存储集群 etcd。一套正常可运行的 K8s 集群主要包括以下可独立运行的模块。

1．Master

Master 集群的节点主要由以下 3 个核心模块组成。

- kube-apiserver，是整个集群对外提供控制、配置的唯一入口，该服务主要提供 Rest 风格的 API 服务能力。如果在 K8s 基础上构建自有的 PaaS 平台，通常在应用的配置管理、发布调度等上面与该模块交互完成控制。
- kube-scheduler，负责资源的调度，按照预定的调度策略将 Pod 调度到相应的机器上。
- kube-controller-manager，负责维护集群的状态，包括故障检测、自动扩展、滚动更新等。

2．Slave

Slave 集群的节点主要由以下两个核心模块组成。

- kubelet，负责维护计算节点的生命周期的模块，主要维护容器资源的生命周期，包括容器、网络、存储的管理。
- kube-proxy，负责为服务提供集群内部的服务发现和负载均衡功能，可以理解为计算节点上的负载均衡服务。一个计算节点可以运行多个容器实例，kube-proxy 将为这些容器实例提供负载能力。

3．etcd

K8s 架构设计优秀的地方在于协调分布式信息使用的 key-value 存储库，分布式模块通过 API Server 和 etcd 中的存储模型来进行交互，这种模式解耦了整个编排系统之间的耦合性，提升了扩展能力。etcd 保存整个分布式集群需要持久化的配置文件，一旦集群遇到故障可利用 etcd 中的数据进行恢复。etcd 是一套提供分布式协调能力的 key-value 存储库，相比 ZooKeeper，存储读写数据的稳定性会好些。

本章小结

本章首先分析了开源软件与云计算的关系，开源软件的兴起促进了云计算技术与应用的发展，开源技术有利于我国形成自有的云计算技术体系，开源云计算系统促进了开源社区的传播发展。本章选取了 Hadoop、Eucalyptus、OpenStack、CloudStack、K8s 等典型的开源云计算系统，分别从不同方面进行了综合论述。

习题

1．试述开源软件与云计算的关系。
2．开源云计算系统 Hadoop 中的 HBase 与 Hive 有何区别及联系？
3．试述 CloudStack 中提供点与区域、集群的关系。
4．Eucalyptus 的主要构件包括节点控制器、集群控制器和＿＿＿＿＿＿＿＿。

第 7 章
云计算应用开发实例

本章目标

◎ 了解 Microsoft Azure Service 云应用开发

◎ 认识 Saleforce 云应用开发

◎ 了解 Amazon AWS 云应用开发

◎ 认识 Google App Engine 云应用开发

◎ 理解 Hadoop 云计算编程实例

◎ 掌握阿里云自助实验系统及案例

现在的应用程序开发商开发的软件有太多的限制，如系统要求、CPU、内存、磁盘等限制。云计算让应用程序跑在云里，用户只需浏览器即可使用。这使得应用程序开发商更加考虑软件的人性化，不必考虑其他的限制因素。应用程序开发商最头痛的盗版问题也得到了很好的解决。应用程序开发商只需转变开发模式，使得开发的应用程序能够在云里运行。因此，很多公司开发了自己的云计算应用程序开发平台，用户可以直接在自己的平台上进行应用程序开发。

Amazon、Google 和微软均推出了自己的云计算应用程序开发平台，分别是 Amazon EC2、Google App Engine 及 Microsoft Azure 平台，除此之外，还有 Intuit 公司的 QuickBase 平台、Cast Iron Systems 公司的 Cast Iron 平台（现已被 IBM 收购）、Bungeee Labs 提供的 Bungee Connect 平台等。云计算应用程序开发平台有很多种，分别有不同的使用方法和功能，本章针对一些常见的云计算应用开发平台进行详细介绍，结合云计算应用程序开发和管理实例，讨论一下云计算应用开发流程及阿里云自助实验步骤。

7.1 Microsoft Azure Service 云应用开发

Windows Azure Platform 属于微软 Windows PaaS 产品，运行在微软数据中心的服务器和网络基础设施上，通过公共互联网对外提供服务。它由高扩展性（弹性）云操作系统、数据存储网络和相关服务组成，服务都是通过物理或逻辑的（虚拟的）Windows Server 2008 实例提供的。Windows Azure 软件开发工具包（SDK）提供了一个基于云的服务开发版，以及开发、部署和管理 Windows Azure 中可扩展服务需要的工具和 API，其中包括适用于标准 Azure 应用程序的 Visual Studio 模板。Windows Azure Platform 的主要组件如图 7.1 所示。

图 7.1 Windows Azure Platform 的主要组件

Microsoft Azure 平台是一个为想编写能够部分或完全运行在远程数据中心的应用程序的开发人员提供的工具。下面对该平台进行详细介绍。

1．Windows Azure

Windows Azure 是 Windows Azure Platform 上运行云服务的底层操作系统，微软将 Windows Azure 定为云中操作系统的商标。它提供了托管云服务需要的所有功能，包括运行时环境，如 Azure 云库、存储服务、Windows Azure 操作系统。Windows Azure 为开发人员提供了本地开发网络，在应用程序部署到云上之前，可以在本地构建和测试服务。Windows Azure 的 3 个核心服务如图 7.2 所示。

图 7.2　Windows Azure 的 3 个核心服务

Windows Azure 的 3 个核心服务分别是计算（Compute）、存储（Storage）和管理（Management）。计算：计算服务在 64 位 Windows Server 2008 平台上由 Hyper-V 支持提供可扩展的托管服务，这个平台是虚拟化的，可根据需要动态调整。存储：Windows Azure 支持 3 种类型的存储，分别是表（Table）、对象（Blob）和队列（Queue），它们支持通过 REST API 直接访问。注意 Windows Azure Table 和传统的关系数据库 Table 有着本质的区别，它有独立的数据模型。Table 通常用来存储 TB 级高可用数据，如电子商务网站的用户配置数据；Blob 通常用来存储大型二进制数据，如视频、图片和音乐，每个 Blob 最大支持存储 50GB 数据；Queue 是连接服务和应用程序的异步通信信道，它可以在一个 Windows Azure 实例内使用，也可以跨多个 Windows Azure 实例使用。Queue 基础设施支持无限数量的消息，但每条消息的大小不能超过 8KB。任何有权访问云存储的账户都可以访问 Table、Blob 和 Queue。管理：包括虚拟机授权、在虚拟机上部署服务、配置虚拟交换机和路由器、负载均衡等功能。

2．SQL Azure 服务

SQL Azure 是 Windows Azure Platform 中的关系数据库，以服务的形式提供核心关系数据库功能。SQL Azure 构建在核心 SQL Server 产品代码的基础上，开发人员可以使用 TDS（Tabular Data Stream，制表数据流）访问 SQL Azure。SQL Azure 的核心组件如图 7.3 所示。

图 7.3　SQL Azure 的核心组件

SQL Azure 的核心组件包括关系数据存储（Relational Data Storage）、数据同步（Data Sync）、管理和数据访问（Data Access）。

- 关系数据存储是 SQL Azure 的支柱，提供传统的 SQL Server 的功能，如表、视图、函数、存储过程和触发器等。
- 数据同步提供数据同步和聚合功能。
- 管理提供自动配置、计量、计费、负载均衡、容错和安全功能。
- 数据访问定义访问 SQL Azure 的不同编程方法，目前 SQL Azure 支持 TDS，包括 ADO.NET、实体框架、ADO.NET Data Service、ODBC、JDBC 和 LINQ 客户端等。

3．.NET 服务

.NET 服务是 Windows Azure Platform 的中间件引擎，提供访问控制总线（Access Control Bus）和服务总线（Service Bus）。.NET 服务的核心组件如图 7.4 所示。

图 7.4 .NET 服务的核心组件

访问控制总线：访问控制总线为分布式应用程序提供规则驱动和基于声明的访问控制。

服务总线：服务总线与企业服务总线类似，但它是基于互联网的，消息可以跨企业，跨云传输。它也提供发布/订阅、点到点和队列等消息交换机制。

4．Live 服务

Live 服务是以消费者为中心的应用程序和框架的集合，包括 Mesh 服务、标识、目录、存储、通信及状态、搜索及位置服务、Live 框架。Live 服务的核心组件如图 7.5 所示。

图 7.5 Live 服务的核心组件

Mesh 服务：向用户、设备、应用和数据同步提供编程访问。

标识：提供身份管理和授权认证。

目录：管理用户、标识、设备、应用与它们连接的网络的关系，如 Live Mesh 中用户与设备之间的关系。

存储：管理 Mesh 中用户、设备和应用的数据临时性存储和持久化存储，如 Windows Live Skydrive。

通信及状态：提供设备和应用之间的通信基础设施，管理它们之间的连接和显示状态信息，如 Windows Live Messenger 和 Notifications API。

搜索：为用户和应用提供搜索功能，如 Bing。

位置服务：提供丰富的地图、定位、路线、搜索、地理编码和反向地理编码服务，如 Bing 地图。

Live 框架：Live 框架是跨平台、跨语言、跨设备的 Live 服务编程统一模型。

将应用程序或服务部署到 Windows Azure Platform 上的原因有很多。例如，只为使用的内容付费从而降低操作和硬件成本、构建几乎能无限缩放的应用程序、巨大的存储容量、基于地理位置的检索服务等。

只有当开发人员实际使用平台时，平台才会引起业界的关注。众所周知，开发人员是任何平台的核心和灵魂，Windows Azure Platform 真正的成功就是有大量开发人员在该平台上部署应用程序和服务。Microsoft 把 Azure 平台应用程序的开发直接集成在 Visual Studio 中，并且将应用程序发布到 Windows 云上。

7.2　Salesforce 云应用开发

Salesforce.com 是创建于 1999 年 3 月的一家用户关系管理（CRM）软件服务提供商，总部位于美国旧金山，可提供随需应用的用户关系管理平台。Salesforce.com 允许用户与独立软件供应商定制并整合其产品，同时构建他们各自所需的应用软件。对于用户而言，可以避免购买硬件、开发软件等前期投资及复杂的后台管理问题。Salesforce.com 的用户关系管理服务被分成 5 类，分别为 Sales Cloud、Service Cloud、Data Cloud（包括 Jigsaw）、Collaboration Cloud（包括 Chatter）和 Custom Cloud（包括 Force.com）。Salesforce.com 的产品和服务是基于计算技术，为全球企业用户提供云端软件应用及开放平台，使得企业与消费者、企业与员工之间的信息交流、分享和软件开发变得更加社会化、移动化和开放化，最终帮助企业升级成为 Social Enterprise，加强整体竞争力。

Salesforce.com 的云计算平台 Force.com 通过消除对前期投资的需求，使如用户关系管理等商业管理软件中存在的风险降低，从而缩短应用软件开发的周期。Salesforce.com 的实施通常会在 1 个月内完成，很少会超过 3 个月。与此相比，传统的客户端/服务器软件通常需要 12 个月或更长时间。Triple Tree 和软件与信息产业协会（SINA）的研究数据表明，与传统软件相比，PaaS 部署速度可提高 50%～90%，而总的拥有成本只是传统软件的 1/10～1/5。多租户云计算解决方案的初期费用十分低廉，因为无须购买、调整及维护硬件，无须安装操作系统、数据库服务器或应用程序服务器。即使需要支付较高的租赁费用，但从长期来看，仍然是省钱之举。

Salesforce.com 提供 PaaS Force.com，它不是独立设计的软硬件的简单堆砌，能通过功能强大却易于使用的云计算开发模型加快创新步伐。只需单击即可将应用程序、组件和代码组装在一起，然后立即将它们作为一项服务部署到 Salesforce.com 的平台中。用户无须购买任何软件和硬件，只需每年支付一定费用，就可以通过互联网随时使用自己所需要的服务，避免了传统软件概念的购买、安装、使用等方面的问题。

创建 Salesforce.com 应用程序有两种方法：用 Salesforce.com 自带的在线开发模式或在 Eclipse 中安装 Salesforce.com 的 IDE 插件。

普通用户能够通过 Salesforce Mobile Pack 开发出 jQuery Mobile、Angular.js、Backbone.js 或 Knockout HTML 等移动应用。而经验丰富的用户能够从最高难度起步，利用 Salesforce Mobile SDK 将自己的移动平台与其原生 SDK 工具相结合，从而开发出面向 iOS 或者 Android 平台的原生或混合应用。这些应用通过 Salesforce.com 中的 Connected App 与后端实现通信。

7.3 Amazon AWS 云应用开发

Amazon 公司的 AWS 于 2006 年推出，以 Web Service 的形式向企业提供 IT 基础设施服务，现在通常称为云服务。其主要优势之一是能够用根据业务发展而扩展的较低可变成本来替代前期资本基础设施费用。

Amazon 公司的网络服务包括 Amazon EC2、Amazon S3、Amazon SimpleDB（Amazon 简单数据库）、Amazon Simple Queue Service（Amazon 简单队列服务）及 Amazon CloudFront 等。AWS 已经为全球 190 个国家/地区内成百上千家企业提供支持。数据中心位于美国、欧洲、巴西、新加坡和日本。目前国内像阿里巴巴、盛大及华为都在提供类似的云计算服务。Amazon 公司的 Amazon API 应用程序在市场有着广泛的应用。Amazon 旗下云服务部门 AWS 于 2014 年底发布了 AWS Activate 资源包，旨在提升 AWS 云服务对小企业的吸引力。AWS Activate 资源包针对各行业的初创企业定制，旨在帮助他们快速、轻松地熟悉 AWS 服务，并使用 AWS 平台发展业务。AWS Activate 包括 AWS 的验证、培训、开发支持，以及一个提供建议和第三方特定服务的社区论坛。AWS Activate 资源包有两种：一种是任何初创企业都可以申请的 Self-Starter；另一种是 Portfolio 资源包，专门提供给已进入孵化器的创业公司。

Web 服务器日志记录了 Web 服务器接收的处理请求及运行时的错误等各种原始信息。通过对日志进行统计、分析和综合，就能有效地掌握服务器的运行状况、发现和排除错误、了解用户访问分布等，以便更好地加强系统的维护和管理。因为通过日志能够分析出一个网站具有高流量，所以广告商愿意为其支付费用。对于所有的公司来说，除要保证网站稳定正常地运行外，还有一个重要的问题是网站访问量的统计和分析报表，这对于了解和监控网站的运行状态，提高各个网站的服务能力和服务水平是必不可少的。而这些要求都可以通过对 Web 服务器日志文件的统计和分析来实现。下面将以 Web 服务器日志分析为例，介绍 Amazon AWS 的配置与开发过程。

假设某用户使用 Amazon 托管一个受欢迎的电子商务网站，想分析其 Apache Web 日志，以了解人们发现该网站的方式，并且确定哪一个在线广告活动带来了最多的在线商店流量。但是，因为 Web 服务器日志过于庞大而无法导入 MySQL 数据库，并且它们未采用关系数据格式，所以需要使用其他方法来分析这些日志。Amazon EMR 将 Hadoop 和 Hive 等开源应用程序与 AWS 集成，可为分析 Apache Web 日志等大规模数据提供可扩展的高效架构。在此教程中，首先从 Amazon S3 导入数据并创建 Amazon EMR 集群，然后将其连接到集群的主节点，并在其中运行 Hive 以便使用简化的 SQL 语法来查询 Apache Web 日志。以下是详细步骤。

1. 创建 Amazon EMR 集群

可使用 Amazon EMR 为集群配置软件、引导操作步骤。在此教程中，将运行一个 Hadoop 流式处理程序，按照以下操作建立集群。

打开 Amazon EMR 控制台。单击"Create cluster"（创建集群）按钮。在 Cluster Configuration（集群配置）页面中，通过文本框指定"Cluster name"（集群名称），或者保留默认值 My cluster。将"Termination protection"（终止保护）设置为 No（否），并取消选择 Logging 的"Enabled"（启用日志记录）复选框，如图 7.6 所示。

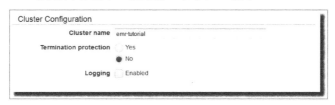

图 7.6 Amazon EMR 的集群配置

在 Software Configuration（软件配置）页面中，保留默认"Hadoop distribution"（Hadoop 分配）设置。在"Applications to be installed"（要安装的应用程序）选项下，保留默认 Hive 设置，单击"×"按钮以从列表中移除"Pig"，如图 7.7 所示。

图 7.7 Amazon EMR 集群的软件配置

在 Hardware Configuration（硬件配置）页面中，保留默认设置，如图 7.8 所示。

图 7.8 Amazon EMR 集群的硬件配置

在 Security and Access（安全与访问）页面中，从"EC2 key pair"（EC2 密钥对）下拉列表中选择密钥对。保留默认 IAM user access（IAM 用户访问权限）设置。如果是首次使用

Amazon EMR，请单击上面的"Create Default Role"（创建默认角色）选项以创建默认 EMR 角色，然后单击下面的"Create Default Role"（创建默认角色）选项以创建默认 EC2 实例配置文件，如图 7.9 所示。

图 7.9 Amazon EMR 集群的安全与访问配置

保留默认 Bootstrap Actions（引导操作）和 Steps（步骤）设置。使用引导操作和步骤，可以自定义和配置自己的应用程序。此教程中我们使用 Hive（已包含在我们的配置中）。

在页面底部，单击"Create cluster"（创建集群）按钮。

当显示新集群的摘要时，可以看到集群状态为 Starting。Amazon EMR 可能需要几分钟时间来配置集群 Amazon EC2 实例并将状态更改为 Waiting。

2．连接到主节点

当集群的状态为 Waiting 时，可以连接主节点，如图 7.10 所示。连接的方式取决于所使用的计算机操作系统。有关各操作系统的分步指示，请单击 SSH 链接。

图 7.10 Amazon EMR 集群的连接配置

成功连接到主节点后，将看到一个与以下内容类似的欢迎消息和提示，如图 7.11 所示。

```
--------------------------------------------------------------------------

Welcome to Amazon Elastic MapReduce running Hadoop and Amazon Linux.

Hadoop is installed in /home/hadoop. Log files are in /mnt/var/log/hadoop. Check
/mnt/var/log/hadoop/steps for diagnosing step failures.

The Hadoop UI can be accessed via the following commands:

  ResourceManager    lynx http://ip-172-16-43-158:9026/
  NameNode           lynx http://ip-172-16-43-158:9101/

--------------------------------------------------------------------------
[hadoop@ip-172-16-43-158 ~]$
```

图 7.11 Amazon EMR 集群的欢迎消息和提示

3．启动和配置 Hive

Hive 是一种数据仓库应用程序，可以使用类似 SQL 的语言来查询 Amazon EMR 集群数据。由于在配置集群时选择了 Hive，因此它在主节点上已可供使用。要以交互方式使用 Hive 来查询 Web 服务器日志数据，需要加载一些额外的库。这些额外的库包含在主节点上名为 hive_contrib.jar 的 Java 存档文件中。当加载这些库后，Hive 会将这些库与它为处理查询而启动的 map-reduce 作业绑定。

在主节点上启动和配置 Hive。在主节点的终端窗口中的 hadoop 提示符下运行以下命令。

```
[hadoop@ip-172-16-43-158 ~]$ hive
```

在 hive> 命令提示符下，运行以下命令。

```
hive> add jar /home/hadoop/hive/lib/hive_contrib.jar;
```

当命令完成时，将看到类似以下内容的确认消息。

```
Added /home/hadoop/hive/lib/hive_contrib.jar to class path
Added resource: /home/hadoop/hive/lib/hive_contrib.jar
```

4．创建 Hive 表并向 HDFS 加载数据

要使 Hive 能够与数据进行交互，它必须将数据从现有格式（就 Apache Web 日志来说，数据为文本文件）转换为可表示为数据库表的格式。Hive 使用串行器/解串器（SerDe）来执行此转换。存在适用于各种数据格式的 SerDe。有关如何编写自定义 SerDe 的信息，请参阅 Apache Hive Developer Guide。

在此教程中使用的 SerDe 采用正则表达式来分析日志文件数据。SerDe 来自 Hive 开源社区。使用 SerDe 可以将日志文件定义为表，在此教程的后面部分中，将使用类似 SQL 的语句来查询该表。Hive 加载数据后，只要 Amazon EMR 集群处于运行状态，数据就会保留在 HDFS 存储中，即使关闭 Hive 会话和 SSH 连接也是如此。

可通过以下操作将 Apache Web 日志文件数据转换为 Hive 表。

复制下面的多行命令。

```
1. CREATE TABLE serde_regex (
2. host STRING,
3. identity STRING,
4. user STRING,
5. time STRING,
6. request STRING,
7. status STRING,
8. size STRING,
9. referer STRING,
10. agent STRING)
11. ROW FORMAT SERDE 'org.apache.hadoop.hive.contrib.serde2.RegexSerDe'
12. WITH SERDEPROPERTIES (
13. "input.regex " = "([^ ]*) ([^ ]*) ([^ ]*) (-|\\[[^\\]]*\\]) ([^ \"]*|\"[^\"]*\") (-|[0-9]*) (-|[0-9]*)(?: ([^ \"]*|\"[^\"]*\") ([^ \"]*|\"[^\"]*\"))? ",
14. "output.format.string " = "%1$s %2$s %3$s %4$s %5$s %6$s %7$s %8$s %9$s "
15. )
LOCATION 's3://elasticmapreduce/samples/pig-apache/input/';
```

在 hive> 命令提示符下，首先粘贴上述命令（在终端窗口中按 Ctrl+Shift+V 组合键或在

PuTTY 窗口中右击），然后按 Enter 键。

当命令完成时，将看到类似以下内容的消息。

```
OK
Time taken: 12.56 seconds
```

5．查询 Hive

可以使用 Hive 查询 Apache Web 日志文件数据。Hive 会将查询转换为 Hadoop MapReduce 作业并在 Amazon EMR 集群上运行该作业。当 Hadoop 作业运行时，将显示状态消息。Hive SQL 是 SQL 的一个子集；如果了解 SQL，就可以轻松创建 Hive 查询。有关查询语法的更多信息，请参阅 Hive Language Manual。

以下是一些示例查询。

Example 1：统计 Apache Web 日志文件中的行数。

```
select count(1) from serde_regex;
```

在查询完成后，会看到类似以下内容的输出。

```
Total MapReduce CPU Time Spent: 13 seconds 860 msec
OK
239344
Time taken: 86.92 seconds, Fetched: 1 row(s)
```

Example 2：返回一行日志文件数据中的所有字段。

```
select * from serde_regex limit 1;
```

在查询完成后，会看到类似以下内容的输出。

```
OK
66.249.67.3    -    -    20/Jul/2009:20:12:22 -0700]    "GET /gallery/main.php?g2_
controller=exif.SwitchDetailMode
    &g2_mode=detailed&g2_return=%2Fgallery%2Fmain.php%3Fg2_itemId%3D15741&g2_returnName
=photo HTTP/1.1"    302    5
    "-"    "Mozilla/5.0 (compatible; Googlebot/2.1; +http://www.google.com/bot.html)
"
Time taken: 4.444 seconds, Fetched: 1 row(s)
```

Example 3：统计来自 IP 地址为 192.168.1.198 的主机的请求数。

```
select count(1) from serde_regex where host="192.168.1.198";
```

在查询完成后，会看到类似以下内容的输出。

```
Total MapReduce CPU Time Spent: 13 seconds 870 msec
OK
46
Time taken: 73.077 seconds, Fetched: 1 row(s)
```

6．清除资源

为了防止账户产生额外费用，请清除为此教程创建的以下 AWS 资源。

断开与主节点的连接。

在终端窗口或 PuTTY 窗口中，按 CTRL+C 组合键以退出 Hive。

在 SSH 命令提示符下，运行 exit。

关闭终端窗口或 PuTTY 窗口。

终止集群。

打开 Amazon EMR 控制台。

单击"Cluster List"（集群列表）按钮。

首先选择集群名称，然后单击"Terminate"（终止）按钮。当系统提示确认时，单击"Terminate"按钮。

7.4　Google App Engine 云应用开发

7.4.1　Google App Engine 介绍

Google App Engine 曾经一度是 Python 开发人员的专利。Google 公司于 2008 年 4 月首度发布了 Google App Engine，于 2009 年 4 月发布了 Google App Engine for Java。Google App Engine for Java 为企业 Java 开发提供了一个端到端的解决方案：一个易于使用的基于浏览器的 Ajax GUI、Eclipse 工具支持及后端的 Google App Engine。易于使用和工具支持是 Google App Engine for Java 相比于其他云计算解决方案的两大优势。Google App Engine for Java 中的应用程序开发意味着使用 Google 的资源存储和检索 Java 对象。数据存储的基础是 BigTable，但是使用的是 JDO（Java Data Object）和 JPA（Java Persistence API）接口，这些接口允许用户编写没有直接绑定到 BigTable 的代码。使用 Google App Engine 的重点是可以将应用程序部署到 Google 提供的可靠基础设施中，使它更易于扩展。Google App Engine 的设计初衷是为构建可伸缩应用程序提供一个平台，可伸缩应用程序能够在不触动基础设施的情况下将用户数量轻松增长到数百万个。GAE 现支持 Java、Python 和 Google 自家开发的 Go 这 3 种语言开发的应用程序，并为这 3 种语言提供基本相同的功能和 API。GAE 的免费版提供了一个已部署的应用程序，提供了足够的 CPU、带宽和存储来为 500 万个页面访问次数提供服务。

7.4.2　Google App Engine 的应用与服务

GAE 是一个 Web 应用程序托管服务。Web 应用程序指的是可以通过 Web（通常是利用 Web 浏览器）访问的应用程序或服务，例如，带有购物车功能的网上商店、社交网站、多人游戏、移动应用、投票应用、项目管理应用、协作应用、出版应用等。虽然 Google App Engine 也适合文档和图片等传统网站内容，但它实际上是专门针对实时动态应用程序而设计的。GAE 主要是针对那些拥有大量并发用户的应用程序而设计的。若某个应用程序在有大量并发用户的情况下性能没有降低，则我们认为其伸展了。为 Google App Engine 所编写的应用程序都是可以自动伸缩的。某个应用程序使用的人数越多，Google App Engine 分配的资源也就越多，同时会对那些资源进行管理。而应用程序本身无须了解它所使用的那些资源。与传统 Web 托管或自管服务不同，当使用 GAE 时，只需为那些使用到的资源付费。可供购买的资源包括 CPU、每月存储容量、出入口带宽及其他特定于 Google App Engine 服务的资源。

Google App Engine 可分为 3 大块：运行时环境、数据存储区及 Google App Engine 提供的服务。

1．运行时环境

从应用程序的角度来看，运行时环境在请求处理器启动时出现，并在其结束时消失。Google App Engine 提供了至少两种用于持久化请求之间存储数据的方式，不过它们都不是在运行时环境内部实现的。由于不会在运行时环境内部保留请求与请求之间的状态，因此 Google App Engine 可以将流量分配到多台服务器上，这样它就可以同等对待每一个请求，而无须关心到底一次处理了多大的流量。Google App Engine 为每个应用程序提供一个安全运行环境，即"沙盒"，该"沙盒"可以保证每个应用程序能够安全地隔离运行。这就使得 Google App Engine 可以选择在能够提供快速响应的服务器中处理请求了。即使两个请求来自同一个客户端，而且几乎同时到达，也没有办法保证由相同的服务器硬件来处理它们。

"沙盒"还允许 Google App Engine 在同一台服务器上运行多个应用程序，且一个应用程序的运行不会影响到其他的应用程序。除限制对操作系统的访问外，运行时环境还会限制单个请求所能用到的时钟时间、CPU 使用率及内存等。Google App Engine 会灵活地使用这些限制，对那些占用太多资源的应用进行更为严格的限制，以确保共享资源不会为其所累。GAE 为应用程序提供了两种运行环境：一种是 Java 环境；另一种是 Python 环境。具体如何选择取决于编程语言，以及在开发应用程序过程中所希望用到的相关技术。

2．数据存储区

Google App Engine 提供强大的分布式数据存储服务。该服务包含查询引擎、事务等功能，并且该服务的数据规模可以随着访问量的上升而扩大。Google App Engine 数据库与传统的关系数据库不同，该数据库中的数据对象有一个类和一组属性。Google App Engine 数据库中的查询可以检索按照属性值过滤的实体，也可以检索指定种类的实体，其中属性值可以是任何一种数据库支持的属性值类型。

数据存储区实体"没有架构"。数据实体结构是应用程序代码提供和实施的。Java JDO/JPA 接口和 Python 数据存储区接口包含在应用程序中，应用和实施结构的功能。应用程序还可以直接访问数据存储区以应用所需数量的结构。数据存储区保持高度一致并使用开放式并发性控制。如果在事务中更新某个实体，同时其他进程尝试更新该实体，则会重试固定的次数。应用程序可以在一个事务中执行多个数据存储区操作，这些操作要么全部成功，要么全部失败，从而确保数据的完整性。数据存储区在其分布式网络中使用实体组实现事务，事务处理单个组中的实体。同一组中的实体存储在一起以提高事务执行效率。应用程序可以在创建实体时将其分配到组中。

3．Google App Engine 提供的服务

Google App Engine 提供了多种不同的服务，可以在管理应用程序的同时执行常见的操作，并且提供了以下 API 来访问这些服务。

- 网址提取。应用程序可以使用 Google App Engine 的网址提取服务访问互联网上的资源，如网络服务或其他数据。网址提取服务使用高速 Google 基础架构检索网络资源，很多其他 Google 产品也通过该基础架构检索网页。
- 邮件。应用程序可以使用 Google App Engine 的邮件服务发送电子邮件。邮件服务使用 Google 基础架构发送电子邮件。
- 内存缓存。内存缓存服务为应用程序提供高性能的内存中键值缓存，该缓存可供多个应

用程序实例访问。对于不需要数据存储区的持久性和事务功能的数据，内存缓存是很有用的。

- 图片处理。通过使用图片处理服务，应用程序可以对图片进行处理。通过使用该 API，可以裁剪、旋转和翻转 JPEG 和 PNG 格式的图片及调整图片大小。

7.4.3 Google App Engine 开发流程

Google App Engine 软件开发工具包（SDK）包括可以在本地计算机上模拟所有 Google App Engine 服务的网络服务器应用程序和 Google App Engine 中的所有 API 和库。该网络服务器应用程序还可以模拟安全"沙盒"环境，包括检查是否存在禁用模块的导入及对不允许访问的系统资源的尝试访问。GAE 平台提供了 Java 语言和 Python 语言两种开发级的环境，用户通过使用其中的应用服务引擎提供的大量 API 函数库和网络服务器应用程序，开发类似于 Google 提供的云平台上的应用软件。基于 Java 语言的 GAE 平台的搭建流程如图 7.12 所示。

图 7.12 基于 Java 语言的 GAE 平台的搭建流程

7.5 Hadoop 云计算编程实例

7.5.1 Hadoop 分布式编程模型

Hadoop 是基于 Google MapReduce 原理，采用 Java 语言实现的云计算开源软件系统。MapReduce 是一种简化的分布式编程模式，让程序自动分布到一个由普通机器组成的超大集群上并发执行。就如同 Java 程序员可以不考虑内存泄漏一样，MapReduce 的运行时系统会解决输入数据的分布细节、跨越机器集群的程序执行调度、处理机器的失效等问题，并且管理机器之间的通信请求。这样的模式允许程序员无须有并发处理或分布式系统的经验，就可以处理超大的分布式系统资源。

Hadoop 程序员要做的事情如下。

- 定义 Mapper，处理输入的 Key-Value 对，输出中间结果。
- 定义 Reducer，可选，对中间结果进行规约，输出最终结果。
- 定义 InputFormat 和 OutputFormat，可选，InputFormat 将每行输入文件的内容转换为可供 Mapper 使用的类型，不定义时默认为 String。
- 定义 Main，在里面定义一个 Job 并运行它。

7.5.2 Hadoop 数据排序实例

数据排序是许多实际任务执行时要完成的第一项工作，如学生成绩评比、数据建立索引等。数据排序实例和数据去重类似，都需要先对原始数据进行初步处理，为进一步的数据操作打好基础。下面进入数据排序实例。

1. 需求描述

对输入文件中的数据进行排序。输入文件中的每行内容均为一个数字，即一个数据。要求在输出中每行有两个间隔的数字，其中，第一个代表原始数据在原始数据集中的位次，第二个代表原始数据。

样例输入如下。

```
1）file1:
2
32
654
32
15
756
65223
2）file2:
5956
22
650
92
3）file3:
26
54
6
```

样例输出如下。

```
1 2
2 6
3 15
4 22
5 26
6 32
7 32
8 54
9 92
10 650
11 654
12 756
13 5956
14 65223
```

2. 设计思路

这个实例仅要求对输入数据进行排序，可以利用 MapReduce 默认的排序，而不需要自己实现具体的排序。在使用之前首先需要了解 MapRedue 的默认排序规则。MapRedue 是按照 key 值进行排序的，如果 key 为封装为 int 的 IntWritable 类型，那么 MapReduce 按照数字大小对 key 排序；如果 key 为封装为 String 的 Text 类型，那么 MapReduce 按照字典顺序对字符串排序。

了解到这个细节，就知道应该使用封装 int 的 IntWritable 型数据结构了。也就是首先在 Map 中将读入的数据转化成 IntWritable 型，然后作为 key 值输出（value 任意）。Reduce 拿到 <key,value-list> 之后，将输入的 key 作为 value 输出，并根据 value-list 中元素的个数决定输出的次数。输出的 key（代码中的 linenum）是一个全局变量，它统计当前 key 的位次。需要注意的是，这个程序中没有配置 Combiner，也就是在 MapReduce 过程中不使用 Combiner。这主要是因为使用 Map 和 Reduce 就已经能够完成任务了。

3. 编程实现

程序代码如下。

```
packagecom.hebut.mr;
importjava.io.IOException;
importorg.apache.hadoop.conf.Configuration;
importorg.apache.hadoop.fs.Path;
importorg.apache.hadoop.io.IntWritable;
importorg.apache.hadoop.io.Text;
importorg.apache.hadoop.mapreduce.Job;
importorg.apache.hadoop.mapreduce.Mapper;
importorg.apache.hadoop.mapreduce.Reducer;
importorg.apache.hadoop.mapreduce.lib.input.FileInputFormat;
importorg.apache.hadoop.mapreduce.lib.output.FileOutputFormat;
importorg.apache.hadoop.util.GenericOptionsParser;
publicclassSort{
//Map 将输入中的 value 转化成 IntWritable 型，作为输出的 key
publicstaticclassMapextends
Mapper<Object, Text, IntWritable, IntWritable>{
privatestaticIntWritabledata=newIntWritable ();
//实现 Map 函数
publicvoidmap (Objectkey, Textvalue, Contextcontext)
throwsIOException, InterruptedException{
Stringline=value.toString ();
data.set (Integer.parseInt (line));
context.write (data, newIntWritable (1));
}
}
//reduce 将输入中的 key 值复制到输出数据的 key 上
//根据输入的 value-list 中元素的个数决定 key 的输出次数
//用全局 linenum 来代表 key 的位次
publicstaticclassReduceextends
Reducer<IntWritable, IntWritable, IntWritable, IntWritable>{
privatestaticIntWritablelinenum=newIntWritable (1);
//实现 Reduce 函数
publicvoidreduce (IntWritablekey, Iterable<IntWritable>values, Contextcontext)
throwsIOException, InterruptedException{
for (IntWritableval:values) {
context.write (linenum, key);
```

```
            linenum=newIntWritable (linenum.get () +1);
            }
        }
    }
    publicstaticvoidmain (String[]args) throwsException{
    Configurationconf=newConfiguration ();
    //这句话很关键
    conf.set ("mapred.job.tracker ", "192.168.1.1:9001 ");
    //192.168.1.1 为 namenode 的 IP 地址
    String[]ioArgs=newString[]{ "sort_in ", "sort_out "};
    String[]otherArgs=newGenericOptionsParser (conf, ioArgs) .getRemainingArgs ();
    if (otherArgs.length!=2) {
    System.err.println ("Usage:DataSort<in><out> ");
    System.exit (2);
    }
    Jobjob=newJob (conf, "DataSort ");
    job.setJarByClass (Sort.class);
    //设置 Map 和 Reduce 处理类
    job.setMapperClass (Map.class);
    job.setReducerClass (Reduce.class);
    //设置输出类型
    job.setOutputKeyClass (IntWritable.class);
    job.setOutputValueClass (IntWritable.class);
    //设置输入和输出目录
    FileInputFormat.addInputPath (job, newPath (otherArgs[0]));
    FileOutputFormat.setOutputPath (job, newPath (otherArgs[1]));
    System.exit (job.waitForCompletion (true) ?0:1);
    }
    }
```

4．测试运行

1）准备测试数据

首先通过 Eclipse 下面的"DFS Locations"，在"/user/hadoop"目录下创建"sort_in"文件夹（备注："sort_out"文件夹不需要创建）。如图 7.13（a）所示，已经成功创建。

然后在本地建立 3 个 txt 文件，通过 Eclipse 上传到"/user/hadoop/sort_in"文件夹中，如图 7.13（b）所示。

（a）创建"sort_in"文件夹

（b）上传"file*.txt"文件

图 7.13 创建"sort_in"文件夹和上传"file*.txt"文件

2）查看运行结果

右击 Eclipse 的"DFS Locations"中"/user/hadoop"文件夹进行刷新，这时会发现多出一个"sort_out"文件夹，且里面有 3 个文件，打开"part-r-00000"文件，会在 Eclipse 中把内容显示出来，运行结果如图 7.14 所示。

图 7.14　运行结果

7.6　阿里云自助实验系统及案例

7.6.1　阿里云自助实验系统简介

阿里云的自助实验学习平台又叫云中沙箱。阿里云计算平台在提供云主机服务的同时，推出了各种其他相应的产品。云中沙箱便是一个为技术人员提供云产品培训，并且可以模拟真实云计算平台环境的培训平台。此外，云中沙箱本身也是部署在云计算平台上的。云中沙箱根据其自身需求，使用了阿里云四大件——ECS（Elastic Compute Service，弹性计算服务）、RDS（Relational Database Service，关系数据库服务）、SLB（Server Load Balancer，服务器负载均衡）、OSS（Object Storage Service，对象存储服务）来部署整个产品。

1. ECS 和 SLB

ECS 的使用方法和普通主机并无太大区别，而在项目部署中，云主机配置的选择需要有一定考量。只要是有一定访问量的网站，都不会进行单机部署。在多服务器部署时，需要有一个统一入口，将每个请求转发到这些服务器上，SLB 就承担了这个任务。依靠阿里云控制台的统一管理，将众多 ECS 添加为 SLB 的后端服务器变得异常简单。此外，HTTPS 证书的管理、健康检查、会话保持机制等表明 ECS 应该和 SLB 一起使用。云中沙箱正是使用了这种方式来部署网站应用的。

2. RDS

数据库管理始终是软件系统的关键因素，而数据库维护也困扰着数据库管理员们。出于这种考虑，云中沙箱的数据库直接使用 RDS，以图形化方式管理数据库用户、SQL 查询、数据库日志查询、各项指标的检测、自动备份等功能，为开发工作提供了便利。同时，RDS 可以仅开放内网访问，提高了数据库的安全性。

3. OSS

涉及用户上传/下载文件的功能，在多 Web 服务器同步数据时就会遇到各服务器之间文件是否同步的问题。如果将用户上传的文件存放在 Web 服务器本地，一是有容量问题，二是需要同步到其他 Web 服务器；如果以二进制数据的格式存放在数据库也不是好的选择；如果单独配置专门存放用户文件的服务器，成本和维护也是需要考虑的问题。所以，云中沙箱选择了 OSS，这种方式非常接近于前面的第 3 种单独配置文件服务器的方式，但不需要开发人员专门维护，使用成本也非常低。

云中沙箱在技术选型阶段便综合考虑了用户体验、网站并发量及开发维护成本等因素。云中沙箱主要分为负责呈现网站的 Web 部分和创建云计算平台实验模拟环境的 Service 部分。同时，Web 部分进行了前后端分离，负责各部分功能的开发人员可以同步进行开发。云中沙箱的系统结构如图 7.15 所示。

图 7.15 云中沙箱的系统结构

1）Web 前端（AngularJS）

云中沙箱整个页面呈现的部分使用了 AngularJS 框架，并且以单页应用的模式进行开发。得益于 AngularJS 双向绑定的特性，几乎所有的请求都以 JSON 格式数据通过 AJAX 请求发送至 Web 后端。用户在使用网站时的页面无刷新、快速的响应，使云中沙箱实现了与使用传统后端渲染方式呈现页面的网站应用完全不同的用户体验。此外，在开发方面，传统枯燥的表单处理在 AngularJS 框架下也变得轻松简单。

2）Web 后端（NodeJS+Express4）

由于前后端的完全分离，云中沙箱的 Web 后端实际是一个 HTTP API 服务器，通过 JSON 格式数据与 Web 前端进行交互。服务器框架使用了 Express4 进行开发。由于 NodeJS 的异步特性，Web 后端可以承受相当大的并发量。并且由于只是 HTTP API，仅接收和返回 JSON 格式的数据，而不是完整的页面，通信的数据量也尽可能做到最少。此外，在用户认证方面，云中沙箱使用了 Token 的方式，而不是传统的 Cookie 保存 SessionID 的方式。选用这种方式，在与第三方合作伙伴对接、内部管理工具开发，以及未来移动端接入方面都比较方便。

3）Service（Python）

云中沙箱除网站页面呈现本身外，还有一个核心价值在于可以根据培训课程的内容，自动在阿里云平台创建实验环境。网站本身的访问需要考虑高并发，但创建实验环境并不需要高并发，此外，创建实验环境需要一定时间，浏览器发来的请求需要立刻返回。所以，与 Web 服务器不同，Service 并没有继续使用 NodeJS。同时，由于创建实验环境属于相对流程化的处理，最终选择了比 NodeJS 更为简单直观的 Python 进行开发，并单独部署在一台 ECS 服务器上。与 Web 服务器之间的衔接，则是通过 Redis 充当消息队列来实现。例如，当用户在网站上发起一个创建实验环境的请求后，首先 Web 服务器会进行基本的处理，然后生成一个任务发送至消息队列。Service 从消息队列接收到任务后，按照任务内容去创建所需要的实验环境。创建完成后，再通知 Web 服务器即可。

在考虑维护成本及实现便利的基础上，云中沙箱选用了阿里云四大件（ECS、RDS、SLB、OSS）来部署。Web 前端使用 AngularJS，Web 后端使用 NodeJS 和 Express4，任务处理使用 Python 开发，并通过 Redis 充当消息队列接收 Web 后端生成的任务。

7.6.2　阿里云自助实验步骤

阿里云自助实验步骤如下。

（1）登录云中沙箱平台的网址，并注册云中沙箱账号。

（2）注册用户将获得免费沙箱点，并可以在"用户中心"下的"沙箱券信息"中查看。

（3）在首页的自助实验课中进入想学习的实验，"购买课程"消费一个沙箱点。

（4）单击"开始实验"按钮，创建阿里云实验资源。

（5）对照"实验手册"完成学习。

（6）单击进入"阿里云控制台"页面，打开"实验助手"。

7.6.3　阿里云自助实验案例

本实验案例使用 OSS 客户端实现文件的上传、下载和访问控制，主要使用 OSS Windows 客户端软件。用户无须自己编写程序调用 API 或登录阿里云 OSS 管理控制台，就可以使用 OSS 服务，并且通过 OSS 客户端的资源访问管理（Resource Access Management，RAM）功能限制子用户对 OSS 服务的使用权限。

1．实验介绍

业务场景及架构：OSS 是阿里云对外提供的海量、安全、低成本、高可靠的云存储服务。用户可以通过调节 API，在任何应用、时间、地点上传/下载数据，也可以通过用户 Web 控制台对数据进行简单的管理。OSS 适合存放任意文件类型，适合各种网站、开发企业和开发者使用。

在本实验中，OSS 服务的相关术语如下。

- Bucket，作为 OSS 的存储空间，是存储文件（Object）的容器。
- Object，是 OSS 存储数据的基本单元，也被称为 OSS 文件。不同上传方式，对象大小限制不同。分片上传最大支持 48.4TB；其他上传方式最大支持 5GB。
- Region，表示 OSS 的数据中心所在区域的物理位置。一般来说，距离用户更近的 Region 访问速度更快。

RAM 是阿里云为客户端提供的身份管理与访问控制服务。使用 RAM，企业用户可以创建、管理用户账号，并且可以控制这些用户账号，对企业用户名下的资源具有操作权限。RAM 允许一个云账号下创建并管理多个用户身份，并允许给单个身份或一组身份分配不同的授权策略，从而实现不同的用户拥有不同的云资源访问权限。

本实验中涉及的关于 RAM 的基本概念如下。

- 云账户（主账户），是阿里云资源归属、资源使用计量计费的基本主体。当用户使用阿里云服务时，首先需要注册一个云账户。由于云账户为其名下所有的资源付费，并对其名下所有资源拥有完全权限，从权限管理的角度，云账户就是操作系统的 Root 或 Administrator，因此也称其为根账户或主账户。
- RAM 用户，RAM 允许在一个云账户下创建多个 RAM 用户。RAM 用户属于云账户，而不是独立的云账户。RAM 用户不拥有资源，只能在其所属云账户的空间下可见。RAM 用户必须在获得云账户授权后，才能登录控制台或使用 API 操作云账户下的资源。
- 身份凭证——访问密钥（Access Key），用户可以使用访问密钥构造一个 API 请求来访问资源。
- 授权策略，描述权限集的一种简单语言规范。

2．实验目标

本实验会自动创建 1 个 Windows 系统的 ECS 实例。首先，配置 OSS Windows 客户端的用户信息；然后，创建一个 Bucket，并上传和下载文件到新建 Bucket；最后，结合 RAM 服务，自定义策略，实现对子用户的 OSS 服务使用权限。完成此实验后，可以掌握的能力如下。

- 使用 OSS Windows 客户端上传和下载文件。
- 使用 OSS Windows 客户端实现 RAM 授权。

3．实验步骤

创建本实验所需的 ECS 实例，并分配阿里云账号。

资源创建成功后，可以在"资源信息"栏中查看本实验使用的 Windows ECS 服务器，以及分配的阿里云账号。

在使用 OSS Windows 客户端之前，需要配置 OSS Windows 客户端的信息。

远程登录 OSS 客户端的 ECS 服务器。远程登录的"外网 IP"和"密码"可从"云产品资源"中获取，ECS 配置信息如图 7.16 所示。

登录 ECS 服务器 Windows 系统后，双击 Windows 桌面的 OSS 图标，进入 OSS 客户端，界面如图 7.17 所示。

图 7.16 ECS 配置信息

图 7.17 OSS 客户端界面

在 OSS 客户端界面中，输入阿里云账号的 Access Key ID 和 Access Key Secret。勾选"本

机是 ECS 云主机"复选框,在"选择区域"下拉列表中选择 ECS 实例所在区域,完成后单击"登录"按钮。

首先通过 OSS Windows 客户端创建一个新的 Bucket,然后通过客户端实现文件的上传和下载。

当前 OSS 服务的数据中心选择地域为杭州。在客户端的主界面中,单击"新建"按钮,开始创建一个新的 Bucket。

在弹出的对话框中,输入"Bucket 名称"为 sl052-oss-bucket,在"读写权限"下拉列表中选择"公共读写"选项,完成后单击"确定"按钮,如图 7.18 所示。在 OSS 服务中新建一个 Bucket,在客户端可以查看到当前的 Bucket 中无任何文件。

访问阿里云 Web 控制台,在 OSS 管理控制台下查看新建 Bucket。在"资源信息"页面中,查看本次实验使用的阿里云账号信息。单击"资源信息"页面右上角的"登录控制台"按钮进入阿里云登录界面。输入本次实验分配的阿里云账号的"登录名"和"密码"后,单击"登录"按钮。

进入阿里云管理控制台后,单击界面左上角的"产品与服务"按钮,弹出下拉列表。单击"存储与 CDN"列表下的"对象存储 OSS"选项,进入 OSS 管理控制台。在 Bucket 的管理界面中,查看通过 OSS 客户端创建的 Bucket——"sl052-oss-bucket",所在地域为"杭州"。单击 Bucket 右侧的"管理"按钮,可以进入"sl052-oss-bucket"管理界面,查看 Bucket 中的文件信息。

返回 Windows 的 OSS 客户端主界面中,单击顶层"上传"按钮,弹出选择上传文件的对话框。进入"C:\Slab052\上传"目录,并选择"oss_icons"列表框,将"oss_icons"上传到"sl052-oss-bucket"中。在主界面的底部的"上传队列"中,查看上传文件的大小和速度。若文件已成功上传到 Bucket,在主界面中,可以查看到已上传文件"oss_icons"的文件大小及文件的创建时间。

OSS Bucket 中的文件也可以通过 OSS 客户端下载到本地。首先选择刚刚上传的文件"oss_icons",然后单击顶层"下载"按钮,弹出"选择路径"对话框,如图 7.19 所示。选择路径为"计算机:\C:\Slab052\下载文件",完成后,单击"确定"按钮,将"oss_icons"保存到本地的"下载文件"文件夹中。

图 7.18　新建 Bucket

图 7.19　"选择路径"对话框

双击桌面上的"计算机"图标,进入目录"C:\Slab052\下载文件",查看通过 OSS 客户端下载的文件"oss_icons"。"上传文件"文件夹和"下载文件"文件夹中的两个"oss_icons"文件内容一致。

使用 OSS 客户端的 RAM 授权功能,为子用户分配最小权限,从而降低企业信息安全风险。在使用 OSS 客户端的 RAM 功能之前,开通 RAM 服务。进入阿里云管理控制台,单击界面左上角的"产品与服务"按钮,弹出下拉列表,单击"安全与管理"列表下的"访问控制"选项,进入访问控制服务的管理控制台。

在主界面中,显示"访问控制未开通",单击"立即开通"按钮,开通访问控制服务,如图 7.20 所示。在弹出的界面中显示"开通成功",如图 7.21 所示。

图 7.20 开通访问控制服务

图 7.21 开通成功界面

在访问控制服务开通成功后,返回 ECS 实例的 OSS Windows 客户端,单击顶层"RAM 授权"按钮,弹出 RAM 授权的对话框。在该对话框中,选择"用户授权"选项卡,当前阿里云账号中没有任何用户。单击"创建用户"按钮,开始创建一个云账户下的子用户,RAM 的"用户授权"界面如图 7.22 所示。

图 7.22 RAM 的"用户授权"界面

进入创建用户的界面后,输入用户名为"Tony",请注意用户名命名规则,此字段为必填字段。

返回阿里云 Web 管理控制台,进入 RAM 管理控制台后,单击左侧栏中的"用户管理"按钮,进入用户管理界面。界面中显示通过 OSS 客户端新建的云账户下的子用户 Tony。单击右侧的"管理"按钮可以进入子用户 Tony 的管理界面,查看子用户 Tony 的授权信息等。

创建一条 OSS 的新策略,并授权给子用户 Tony。在 RAM 授权对话框中,单击"授权策略"按钮,查看当前无任何自定义策略。单击"创建授权策略"按钮,创建一条新的自定义策略,RAM 的"授权策略"界面如图 7.23 所示。

图 7.23 RAM 的"授权策略"界面

在弹出的"创建授权策略"对话框中,输入如下信息。

策略名称:ossReadOnly。

策略规则:使用如下策略规则。

```
{
"Statement ":[
{
"Action ":[
"oss:Get* ",
"oss:List* "
],
"Effect ": "Allow ",
"Resource ": "* "
}
],
"Version ": "1 "
}
```

在"授权策略"界面中,可以查看到新建的"ossReadOnly"策略,如图 7.24 所示。

图 7.24 新建的"ossReadOnly"策略

为子用户 Tony 授权 OSS 的只读权限。单击"用户授权"按钮,返回"用户授权"界面,单击 Tony 用户右侧操作栏下的"授权"按钮,跳转到"授权策略"界面,当前显示"没有数据",也就是 Tony 用户当前无任何权限,单击左下角的"添加授权"按钮,为 Tony 授权。

单击 ossReadOnly 策略右侧的"授权"按钮，弹出对话框提示"授权成功！"，如图 7.25 所示。单击"确定"按钮，ossReadOnly 策略右侧的操作栏中显示为"已授权"，证明已授权 ossReadOnly 策略给 Tony 用户。至此，通过 OSS 客户端的 RAM 授权成功创建一个 RAM 用户 Tony，并授权 Tony OSS 的只读权限。接下来，验证 Tony 的权限是否生效。

图 7.25 "授权成功！"对话框

在之后的操作中，需要使用 Tony 的 Access Key 登录 OSS 客户端。但是，由于默认情况下，新建 RAM 子用户无 Access Key ID 和 Access Key Secret 信息，因此需要通过 OSS 客户端的 RAM 功能为 Tony 创建一个新的 Access Key。在 Tony 用户管理界面中，选择对话框顶部 "AccessKey 管理"选项卡，进入"AccessKey 管理"界面，界面显示当前"没有数据"。单击左下角的"创建 AccessKey"按钮，为用户新建一个 Access Key。弹出对话框提示"创建 AccessKey 成功！"，单击"确定"按钮，如图 7.26 所示。

图 7.26 "创建 AccessKey 成功！"对话框

此时，在"AccessKey 管理"界面，可以查看到新建的 Access Key 信息。单击"Secret"按钮，查看 Tony 用户的 Access Key Secret 值。在新建的记事本中，存储 Access Key ID 及 Access Key Secret。选择"开始"→"所有程序"→"附件"菜单命令，单击"记事本"应用程序，打开空白记事本。将 OSS Windows 客户端中的 Tony 的 Access Key ID 及 Access Key Secret 复制到空白记事本中。

完成如上操作后，退出 OSS 客户端，双击"OSS"按钮登录软件，重新打开 OSS 客户端。在 OSS 客户端的登录界面中，输入 Tony 的登录信息，访问 OSS 服务。

输入 Tony 用户的 Access Key ID 和 Access Key Secret，勾选"本机是 ECS 云主机"复选框。

可以查看到已创建的 Bucket "sl052-oss-bucket"和 Bucket 中的文件"oss_icons"。在 OSS 客

户端界面左侧栏中，单击"新建"按钮，为 OSS 服务新建一个 Bucket，输入 Bucket 名称为"sl052-oss-bucket-test"。完成后，单击"确定"按钮。弹出对话框提示"拒绝访问"，如图7.27 所示。这是因为在 RAM 授权时，限制了 Tony 使用 OSS 的服务权限。

图 7.27　"拒绝访问"对话框

至此，已完成实验全部内容：使用 OSS 客户端上传/下载文件，通过 OSS 客户端的 RAM 授权功能创建用户并授权 OSS 管理权限。

本章小结

本章主要介绍云计算应用软件的开发，讲述了基于 Microsoft Azure Service 的云应用软件开发、Salesforce 云计算平台应用软件开发、基于 Amazon AWS 的云服务软件开发实例、Google App Engine 和 Hadoop 云计算应用及开发过程，最后介绍了阿里云自助实验系统及实验案例。

习题

1．Windows Azure 的 3 个核心服务分别是计算、存储和_____。

2．创建 Salesforce.com 应用程序有两种方法：用 Salesforce.com 自带的在线开发模式或_____。

3．阿里云自助实验学习平台又叫_____。

4．Hive SQL 与标准 SQL 的关系是什么？

5．Windows Azure 为什么要支持 3 种类型的存储？

第 8 章
物联网的概念与发展

本章目标

◎　了解物联网的概念及定义

◎　认识物联网的发展历程

◎　掌握物联网的特征

◎　认识物联网的标准化

◎　了解物联网的发展状况

◎　理解物联网发展的挑战与建议

8.1　物联网的概念及定义

8.1.1　物联网的概念

物联网的实践最早可以追溯到 1990 年施乐公司的网络可乐贩售机——Networked Coke Machine。1995 年，比尔·盖茨在《未来之路》中提出物联网，但受限于当时的无线网络、硬件及传感器的发展，并没有引起太多关注。1999 年，MIT Auto-ID 中心的 Ashton 教授在研究 RFID（Radio Frequency Identification，射频识别）时最早提出了物品编码、RFID 和互联网技术相结合的解决方案，把所有物品通过 RFID 等信息传感设备与互联网连接起来，实现智能化识别和管理。当时基于互联网、RFID、EPC（Electronic Product Code，电子产品编码）标准、无线数据通信技术等，构造了一个实现全球物品信息实时共享的实物互联网 Internet of Things（物联网）。1999 年，在美国召开的移动计算和网络国际会议上提出了"传感网是下一个世纪人类面临的又一个发展机遇"，传感器的重要性得到了学术界的充分肯定。2003 年，美国《技术评论》提出：传感网络技术将是未来改变人们生活的十大技术之一。

2005 年 11 月 17 日，在突尼斯举行的信息社会世界峰会上，国际电信联盟（ITU）发布了《ITU 互联网报告 2005：物联网》，提出了物联网的概念，介绍了物联网的特征、相关的技

术、面临的挑战和未来的市场机遇。ITU
在报告中指出，我们正站在一个新的通信
时代的边缘，ICT（Information and
Communication Technology，信息和通信技
术）的目标已经从满足人与人之间的沟
通，发展到实现人与物、物与物之间的连
接，无所不在的物联网通信时代即将来
临。物联网使我们在 ICT 的世界里获得新
的连接维度，如图 8.1 所示。

图 8.1　物联网中的连接维度

将任何时间、任何地点连接任何人，
扩展到万物的连接，就形成了物联网。2008 年后，为了促进科技发展，寻找经济新的增长点，
各国政府开始重视下一代的技术规划，将目光放在了物联网上。2009 年 1 月 28 日，美国总统奥
巴马与美国工商业领袖举行了一次圆桌会议，作为仅有的两名代表之一，IBM 首席执行官彭明
盛首次提出"智慧地球"这一概念，建议政府投资新一代的智慧型基础设施，得到美国各界的
高度关注。当年，美国将新能源和物联网列为振兴经济的两大重点。IBM 认为，IT 产业下一阶
段的任务是把新一代 IT 技术充分运用在各行各业之中，具体地说，就是把感应器嵌入和装备到
电网、铁路、桥梁、隧道、公路、建筑、供水系统、油气管道等各种物体中，并且被普遍连
接，形成物联网。在策略发布会上，IBM 还提出，如果在基础建设的执行中，植入"智慧"的
理念，不仅能够在短期内有力地刺激经济、促进就业，而且能够打造一个成熟的智慧基础设施
平台。IBM 希望"智慧地球"战略能够在互联网浪潮之后再一次掀起科技产业革命。

物联网与互联网虽然是相互依存的关系，但也是相对独立的两种网络，在数据传输技术上
存在一定的共性。在物联网或下一代互联网应用中，我们希望所有的人、物、计算机、智能终
端设备实现互联互通。物联网的发展泛在性很强，在一张大的物联网内，存在不同的系统、应
用终端，根据行业的不同可能应用系统完全不同，很难鉴定不同的系统之间的相互关系，也很
难使不同的系统中存在很多数据、规律上的交集。物联网的信息汇聚产生了大数据，通过对大
数据进行数据挖掘和智能处理可以使信息产生价值。所以，物联网是基于对物可控、可管的一
个人、机、物大连接的专用网络的统称，国际上习惯将其称为"泛在网络"。

欧洲智能系统集成技术平台在 *Internet of Things in 2020* 报告中指出，物联网的发展将经历 4
个阶段，2010 年之前 RFID 被广泛应用于物流、零售和制药领域，2010 年至 2015 年物体互联，
2015 年至 2020 年物体进入半智能化，2020 年之后物体进入全智能化。美国权威咨询机构
Forrester 分析，到 2020 年，世界上物物互联业务与人人互联的业务相比，会达到 30∶1。因
此，物联网被称为是下一个万亿级的通信业务。在国家大力推动工业化与信息化两化融合的大
背景下，物联网是工业乃至更多行业信息化过程中一个比较现实的突破口。

8.1.2　物联网的定义

物联网，Internet of Things（IoT），也称为 Web of Things。顾名思义，物联网就是"物物
相联的互联网"。这有两层意思：第一，物联网的核心和基础仍然是互联网，是在互联网基础

上的延伸和扩展的网络；第二，其用户端延伸和扩展到了任何物品与物品之间，进行信息交换和通信。

物联网中的"物"要满足以下条件才能够被纳入物联网的范围：有数据收发装置和传输通路；有一定的存储和计算功能；有专门的应用程序或操作系统；遵循标准的网络通信协议；有可被识别的唯一编码或标识。

只有满足以上条件的物才能够提供或使用物联网相关服务，进行物体之间或物体与人之间的信息交换。

下列是不同组织机构对物联网的各自定义。

定义一：物联网是由具有标识、虚拟个性的物体/对象所组成的网络，这些标识和虚拟个性运行在智能空间，使用智慧的接口与用户、社会和环境的上下文进行连接和通信。

定义二：物联网指通过信息传感设备，按照约定的协议，把任何物品与互联网连接起来，进行信息交换和通信，以实现智能化识别、定位、跟踪、监控和管理的一种网络，它是在互联网基础上延伸和扩展的网络。

定义三：广义上的物联网可以看作是信息空间与物理空间的融合，将一切事物数字化、网络化，在物品之间、物品与人之间、人与现实环境之间实现高效信息交互，并通过新的服务模式使各种信息技术融入社会行为，是信息化在人类社会综合应用达到的更高境界。

严格而言，物联网的定义是通过 RFID、红外感应器、全球定位系统、激光扫描器等信息传感设备，按约定的协议，把任何物品与互联网连接起来，进行信息交换和通信，以实现智能化识别、定位、跟踪、监控和管理的一种网络。目的是让所有的物品都与网络连接在一起，方便识别和管理，核心是将互联网扩展应用于生活的各个领域。

国内对物联网的定义：物联网指的是将无处不在（Ubiquitous）的末端设备（Devices）和设施（Facilities），包括具备"内在智能"的传感器、移动终端、工业系统、楼控系统、家庭智能设施、视频监控系统等和具备"外在使能"（Enabled）的贴上 RFID 的各种资产（Assets）、携带无线终端的个人与车辆等智能化物件或"智能尘埃"（Mote），通过各种无线/有线的长距离/短距离通信网络实现 M2M（Machine to Machine，机器与机器）互联互通、应用大集成（Grand Integration），以及基于云计算的 SaaS 营运等模式，在内联网（Intranet）、外联网（Extranet）或互联网（Internet）环境下，采用适当的信息安全保障机制，提供安全可控乃至个性化的实时在线监测、定位追溯、报警联动、调度指挥、预案管理、远程控制、安全防范、远程维保、在线升级、统计报表、决策支持、领导桌面集中展示（Cockpit Dashboard）等管理和服务功能，实现对万物的高效、节能、安全、环保的管、控、营一体化。

物联网是一个基于互联网、传统电信网等信息承载体，让所有能够被独立寻址的普通物理对象实现互联互通的网络。它具有普通对象设备化、自治终端互联化和普适服务智能化 3 个重要特征。

2009 年 9 月，欧盟委员会信息和社会媒体司 RFID 部门负责人 Lorent Ferderix 博士给出了欧盟对物联网的定义：物联网是一个动态的全球网络基础设施，它具有基于标准和互操作通信协议的自组织能力，其中物理的和虚拟的"物"具有身份标识、物理属性、虚拟的特性和智能的接口，并与信息网络无缝整合。物联网将与媒体互联网、服务互联网和企业互联网一道，构成未来互联网。

EPC 基于 RFID 的物联网定义：物联网在计算机互联网的基础上，利用 RFID、无线数据通信等技术，构造一个覆盖世界上万事万物的网络。在这个网络中，物品（商品）能够彼此进行交流，不需要人的干预。其实质是利用 RFID 等通信技术，通过计算机互联网实现物品（商品）的自动识别和信息的互联与共享。

由以上定义可以看出，物联网所涉及的技术众多，是一个新型的交叉学科，涉及计算机、网络信息安全、软件工程、电子通信、人工智能、信息管理、大数据等多项内容。当前，对于物联网的研究已经逐步走出实验室，面向大众化的物联网应用也开始渗透到人们的日常生活中，在各行各业中发挥着作用。

8.2 物联网的发展历程

互联网给物联网提供了基础、技术和参考模式，物联网是互联网的延伸和拓展。严格来说，物联网是一种业务和应用，用户的服务体验是物联网的重要发展驱动。物联网在发展历程中，主要经历了 5 个主要的发展阶段。

1．第一阶段：物联网的起源和初步发展

物联网的概念起源最早出现在 1991 年的英国剑桥大学咖啡壶事件，利用计算机图像捕捉技术对咖啡的烹煮情况进行实时了解从而实现对物品的合理使用。1995 年，比尔·盖茨在《未来之路》一书中提出了自己对物联网发展的一个预测和评价，使得物联网进入公众视野。在《未来之路》中，比尔·盖茨对物联网作用于物品信息交流的一些案例进行了构想，物联网的概念在这个阶段刚刚萌生。

2．第二阶段：物联网的概念确定和稳步推进

经历了前一阶段的酝酿和准备，物联网逐步受到了重视。1998 年，英国工程师，同时是宝洁公司前任营销副总裁的 Kevin Ashton 正式提出物联网的概念，就是利用 RFID 收集物品的信息，并且通过物联网和计算机终端实现物品信息的存储，最终达到高效管理的目的。Kevin Ashton 提出这一个概念源于在保洁公司任职期间，货物由于管理不善和查找补货速度慢导致严重损失，因此触发了他在物品管理领域引入物联网技术基础，并结合现实需求形成了物联网的第一次正式应用。在这个物联网应用中，Kevin Ashton 用 RFID 来取代商品的条码，创造了新型、快速、有效的管理模式。Kevin Ashton 因此被称为物联网之父。

3．第三阶段：物联网时代正式到来

2005 年，ITU 在信息社会世界峰会上发布了一篇报告《ITU 互联网报告 2005: 物联网》，报告深入探讨了物联网的技术细节及其对全球商业和个人生活的影响，报告由 ITU 战略与政策部撰写。报告着重呈现了新兴技术、市场机会和政策问题等信息。所有的物品都可以通过物联网通信实现在物联网上的数据交换，并且以此促进对各类物品更好的管理。物联网逐步进入了理性发展时代，物联网企业不会再去比较哪种语言更好，而是根据实际的需求进行选择和开发，Linux 开始得到了发展和生存空间。一个百花齐放的状态使得物联网可以具备更强大的技术支持为物联网提供便利，物品的数据交换可以在物联网平台上进行更好的交换。强大的语言更新和多样化选择使得物联网依赖的网络平台存储、处理信息的功能更强。

4．第四阶段："智慧地球"引发物联网发展高潮

IBM 在 2008 年提出了"智慧地球"的概念，建议加大在网络基础设施方面的投入，以此增加就业岗位，提升整体竞争优势。这个概念的提出得到了时任美国总统的奥巴马的大力支持，投入了将近八千亿美元的经济刺激投入，并且将物联网作为国家的一个战略。"智慧地球"战略首先需要将创新的感应技术引入到物体或设施当中，为物品信息的录入和获取提供技术支持，然后实现人、数据和其他事物数据信息的导入，最后利用先进的技术和超级计算机对数据进行处理和分析，得出报告为人们的行为提供参考。总的来说，这个阶段的物联网数据化特征明显，可以称之为物联网大数据时代。

5．第五阶段："感知万物"促进物联网应用逐步落地

2013 年，Google 眼镜发布，这是物联网和可穿戴技术的一个革命性进步。2014 年，Amazon 发布了 Echo 人工智能音箱，开启智能音箱及智能家居时代。中国政府将物联网列为中国第五大新兴战略性产业。2015 年至 2018 年期间，阿里巴巴、百度、腾讯相继成立物联网事业部。2019 年，沃达丰发布了《2019 年物联网报告》，调查发现超过三分之一的公司正在使用物联网。2020 年，随着 5G 的逐步普及，物联网开始迎来一波爆发，企业都纷纷在 5G 和物联网风口中寻找到突破点，开启感知万物、互联服务的智能世界。

8.3　物联网的特征

物联网与传统的互联网相比具有鲜明的特征。

首先，它是各种感知技术的广泛应用。物联网底层部署了海量的多种类型传感器，每个传感器都是一个信息源，不同类型的传感器所捕获的信息内容和信息格式不同。传感器获得的数据具有实时性，按一定的频率周期性地采集环境信息，不断更新数据。

其次，它是一种建立在互联网上的泛在网络。物联网技术的重要基础和核心仍旧是互联网，通过各种有线和无线网络与互联网融合，将物体的真实信息实时准确地传递出去。物联网上的传感器定时采集的信息需要通过网络传输，由于其数量极其庞大，形成了海量信息，因此在传输过程中，为了保障数据的正确性和及时性，必须适应各种异构网络和协议。

另外，物联网不仅提供了传感器的连接，其高层还具有一定的智能处理能力，能够对物体实施智能控制。物联网将传感器和智能处理相结合，利用云计算、模式识别等各种智能技术，扩充其应用领域。从传感器获得的海量信息中分析、加工和处理出有意义的数据，以适应不同用户的不同需求，发现新的应用领域和应用模式。

物联网的特征主要体现在以下 5 个方面。

1．连通性

连通性是物联网的本质特征之一。物联网的连通性有以下 3 个维度。

- 任意时间的连通性（Any Time Connection）。
- 任意地点的连通性（Any Place Connection）。
- 任意物体的连通性（Any Thing Connection）。

2．技术性

物联网是技术融合的产物，代表着未来计算与通信技术的融合发展趋势，而其发展又依赖众多技术的支持，尤其是无线射频技术、传感技术、纳米技术和智能嵌入技术。

3．智能性

物联网使得人们所处的物质世界得以极大程度地数字化、网络化，使得世界中的物体不仅以传感方式关联，还以智能化方式关联起来，网络服务也得以智能化。物联网具有智能化感知性，它可以感知人们所处的环境，最大限度地支持人们更好地观察、利用各种环境资源以便做出正确的决策与判断。

4．嵌入性

物联网的嵌入性表现在以下两个方面。

- 各种各样的物体本身被嵌入到人们所生活的环境中。
- 由物联网提供的网络服务被无缝嵌入到人们日常工作与生活中。

5．服务性

物联网的服务包括网络与通信服务、数据分析服务、软件集成与系统服务、安全服务、智能设备接入及监测服务等。整个物联网体系可以对外提供服务，同时可以利用外部的各类服务。

根据以上分析可知，物联网有五大特性：全面感知、可靠传输、海量存储、智能处理、可信服务。全面感知也就是利用 RFID、传感器、二维码，甚至其他的各种机器，能够随时采集物体动态。感知的信息是需要传输的，通过网络将感知的各种信息进行实时传输。现在无处不在的无线网络已经覆盖了各个地方，感知信息的可靠传输变得非常现实。海量存储是指把感知的信息通过文件系统、数据库和大数据等技术进行高效存储，提供给相关用户进行分析挖掘和进一步处理。智能处理是指利用云计算等技术及时对海量信息进行处理，挖掘数据潜在价值，真正达到了人与人、物与物、人与物的沟通。可信服务就是利用密码学和网络空间安全理论技术，实现物联网设备的可信接入、安全互联、数据交互和服务可信。

8.4　物联网的标准化

全球许多团体和机构都为物联网标准化研究做出了卓越贡献，对物联网的开发和部署贡献较大的组织和机构有 ISO、GS1（Global Standards1）、IEEE、ITU、ETSI、CCSA（China Communications Standards Association，中国通信标准化协会）、全国信息技术标准化技术委员会、全国信息安全标准化技术委员会等。制定的相关标准如下。

1．物品分类与编码标准化分析

GS1 系统包含全球编码标准体系，对整个供应链各个参与对象进行有效编码，为主动识别和数据采集技术的广泛应用奠定了基础。GS1 对供应链产品进行编码，为保证编码产品的准确性，GS1 全球性的分类体系有 GDSN（Global Data Synchronization Network，全球数据同步网络），全球不同区域内的交易双方都可以用这种统一分组的语言和编码方式。全球数据同步网络协议的精准性和高效性体现出对 GPC（Global Product Classification，全球产品分类）的应用，满足了各种客户对供应链办事效率的需求。GPC 和国际标准分类和编码的操作性系统已经在 GS1 设立了，任何人都可以利用此系统对产品进行轻松分类。GS1 的技术标准 GPC 是比较完善、权威、科学的物品分类标准。

2．自动识别技术标准化分析

就无线射频技术而言，不停地发展标准化会限制它的发展速度，在标签、识读器的通信协议、植入标签中的数据格式等方面都是它标准化研究的集中体现。全球非营利的标准化组织 EPC Global 认为无线射频技术给全球树立了标签的唯一标准，它的最高级目标是带动行业标准的发展。它的唯一标识是 EPC，对其基本构架的结果是一个 EPC Global 目标，它是政府机构、自动识别实验室等组织机构或团体的共同发展目标。欧盟委员会成立的"RFID 实施非正式工作组"是对 RFID 未来发展影响最大的组织。参与成员需对 RFID 及数据指令等有一定的了解，参与方有运营商、数据保护机构等。ISO 和 EPC Global 所从事的事务是不同的，他们对技术要求更为严格，如怎样处理频率、防撞协议等方面的工作。ISO 把自动识别与数据采集有关方面的标准化工作作为中心，其中涉及了全球定位、条码、RFID 等方面标准化的研究。

3．物联网技术标准化分析

根据国家标准化管理委员会 2018 年第 9 号中国国家标准公告，《物联网 系统评价指标体系编制通则》等物联网基础共性国家标准发布，并且于 2019 年 1 月 1 日实施。标准的具体信息如下。

1）GB/T 36468—2018《物联网 系统评价指标体系编制通则》

该标准规定了物联网系统评价指标体系的编制原则、体系结构及指标描述和设计原则。该标准适用于具体行业物联网应用系统评价指标体系的编制。

2）GB/T 36478—2018《物联网 信息交换和共享》

《物联网 信息交换和共享》标准包括 4 个部分：《第 1 部分：总体架构》《第 2 部分：通用技术要求》《第 3 部分：元数据》《第 4 部分：数据接口》。

其中，第 1 部分规定了物联网系统之间进行信息交换和共享包含的过程活动、功能实体和共享交换模式。适用于物联网系统之间信息交换和共享的规划、设计、系统开发及运行维护管理。第 2 部分规定了物联网系统间进行信息交换和共享的通用技术要求，包括数据服务、数据标准化处理、数据存储与管理、数据传递接口、目录管理、认证与授权、交换和共享监控及安全策略要求等内容。适用于物联网系统之间信息交换和共享的规划、设计、系统开发及运行维护管理。第 3 部分定义了不同交换模式和方式下，物联网信息交换和共享的数据格式标准，规定了共性的数据内容和描述规范。第 4 部分定义了物联网信息交换和共享总体架构中各要素间的数据接口标准，规定了共性的数据接口功能和描述规范。以上物联网技术国家标准的发布，进一步完善了我国物联网标准体系，有力促进了物联网技术标准的落地实施，对于指导和促进我国物联网技术、产业、应用的发展具有重要意义。

4．物联网安全标准化分析

全国信息安全标准化技术委员会发布的物联网安全国家标准如下。

● GB/T 37044—2018《信息安全技术 物联网安全参考模型及通用要求》。

- GB/T 36951—2018《信息安全技术 物联网感知终端应用安全技术要求》。
- GB/T 37024—2018《信息安全技术 物联网感知层网关安全技术要求》。
- GB/T 37025—2018《信息安全技术 物联网数据传输安全技术要求》。
- GB/T 37093—2018《信息安全技术 物联网感知层接入通信网的安全要求》。

其中，物联网信息系统中感知终端应用的安全技术要求分为基本要求和增强要求两类。感知终端至少应满足基本要求；处理敏感数据的感知终端，一旦遭到破坏将对人身安全、环境安全带来严重影响的感知终端或 GB/T 22240—2008 规定的三级以上物联网信息系统中的感知终端应满足增强要求。

物联网数据传输安全技术要求分为基本级和增强级两类。处理一般性数据传输应满足基本级安全技术要求。处理重要数据、敏感数据，涉及重大安全问题的数据传输应满足增强级安全技术要求，或者参考等级保护或其他相关标准中安全等级划分内容。

物联网感知层接入通信网的安全功能强度划分为基本级和增强级两个等级的要求。例如，对于通信网接入系统安全技术要求中的设备标识，基本级要求是接入系统中的设备应具备可用于系统中通信识别的唯一标识。增强级要求是接入系统中的设备应具备可用于系统中通信识别的唯一标识，并且该标识应具备防篡改保护。

5．物联网管理标准化分析

物联网在工作时，对主体同行、客体登记、如何处理网络系统运行情况都可以依据物联网标准化制定的相应管理规范和制度，推进相应物联网有关法律规范的制定和实施。物联网管理标准细化涉及多个方面。物联网管理基础标准包含管理术语、企业分类和从业人员等标准。结合以上可以得出，物联网管理基础标准在方方面面都有体现，给其他标准的制定和推行提供了仿照基础。物联网规划标准包括两个主要部分，一个是物联网规划基础标准，另一个是区域物联网规划标准。物联网安全标准也包括两个主要部分，一个是物联网设备安全标准，另一个是物联网信息安全标准。物联网环保标准涉及层面比较广，有基本业务环保、特殊业务环保标准配合适应，为物联网安全管理提供了行为规范。物联网统计标准是物联网管理标准中涉及内容最多的一个标准，总结一下有 9 个主要方面：基础标准、产业结构、基础设施、管理者、从业人员、财务、安全、环保及培训，它涵盖了物联网各方面的标准，在实际物联网管理中应用次数多，效果好。

6．物联网服务标准化分析

随着物联网应用空间的逐渐扩大，其涉及范围也随之扩大，其中包括工业、电力、医疗、航空、石油及社会管理等多个领域。随着应用的发展，物联网的服务种类也变得更加丰富。总体来说，因为物联网在信息和数据方面贡献较大，所以物联网提供的服务在信息采集和传输、认证等方面更为集中。还有信息的存储服务也受到了普遍关注。由于物联网服务标准化通俗来说就是这几个服务形式的标准化，主要是先提出标准，再试行和有力宣传，因此物联网的发展即互联网的发展，在信息、数据服务等方面的标准，也可以延伸至物联网领域中，如信息传输和信息认证等服务。

7. 物联网应用标准化分析

物联网发展就是为了应用，目前物联网在交通、物流、家居、工业、建筑等领域已广泛应用。物联网的发展方向将会延伸到更多领域，向着智能领域前进，期待物联网能在智能工业、农业、交通、信息、建筑等领域崛起。若物联网正式地走入了智能应用领域，则我们的生活方式将发生巨大改变。这些目标都需要相应的技术标准引领和限制。全国智能建筑及居住区数字化标准化技术委员会作为技术标准组织，目前已经牵头智能家居行业中的上下游企业制定了GB/T 35136—2017《智能家居自动控制设备通用技术要求》、GB/T 34043—2017《物联网智能家居 图形符号》、GB/T 35143—2017《物联网智能家居 数据和设备编码》、GB/T 35134—2017《物联网智能家居 设备描述方法》等多项国家标准。

物联网标准化的基础和前提是各个行业的标准化为物联网标准化提供参考。国际相关标准制定组织对应用方面的标准比较重视，这些权威标准组织也正在努力对关于智能交通、智能电力、智能家居等领域的标准进行拟定和推广。智能电网焦点组对各个国家现有标准进行调研和分析，是为了协商在国际层面上这些现有标准是否得到赞同和使用。智能电网焦点组现在所指出的有关解决方案都考虑了电信技术现在和未来的发展因素，其中电信技术涉及指挥、控制、计费和计量等技术。目前国际电联的新焦点组已经开始行动，实施组织调研关于电信技术和相关标准的需求等。国内的标准化组织也不断丰富完善相关标准，逐步形成物联网相关标准体系。

8.5 物联网的发展状况

物联网被视为继计算机、互联网与移动通信网之后的又一次信息产业浪潮。各国政府和企业纷纷看好其产业前景，包括中国、美国在内的多个国家将其提升到国家战略层面。美国前总统奥巴马积极回应 IBM 提出的"智慧地球"战略。欧盟"物联网行动计划"、日本"U-Japan"计划、韩国"U-Korea"计划等都是利用各种信息技术来突破互联网的物理限制，以实现无处不在的物联网。新加坡、中国台湾等在内的国家和地区已制定了"U"社会发展计划。美国加州大学洛杉矶分校、麻省理工学院、奥本大学、俄亥俄州大学等高校都在开展相关研究工作。GE、IBM、Google、Intel、西门子、诺基亚、阿尔卡特、霍尼韦尔、博世等信息产业龙头和传感器设备巨头等也加入物联网研究与应用行列。

8.5.1 物联网的国际发展状况

目前世界各国的物联网基本都处于技术研究与试验阶段。美国、欧盟、日本、韩国等都投入了巨资深入研究探索物联网，并启动了以物联网为基础的"智慧地球""物联网行动计划""U-Japan""U-Korea"等国家性区域战略规划。

1. 物联网在美国的发展

美国政府高度重视物联网的发展。2008 年 IBM 提出"智慧地球"理念后，迅速得到了政府的响应，《2009 年美国复苏再投资法案》提出要在电网、教育、医疗卫生等领域加大政府投资力度，带动物联网技术的研发应用，发展物联网已经成为美国推动经济复苏和重塑国家竞争力的重点。美国国家情报委员会发表的《2025 年对美国利益潜在影响的关键技术报告》中，把物联网列为 6 种关键技术之一。美国国防部的"智能尘埃"、美国国家科学基金会的 GENI（Global Environment for Network Innovations，全球网络创新环境）等项目也都把物联网作为提升美国创新能力的重要举措。与此同时，以 Cisco、德州仪器（TI）、Intel、高通、IBM、微软等企业为代表的产业界也在强化核心技术，抢占标准建设制高点，纷纷加大投入用于物联网软硬件技术的研发及产业化。

2. 物联网在欧盟的发展

2009 年 6 月，欧盟委员会递交了《欧盟物联网行动计划》通告，以确保欧洲在构建物联网的过程中起到主导作用。该通告提出了 14 项物联网行动计划，发布了《欧盟物联网战略研究路线图》，提出欧盟到 2010、2015、2020 年 3 个阶段物联网的研发路线图，并提出物联网在航空航天、汽车、医药、能源等 18 个主要应用领域，以及识别、数据处理、物联网架构等 12 个方面需要突破的关键技术领域。目前，除了进行大规模的研发外，作为欧盟经济刺激计划的一部分，物联网技术已经在智能汽车、智能建筑等领域得到普遍应用。

2009 年 11 月，欧盟委员会以政策文件的形式对外发布了物联网战略，提出要让欧洲在基于互联网的智能基础设施发展上领先全球，除了通过 ICT 研发计划投资 4 亿欧元，启动 90 多个研发项目提高网络智能化水平外，欧盟委员会还会于 2011 年至 2013 年间每年新增 2 亿欧元进一步加强研发力度，同时拿出 3 亿欧元专款，支持物联网相关公司合作开展短期项目建设。为了加强政府对物联网的管理，消除物联网发展的障碍，欧盟制定了一系列物联网的管理规则，并建立了一个有效的分布式管理架构，使全球管理机构可以公开、公平、尽责地履行管理职能。为了完善隐私和个人数据保护，欧盟提出持续监测隐私和个人数据保护问题，修订相关立法，加强相关方对话等。执委会将针对个人可以随时断开联网环境开展技术、法律层面的辩论。此外，为了提高物联网的可信度、接受度、安全性，欧盟积极推广标准化，执委会会评估现有物联网相关标准并推动制定新的标准，确保物联网标准的制定是在各相关方的积极参与下，以一种开放、透明、协商一致的方式达成。

3. 物联网在日本的发展

日本是世界上第一个提出"泛在网"战略的国家，2004 年日本政府在两期 E-Japan 战略目标均提前完成的基础上，提出了"U-Japan"战略，其目标是实现无论何时、何地、何物、何人都可受益于计算机通信技术的社会。物联网包含在泛在网的概念之中，并服务于 U-Japan 及后续的信息化战略。通过这些战略，日本开始推广物联网在电网、远程监测、智能家居、汽车联网和灾难应对等方面的应用。2009 年，日本总务省通过了面向未来 3 年的"数字日本创新计划"，物联网广泛应用于泛在城镇、泛在绿色 ICT、不撞车的下一代智能交通系统等项目中。2009 年 7 月，日本 IT 战略本部发表了《I-Japan 战略 2015》，作为 U-Japan 战略的后续战略，I-Japan 战略的目标是实现以国民为中心的数字安心、活力社会，强化了物联网在交通、医疗、教育、环境监测等领域的应用。2012 年，日本总计发展物联网用户（放号量）超过了 317 万，主要分布在交通、监控、远程支付（包括自动贩卖机）、物流辅助、抄表等 9 个领域。

4. 物联网在韩国的发展

从 1997 年推动互联网普及的"Cyber-Korea21"计划到 2011 年对 RFID、云计算等技术发展的明确部署规划，韩国政府先后出台了多达 8 项的国家信息化建设计划，其中，U-Korea 战略是推动物联网普及应用的主要策略。自 2010 年之后，韩国政府从订立综合型的战略计划转向重点扶持特定的物联网技术，致力于通过发展无线射频技术、云计算等，使其成为促进国家经济发展的新推动力。

2004 年，韩国提出为期 10 年的 U-Korea 战略，目标是在全球最优的泛在基础设施上，将韩国建设成全球第一个泛在社会。2006 年，韩《U-IT839 计划》提出要建设全国性宽带和 IPv6 网络，建设 USN（Ubiquitous Sensor Network，泛在的传感器网），打造强大的手机软件公司；把发展包括 RFID/USN 在内的 8 项业务和研发宽带数字家庭、网络等 9 个方面的关键设备作为经济增长的驱动力。为推动 USN 在现实世界的应用并进行商业化，韩国在食品和药品管理、航空行李管理、军火管理、道路设施管理等方面进行了试点应用。2009 年，通过了《基于 IP 的泛在传感器网基础设施构建基本规划》，将传感器网确定为新增长动力，确立了到 2012 年通过构建世界最先进的传感器网基础设施，打造未来广播通信融合领域超一流 ICT 强国的目标，并确定了构建基础设施、应用、技术研发、营造可扩散环境等 4 大领域的 12 项课题。韩国通信委员会决定促进未来物体通信网络的建设，实现人与物、物与物之间的智能通信，由首尔市政府、济州岛特别自治省、春川市江原道三地组成试点联盟，建设物体通信基础设施。其中，首尔市的建设重点是与日常生活相关的业务，济州岛聚焦于建设基于无线通信技术的环境测量智能基础设施，春川市江原道则致力于打造智能化娱乐化城市。

8.5.2 物联网的国内发展状况

自 2009 年国家提出物联网计划以来，我国掀起了发展物联网战略产业的热潮。我国在这次信息化浪潮中与世界保持了同步发展，迅速将物联网提升到国家战略地位，国家五大战略性新兴产业中物联网排在第二位。物联网领域的发展重点已经从早期聚焦于网络末梢的传感器、传感网及其连接方式，逐步向系统化、产业化应用方向转移，智慧农业、智慧交通、智慧环保、智慧健康、智能家居等传统产业基于互联网的转型升级和智能服务已经成为社会关注的重点，并且在此基础上提出了实现区域性综合服务和管理智慧化的概念，智慧城市由此成为众多城市的标签。云计算、大数据已经成为推动物联网智慧服务产业发展的创新驱动力，利用互联网为传统产业提供智慧化增值服务的物联网产业进入了一个更高水平的发展阶段并面临着历史性转折。

现阶段，我国的物联网应用以重点行业内的先导性、示范性应用为主，随着政策推动及行业的自发性需求增长，部分重点行业和领域的物联网应用得到快速发展，逐步呈现以点带面、以行业带动物联网产业发展的局面。2013 年 9 月 5 日，由国家发展改革委、工业和信息化部等 14 部委联合发出的《物联网发展专项行动计划》，制定了 10 个物联网发展专项行动计划，其中在应用推广专项行动方面提出到 2015 年，在工业、农业、交通能源、城市管理、社会事业等领域开展物联网应用示范，部分领域实现规模化推广。部分物联网应用推广专项行动目标如表 8.1 所示，专项行动的实施极大地促进了物联网与重点领域的应用接轨。

表 8.1　部分物联网应用推广专项行动目标

重点任务	应用领域	时间进度
推动工业生产与经营管理智能化应用	煤炭、石化、冶金、汽车、大型装备工业等企业的生产过程、供应链管理与节能减排	2015 年底前完成每个工业门类全部 4～5 个应用示范
推动交通管理与服务智能化应用	车辆识别、指挥调度、交通控制与信息服务；智能公交系统建设、导航定位、紧急救援、非法车辆查缉、打击涉车犯罪等交通安全服务	2014 年完成部分重点应用示范，2015 年逐步扩大示范规模
推动水利信息采集和信息处理应用	防洪抗旱、水资源管理、饮水安全保障、水利信息综合采集与信息处理、水库安全管理突发性事件处理	2015 年底前完成全部 4～5 个应用示范，2015 年实施部分库区的中小型水库安全监管的应用示范
推动公共安全防范与动态监管应用	国家危化品道路运输监管；重大自然灾害预警与防灾减灾能力建设	2014 年完成 1～2 个省市的应用示范，2015 年起逐步扩大示范规模
推动能源管理智能化和精细化应用	加快实施国家智能电网管理物联网应用示范工程，拓展在发电、输变电、配电、用电等领域的应用	2014 年实施 10 个试点应用示范，2015 年全面推广
推动城市基础设施管理与精细化应用	实现对地下管网、供排水设施、地下空间安全等状态信息的实时采集、在线监控、集中管理	2014 年底前完成 1～2 个城市的应用示范，2015 年底前完成全部 5 个应用示范

　　我国的物联网产业目前整体上还处在初级向高级发展的阶段，面向物联网智慧服务的核心和关键技术有待突破与提高，物联网智慧服务标准有待建立，相关产业的规模化和国际化有待提升。在智慧城市的发展过程中，尽管通过云平台和大数据能够将不同应用集成到平台上，但尚未达到智能调度水平。从产业发展的角度来看，物联网与云计算是大规模信息服务和应用的两个重要支撑，制造业和服务业需要伴随着各类智能应用的发展进行深度融合，只有两个车轮同时转动，才能推动产业升级、技术革命和社会进步不断前行。

8.5.3　物联网的应用案例

　　物联网应用广泛，遍及智能交通、环境保护、政府工作、公安安全、智能电网、智能家居、智能消防、工业检测、环境监测、物流监测、老人护理、个人健康、花卉栽培、食品溯源等多个领域。它其实是一个为我们服务，让我们去感知、控制物理世界的网络，它为我们提供了服务及对物理世界的控制。物联网的应用主要可分为监控型（如物流监控和环境监控）、查询型（如智能检索和远程抄表）、控制型（如智能交通和智能家居）、扫描型（如手机钱包和动态收费）等管理和服务功能。目前智能电网、智能交通、智能物流、智能家居、环境与安全检测、工业自动化、医疗健康、精细农牧业、金融与服务业、国防军事等各个行业均有物联网应用的尝试。本节将重点介绍物联网在智慧城市和智能制造的应用，以及物联网与它们的关系。

8.5.3.1 物联网与智慧城市

1. 智慧城市的发展背景

我国经过改革开放以来 40 多年的发展，城市化步伐不断加快，每年有大量人口进入城市。预计到 2025 年，中国将会有近 2/3 的人口居住在城市，中国进入城市社会。城市化虽然带来了人民生活水平的提高，但城市要保持可持续发展却受到各种因素的制约，需要转方式、调结构、改变生活方式、不断解决突发性事件等。城市必须使用新的科技去改善核心系统，从而最大限度地优化和利用有限的能源。在 2008 年全球性金融危机的影响下，IBM 首先提出了"智慧地球"新理念，并且作为一个智能项目已被世界各国作为应对国际金融危机、振兴经济的重点领域。城市作为地球未来发展的重点，智慧地球的实现离不开智慧城市的支撑。由于建设智慧城市不仅可以提供未来城市发展新模式，而且可以带动新兴产业——物联网产业的发展，因此很快在世界范围内掀起了一股风暴，各主要经济体纷纷将发展智慧城市作为应对金融危机、扩大就业、抢占未来科技制高点的重要战略。

2. 物联网和云计算对智慧城市的支撑作用

智慧城市信息系统是一个面向城市管理、控制与服务的体系，它统一集中了各行业数据与信息资源，为跨部门、跨行业建立协同处理和智能控制平台。智慧城市的系统架构如图 8.2 所示，智慧城市的系统架构自下而上分为感知层、通信层、数据层、应用层，以及完善的标准规范和安全体系。

由图 8.2 可知，物联网和云计算为构建智慧城市信息系统提供了关键技术支撑，它们在网络通信基础设施的支撑下构成智慧城市信息系统的信息感知端和信息处理端。一方面，物联网渗透各行各业，提供全面的城市感知和控制网络。另一方面，云计算数据中心提供面向各个物联网行业应用的集成，面向用户和终端提供整体的智慧城市应用服务平台。两者之间由普遍覆盖的网络通信基础设施在平台与终端之间提供网络环境支撑。通过云计算模式可以支持具有业务一致性的物联网集约运营。智慧城市的核心是以一种智慧的方式通过以物联网、云计算等为核心的新一代信息技术来改变政府、企业和人们相互交往的方式，对于包括民生、环保、公共安全、城市服务、工商业活动在内的各种需求做出快速、智能的响应，提高城市运行效率，为居民创造更美好的城市生活。智慧城市基础平台的信息安全防护体系以适度的信息安全为指导原则，搭建符合智慧城市实际业务安全运行需求的技术保障体系。在建设智慧城市的过程中，信息安全防护体系是不可或缺的一部分，它是智慧城市基础平台平稳高效运行的有效保障。如何在智慧城市这种新的信息化城市形态中，确保各类信息资源被合法、安全、有序地采集、传播和利用，是一项十分艰巨的任务。

图 8.2　智慧城市的系统架构

构建智慧城市一体化的智能控制服务平台，需要处理对城市各方面的生活、生产活动及环境的感知数据。运用统计学、机器学习、专家系统和自动规划等多种方法，从原始数据中挖掘相关信息，提炼出信息中蕴涵的知识，发现规律，提供智能的城市管理、控制和服务。对海量信息的快速处理和智能挖掘需要巨大的存储能力和计算能力，云计算的海量数据分布式存储和并行处理能力为实现智能城市提供了重要的途径。云计算模式在显著提高资源利用率的同时，降低了对用户终端的要求。由于一个采用嵌入式芯片的终端就能承担起用户终端的功能，用户可以通过简单的终端来获得服务器端强大的计算、存储和应用程序资源。因此，云端高性能计算的支持可以降低传感器终端的复杂性，减少终端功耗，简化终端计算系统的软件结构，使复杂的协同、上下文感知、自适应策略等功能放在云中实现，从而使终端的智能得到显著提高。

3．智慧城市的能力要求和层次结构

智慧城市是物联网行业应用的综合性集成，并通过感知数据的统一集中管理、海量信息的智能化处理，形成面向城市管理、控制与服务的应用模式。其建设和发展的目标是围绕城市的可持续发展，提供全面感知的、有效控制的高效管理和优良服务。

智慧城市应具备以下 3 个信息化关键能力。

● 信息的全面感知能力。城市中有大量的感知终端，通过传感器网络在运行、服务中捕获到人们生活、生产及城市环境的多种信息元数据。

● 海量的数据处理能力。具备海量的跨部门、跨行业异构数据的存储能力，能够对海量异构数据进行高效分析、计算和处理，并且能够构建基于数据分析和知识管理的智能应用。

- 智能的管理服务能力。在形成支撑智慧城市的行业智能应用的基础上，建立面向服务的智慧城市综合应用的统一公共管理平台，为居民生活和各行业生产提供普适的、智能的应用与服务。

智慧城市的总体框架包括物联网感知层、云计算数据中心、数字化平台、管理中心和应用5个层次。以下是各层次的功能介绍：

- 普遍部署的物联网感知层对城市系统和环境进行感知与采集，通过宽带通信网络对感知信息进行传输。
- 云计算数据中心对信息进行汇聚、提取和处理。
- 数字化平台实现行业集成的应用接口整合。
- 管理中心实现用户、业务、数据、安全、认证、授权和计费等管理功能。
- 应用实现各行业的应用服务。

另外，标准、法规的完善和全局的统筹规范有利于保障整个信息系统的管理和控制，保证智慧城市的建设和运营，使系统真正具有智能运营、交付和服务能力。

4．智慧城市信息系统的网络拓扑

智慧城市信息系统是智能开放的系统，其网络拓扑以城市数据中心为内部核心，由内而外分为以下6层。

- 城市数据中心。城市数据中心包括网络数据中心、业务数据中心和用户数据中心，共同构成城市数据系统。利用云计算、云存储和并行计算技术支撑云数据库、知识库、专家系统、机器学习算法，对数据进行分析和处理，从而构建城市级的智能处理系统，使管理、控制和服务具有智能的特性。
- 云资源系统。云存储、云计算和云网络设备构成的云资源系统为城市信息系统提供大规模并发计算的能力。其中，智能网络设备可以支持各种协议，实现网络接入的普适化和智能化。
- 能力引擎系统。能力引擎系统提供资源和支撑，通过各类能力引擎对结构化数据和非结构化数据进行综合处理，从海量信息中寻找规律性的知识。
- 资源控制节点。资源控制节点基于分布式架构技术，实现自适应负载均衡能力、带宽汇聚能力、分布式存储能力、动态资源调度能力，实现不同业务与不同能力引擎的适配，动态智能地分配合理的服务资源给访问对象。
- 智能接入网关。通过智能接入网关将终端设备接入云端，自动识别和智能适配终端设备，屏蔽各类终端的差异，实现统一接入。
- 终端。终端指的是感知、控制及服务获取的末端设备，包括计算机、手机、传感器、云终端及各类具有计算与通信能力的软硬件设备。

8.5.3.2 物联网与智能制造

1．智能制造的发展背景

工业革命是现代文明的起点，是人类生产方式的根本性变革。进入21世纪后，互联网、新能源、新材料和生物技术以极快的速度形成巨大的产业能力和市场，使整个工业生产体系提升到一个新的水平，推动了一场新的工业革命。德国技术科学院等机构联合提出"第四代工业一Industry 4.0"战略规划，旨在确保德国制造业的未来竞争力并引领世界工业发展潮流。工业 4.0 与前 3 次工业革命有本质区别，其核心是信息物理系统的深度融合。支撑工业 4.0 计划的基础就是先进的信息网络通信技术和物联网、云计算等新兴技术。

　　工业 4.0 高科技战略计划也被称为以智能制造为主导的第四次工业革命。人类社会传统的生产方式正在发生革命性变化，该战略旨在通过充分利用信息通信技术与网络空间虚拟系统（即信息物理系统 CPS，Cyber Physical System）相结合的手段，将传统的制造业向智能化转型。工业 4.0 提出的智能制造是面向产品全生命周期，实现泛在感知条件下的信息化智能制造过程。智能制造是在现代传感技术、网络技术、自动化技术及人工智能的基础上，通过感知人机交互决策执行和反馈，实现产品设计过程、制造过程和企业管理及服务的智能化，是信息技术与制造技术的深度融合与集成。智能制造是基于科学而非仅凭经验的制造，科学知识是智能化的基础。智能制造包含物质的和非物质的处理过程，不仅具有完善和快捷响应的物料供应链，还需要有稳定且强有力的知识供应链和产学研联盟，源源不断地提供高素质人才和工业需要的创新成果，发展高附加值的新产品，促进产业不断转型升级。

2．物联网和云计算对智能制造的支撑作用

　　智能制造借助计算机建模仿真和信息通信技术，优化产品的设计和制造过程，大幅度减少了物质资源和能源的消耗及各种废弃物的产生，同时实现循环再用、减少排放、保护环境。基于工业 4.0 构思的智能工厂将由物理系统和虚拟的信息系统组成，称为 CPPS（Cyber Physics Production System，信息物理生产系统）。图 8.3 所示为工业 4.0 智能工厂通道示意图。

图 8.3　工业 4.0 智能工厂通道示意图

　　智能工厂装备的高级自动化，主要是由基于自动观察生产过程的 CPPS 的灵活网络来实现

的。通过实时监测与控制生产系统，能够实现生产过程的综合优化。生产优势不仅是在特定生产条件下一次性体现，还可以实现多家工厂、多个生产单元所形成的世界级网络的最优配置与协作。智能工厂的生产环境由智能产品、智能设备、宜人的工作环境、高素质的劳动者和智能能源供应组成，其相互之间进行企业内的通信，包括生产数据采集、工况分析、制造决策等。若干智能工厂通过中间件、云计算、大数据和云服务连接成庞大的制造网络，借助基于智能物流构建完整的制造体系。智能工厂改变了制造业的工作环境，使操作者远离危险。例如，美国一家汽车公司的车身焊接生产线上，戴着工作手套的工人能够借助平板电脑对难以接近的机器人进行远距离操控，从而避免操作过程中发生危险或受到不必要的伤害。

制造业已经进入大数据时代，智能制造需要高性能的计算机和网络基础设施，传统的设备控制和信息处理方式已经不能满足需要，基于云计算的云制造指日可待。云计算提供计算资源的共享池（网络服务器应用程序和存储），本地计算机安装 SCADA （Supervisory Control And Data Acquisition，数据采集与监视控制系统）后，可将数据发送给云进行处理、存储和分配，并且在需要时从云端接收指令，执行相应的操作。"互联网+"通过互联网及其他网络形式将传统社会的各行各业之间，以及与具有大数据处理能力的云计算信息服务平台相连接，实现人类社会、物理世界与信息网络系统的深度融合。"互联网+"的发展重点在于互联网的末梢效应及其边缘价值，其中末梢效应是指互联网对与信息网络连接的其他相关产业产生的影响和发挥的作用，而边缘价值则是指信息网络自身价值以外，服务于其他行业所产生的间接价值和增值服务。"互联网+"利用互联网促使信息社会与现实社会的和谐发展，是物联网的新型表现方式，将互联网的创新成果深度融合于经济社会各领域之中，提升实体经济的创新力和生产力，形成更广泛的以互联网为基础设施和实现工具的社会经济发展新形态。

工业大数据的监测系统服务于智能制造和工业大数据环境，监测系统对机器运行状况的预测能够减少停机时间。预测系统的信息支持 ERP 系统，具有优化生产管理、维修调度及保证机器安全的功能。监测系统应用于生产线中的信息流和供应链管理，使企业的产业化经营更加自动化、透明化和组织化。此外，监测系统有利于降低劳动力成本，并为操作人员和管理者提供更好的工作环境。监测系统还能够通过节能措施降低成本，实现优化检修计划和供应链管理。

3．工业 4.0 的主题和大数据应用

"工业 4.0"项目主要包括以下 3 个主题。

一是"智能工厂"，重点研究智能化生产系统和过程，以及网络化分布式生产设施的实现。

二是"智能生产"，主要涉及整个企业的生产物流管理、人机互动及 3D 技术在工业生产过程中的应用等，该计划特别注重吸引中小企业参与，力图使中小企业成为新一代智能化生产技术的使用者和受益者，同时成为先进工业生产技术的创造者和供应者。

三是"智能物流"，主要通过互联网整合物流资源，充分发挥现有物流资源供应方的效率，需求方则能够快速获得服务匹配，得到物流支持。

大数据在工业 4.0 体系中的应用包括以下 3 个层面。

首先，定义数据和信息记录格式规范，并且管理来自物理空间的信息。

其次，根据获得的大数据及其相关算法，机器能够评估自身健康水平及其在物理世界中的表现，并且在智能算法的控制下将学习到的知识应用于机器健康的自我评估。

最后，将健康评估结果反馈至物理空间，并采取相应行动，实现智能化操作，如进行智能调度、自我维护、平衡负荷等。

4. 智能制造的发展与合作

工业 4.0 是未来工业的发展方向，在整个产业链内的所有机器通过网络和智能控制形成一个协作团队，相互联系，紧密衔接，实现智能化操作。面对由机器产生的庞大数据，需要采用预测工具，使得大量杂乱无章的数据被系统地处理成可用信息，并且可以用来解释某些不确定性，从而做出更多智慧决策，实现机器的智能控制。伴随着即将到来的工业 4.0 时代，制造业不仅包括单个机械设备或生产线，还包括制造业服务化，服务化的深入将改变整个制造业的价值。CPS 架构包括信息物理系统和决策支持系统，CPS 架构策略能够挖掘隐藏的大数据信息，并提炼和挖掘有潜在价值的信息。

德国将推进工业 4.0 项目作为国家战略的一个重要环节，就是在 2020 年让德国成为 CPS 的主要市场。与其他大多数工业发达国家完全不同的是，在推进工业进程的同时，德国一直维持稳定的制造业劳动力。德国是嵌入式系统、移动通信网络等 CPS 相关领域的全球市场领袖。德国教育与研究部委托德国科学技术工程院牵头的 CPS 进程项目的目的是确立综合的 CPS 研究议程，提升工业技术的国家竞争力，巩固德国作为主要市场及提供商的全球地位，在此基础上实现德国技术革命。

与德国相似的是，我国提出了"中国制造 2025"计划，并于 2015 年召开的两会（中国人民政治协商会议和全国人民代表大会）上提出了与"工业 4.0"相似的"互联网+"。基于中德两国签订的合作计划，以及双方共同的发展诉求，中德两国有望在工业制造领域展开深入合作，共同推进物联网、云计算与智能制造的深度融合，促进我国制造产业升级改造，提高我国的技术水平和国际竞争力。

8.6　物联网发展的挑战与建议

8.6.1　物联网发展的挑战

物联网技术大展身手的同时，面临着一系列待解的难题。在国内甚至全球，我们尚未看到物联网大规模建设的案例，此外，行业壁垒和地域壁垒也限制着物联网的规模发展。总体来看，物联网技术的发展主要面临着以下 4 个方面的挑战。

- 工业基础。物联网的内容取决于现有产业的发展，因为国内行业信息基础设施不完善，许多企业仍然落后，所以国内相关产业的信息基础发达程度和水平短期内很难有新的突破。在现实生活中已经可以见到物联网的具体应用，如远程防盗、高速公路不停车收费、智能图书馆、远程电力抄表等，只不过这些仅是物联网技术的雏形，尚未形成一个庞大的网络。物联网固然构建了一个十分美好的蓝图，我们可以想象在未来通过物物相联的庞大网络实现智能交通、智能安防、智能监控、智能物流及家庭电器的智能化控制。但从目前全球状况来看，物联网的发展仍有众多问题需得到解决。

- 技术水平。物联网的产业链很长，与正处于发展阶段的核心技术、产业化应用还有很大的距离，特别是在传感器网络没有工业化规模应用条件下，传感核心技术主要在发达国家手中。作为物联网的发源地，西方拥有较大的技术优势。

- 标准化工作。无论在国外还是国内，物联网的核心架构和每一层的技术接口、协议都不规范，与各行业的互联网应用和基本标准化工作相比，物联网缺乏标准化应用所需的普及规模。

- 安全性问题。在推进物联网产业发展的同时，要特别注意其可靠性、安全性和隐私保护。物联网社会活动、战略资源基础设施和居民居住的整个结构全程在相互联系的网络上，所有的活动和设施的理论透明度一旦遭到攻击，安全和隐私将面临巨大的威胁。

国内物联网发展环境具有一定的挑战，通过推广应用促进物联网技术的创新发展。另外，物联网的发展是一个庞大的系统工程，不是仅靠少数企业就可以完成的，需要建立一个涉及产学研用的产业联盟，共同突破。产业联盟不仅要对物联网技术和概念进行包装，而且还要选择物联网的实际应用与服务为切入点，通过物联网实现价值提升。

8.6.2 物联网发展的建议

物联网受到国内社会的极大关注，在技术和应用方面已经取得一定进展，但同时应看到国内物联网发展与发达国家相比存在差距。针对物联网当前面临的问题与挑战，本节给物联网的发展提出以下几点建议。

（1）科学认识物联网产业发展的长期性与艰巨性。

目前，全球物联网发展尚处于起步阶段。由于大规模应用条件尚未完全成熟，因此国内的物联网发展不宜过高估计短期经济效益、过早强调做大产业。而应充分认识到市场培育和产业发展的长期性、艰巨性。加强各行业主管部门的协调与互动，克服"各自为政"问题，理顺制度环境，从战略层面加快整体布局。当前的主要任务是谋划长远，务实推进建立独立自主的物联网标准。

（2）加快物联网标准的顶层设计。

确定物联网标准体系，优先制定关键资源标准、物联网架构标准和规模化应用急需的平台标准及应用标准，积极参与国际标准提案工作，力争主导制定物联网国际标准，以掌握产业发展的主动权，提升国家在物联网领域的国际竞争力与话语权。

（3）加强物联网核心技术的研发。

应针对制约国内物联网发展的技术薄弱环节，提升自主创新能力，加强物联网网络通信技术，打造国际一流物联网传输和控制技术体系。重视物联网关键资源网络管理和安全隐私等共性技术的研发，重点发展高端传感器、智能传感器、超高频 RFID 等技术实现，以技术创新带动产业发展。

（4）选择重点行业和重点领域推进物联网应用。

由于目前国内的物联网还处在初级的产业启动期，谈不上大规模的产业化推广，因此应优先在物联网技术应用比较成熟的行业建立示范工程带动其他行业的发展，重点在工业、农业、物流、电网、交通运输、节能环保、医疗、公共安全等关系民生且具有重大经济社会效益的领域中推进物联网应用。

（5）重视物联网发展中的信息安全问题。

加强研究适用于物联网的网络安全体系结构和安全技术，对物联网面临的安全威胁、信息泄露和个人隐私保护威胁进行全面评估。针对影响国家安全的标识频谱解析体系等关键基础资源，制定维护和保障国家权益的系统性对策。并加快实施建立物联网等级保护安全测评和风险评估制度。

当前全球各主要经济体都在积极地推动物联网产业的发展，以期在未来的智能化建设中占据高地。中国作为发展物联网产业的积极响应者，有自己独特的驱动因素、阻碍因素和产业特点，并且已经形成一定的细分市场。在我国物联网发展的过程中，进行物联网关键技术攻关、创新物联网应用模式、建设自身的标准和规范、打造中国物联网自身的核心能力的同时，需要注重引进和吸收国外物联网技术发展和各领域应用的先进经验，注重与国外厂商合作。只有不断引进、学习、消化、吸收，才能逐渐形成具有中国特色的物联网产业发展道路。

本章小结

本章首先分析了物联网的概念与定义，然后分析了其发展历程和特征，以及物联网的标准化进展。以智慧城市和智能制造为案例介绍了物联网的应用价值，分析了"互联网+"在智能制造中的应用，论述了物联网在国内外的发展状况，最后阐述了物联网发展所面临的挑战与建议。

习题

1．物联网的主要特征有哪些？

2．物联网中的"物"需要满足哪些条件才能纳入物联网的范围？

3．物联网就是"物物相联的互联网"。这有两层意思：第一，物联网的核心和基础仍然是互联网，是在互联网基础上的延伸和扩展的网络；第二，其用户端延伸和扩展到了_____之间。

4．试述物联网和云计算对智能制造的支撑作用。

第 9 章
物联网的系统结构

::: 本章目标 :::

◎ 理解物联网系统结构设计原则

◎ 认识物联网的一般体系结构

◎ 认识物联网的自主体系结构

◎ 理解物联网的 EPC 体系结构

◎ 理解物联网的 CPS 体系结构

◎ 认识物联网的 SOA 体系结构

◎ 掌握物联网标准的体系结构

9.1 物联网系统结构设计原则

物联网作为一种形式多样的复杂系统聚合概念，几乎涉及了信息技术自下而上的每一个层面，将会对 IT 产业发展起到巨大的推动作用。然而，由于物联网尚处在起步阶段，因此在物联网系统应用的同时，很多研究人员和组织机构分别从不同角度提出了若干物联网系统结构。如 WoT（Web of Things，物品万维网）的体系结构，它定义了一种面向应用的物联网，把万维网服务嵌入到系统中，可以采用简单的万维网服务形式使用物联网。WoT 是一个以用户为中心的物联网体系结构，试图把互联网面向信息获取的万维网结构移植到物联网上，用于物联网的信息发布、检索和获取。

当前，比较具有代表性的物联网架构有欧美支持的 EPC Global 物联网体系架构和日本的 UID（Ubiquitous ID，泛在标识）物联网系统等。我国也积极参与了物联网体系结构的研究，正在积极制定符合社会发展实际情况的物联网标准和架构。

物联网主要是从应用出发，利用互联网、无线通信技术进行业务数据的传输，是互联网、移动通信网应用的延伸，是自动化控制、智能感知及信息应用技术的综合展现。由于当物联网概念与短距通信、信息采集、网络技术、用户智能终端设备结合之后，其实用价值逐步得到展现。因此，设计物联网体系结构时应该遵循以下几条原则。

- 多样性原则。物联网体系结构需要根据物联网的服务类型、应用场景、节点类型的不同，分别灵活设计多种类型的体系结构，无须建立唯一的物联网体系结构。
- 时空性原则。物联网尚在发展之中，其体系结构应该能满足在时间、空间和能源方面的需求。
- 互联性原则。物联网体系结构需要平滑地与互联网实现互联互通，如果试图另行设计一套互联通信协议及描述语言是不现实的。
- 扩展性原则。物联网体系结构的架构应该具有一定的扩展性，以便最大限度地利用现有网络通信基础设施，保护投资者的利益。
- 安全性原则。物物互联之后，由于物联网的安全性比计算机互联网的安全性更重要，因此物联网的体系结构应能够防御大范围的网络攻击。
- 健壮性原则。物联网体系结构应具备较好的健壮性和可靠性。

9.2　物联网的一般体系结构

9.2.1　物联网的 3 层架构

物联网具备 3 个特征：一是全面感知，即利用 RFID、传感器、二维码等随时随地获取物体的信息；二是可靠传输，通过各种电信网络与互联网的融合，将物体的信息实时准确地传输出去；三是智能处理，利用云计算、模糊识别等各种智能计算技术，对海量数据和信息进行分析和处理，对物体实施智能化控制。因此，物联网被公认为有 3 个层次：底层是用来感知数据的感知层，第二层是数据传输的网络层，最上层则是面向用户的应用层。物联网的 3 层架构如图 9.1 所示。

图 9.1　物联网的 3 层架构

物联网感知层是物联网的感觉器官，主要用于采集物理世界中的事件和数据信息，这种采集涉及传感器、二维码、RFID、多媒体信息等。其关键技术包括低速和中高速短距离传输技术、自组织组网技术、协同信息处理技术和传感器中间件技术。感知层必须解决低功耗、低成本和小型化的问题，并且向更敏感、全面的感知能力方向发展。感知层由各种类型的采集和控制模块组成，如温度感应器、声音感应器、振动感应器、压力感应器、RFID 读写器、二维码识别器等，还包括数据接入到网关之前的传感网络，完成物联网应用的数据采集和设备控制功能。感知层是物联网的重要基础，国内外都十分重视传感器网络的研究。

网络层是物联网的神经系统，可细分为异构的接入网络与基础核心网络，主要进行信息传输，实现更加广泛的互联功能，将感知到的信息以高可靠、高安全、无障碍的方式进行传输，需要移动通信网、互联网和其他专网的相互融合。网络层中的接入网部分作为连接感知层与核心网的重要纽带，主要包括无线局域网、无线个域网、无线传感器网络及下一代无线网络等。网络层是基于现有通信网和互联网建立起来的，包括接入单元和接入网络两个部分。网络层是连接感知层的桥梁，汇聚从感知层获得的数据，并且将数据发送到接入网络。接入网络即现有的通信网络，包括移动通信网、有线电话网、有线宽带网等，通过接入网络将数据最终传输至互联网。

应用层主要由物联网应用和物联网应用支撑子层构成。其中物联网应用包括环境监测、智能电力、智能物流、智能交通、工业监控等物联网应用领域示范系统。而物联网应用支撑子层主要由公共中间件、信息开放平台、云计算机平台、服务支撑平台等构成，实现跨平台、跨系统、跨行业的信息共享、协同及互联互通。应用层主要完成数据的管理和处理，并且将这些数据与各行业应用相结合。物联网应用支撑子层是一个独立的系统软件或服务程序，它将许多公用能力如通信管理、设备控制、定位等进行统一封装，提升物联网应用的开发效率。物联网应用是用户可以直接使用的各种实际应用。

9.2.2　物联网的 4 层架构

按照网络分层原理，可以将物联网分成对象感知层、数据交换层、信息整合层和应用服务层，如图 9.2 所示。

应用服务层
信息整合层
数据交换层
对象感知层

图 9.2　物联网 4 层体系架构

对象感知层实现对物理对象的感知和数据获取。数据交换层提供透明的数据传输能力。信息整合层对网络获取的不确定信息完成重组、清洗、融合等处理，整合为相对准确的结论。应用服务层将信息转化为内容提供服务。基于该架构可以从用户、网络提供者、应用开发者、服务提供者等多视角分析物联网体系结构，为支持大规模异构网络全局信息融合和局部动态自治所要求的高效数据交换奠定基础。

物联网作为一种全新的网络模式，网络动态行为对其核心性能因素的影响是未知的，需要深入研究针对信息和服务的主动测量的协作框架及主被动测量的数据分析方法，探寻分析网络行为对性能要素影响的一般规律。在认识网络动态行为规律的基础上，研究物联网中适应时变网络快速数据转发的路由策略与数据转移模式。

9.3　物联网的自主体系结构

为了适应异构物联网无线通信环境需要，Guy Pujolle 在 *An autonomic-oriented architechture for the Internet of Things* 一文中，提出了一种采用自主通信技术的物联网自主体系结构，如图9.3 所示。自主通信是指以自主件（Self Ware）为核心的通信，自主件在端到端层次及中间节点中执行网络控制面已知的或新出现的任务。自主件可以确保通信系统的可进化特性。

物联网的自主体系结构包括了数据面、控制面、知识面和管理面。数据面主要用于数据分组的传输。控制面通过向数据面发送配置报文，优化数据面的吞吐量及可靠性。知识面提供整个网络信息的完整视图，并且提炼成网络系统的知识，用于指导控制面的适应性控制。管理面协调和管理数据面、控制面和知识面的交互，提供物联网的自主能力。

图 9.3　物联网的一种自主体系结构

自主体系结构中的自主特征主要是由 STP/SP 协议栈和智能层取代传统的 TCP/IP 协议栈，如图 9.4 所示。其中 STP 和 SP 分别表示智能传输协议（Smart Transport Protocol）和智能协议（Smart Protocol），物联网节点的智能层主要用于协商交互节点之间 STP/SP 的选择，优化无线链路上的通信和数据传输，以满足异构物联网设备之间的联网需求。

图 9.4　物联网自主体系结构的 STP/SP 协议栈和智能层

这种面向物联网的自主体系结构涉及的协议栈较为复杂，只适用于计算资源较为富裕的物联网节点。

9.4　物联网的 EPC 体系结构

随着全球经济一体化和信息网络化进程的加快，为满足对单个物品的标识和高效识别，美国麻省理工学院的自动识别实验室（Auto-ID）在美国统一代码委员会（Uniform Code Council，UCC）的支持下，提出要在计算机互联网的基础上，利用 RFID、无线通信技术，构造一个覆盖世界万物的系统；同时提出了 EPC 的概念，即每个对象都将赋予一个唯一的 EPC，并由采用

RFID 的信息系统管理，彼此联系，数据传输和数据存储由 EPC 网络来处理。随后，EAN（国际物品编码协会）和 UCC 于 2003 年 9 月联合成立了非营利性组织 EPC Global，将 EPC 纳入了全球统一标识系统，实现了全球统一标志系统的 GTIN（Global Trade Item Number，全球贸易项目代码）编码体系与 EPC 概念的完美结合。

EPC Global 对于物联网的描述是物联网主要由 EPC 编码体系、RFID 系统及 EPC 信息网络系统 3 个部分组成。

1．EPC 编码体系

物联网实现的是全球物品的信息实时共享。首先要实现全球物品的统一编码，即对在地球上任何地方生产出来的任何一件物品，都要打上电子标签，并且电子标签全球唯一。电子标签代表了该物品的基本识别信息，例如，ABCDE 表示 A 公司于 B 时间在 C 地点生产的 D 类产品的第 E 件。目前，欧美支持的 EPC 编码和日本支持的 UID 编码是两种常见的电子产品编码体系。

2．RFID 系统

RFID 系统包括 EPC 标签和读写器。EPC 标签是编号（每件商品唯一的号码，即牌照）的载体，当 EPC 标签贴在物品上或内嵌在物品中时，该物品与 EPC 标签中的产品电子代码就建立了一对一的映射关系。EPC 标签从本质上来说是一个电子标签，通过 RFID 读写器可以对 EPC 标签内存信息进行读取。这个内存信息通常就是产品电子代码。产品电子代码经 RFID 读写器报送给物联网中间件，经处理后存储在分布式数据库中。用户查询物品信息时只要在网络浏览器的地址栏中，输入物品名称、生产商、供货商等数据，就可以实时获悉物品在供应链中的状况。目前已经制定了与此相关的标准，包括电子标签的封装标准，电子标签和读写器间数据交互的标准等。

3．EPC 信息网络系统

EPC 信息网络系统包括 EPC 中间件、EPC 信息发现服务（EPC Information Discovery Service）和 EPC 信息服务（EPC Information Service，EPC IS）3 个部分。EPC 中间件通常指一个通用平台和接口，是连接 RFID 读写器和信息系统的纽带。它主要用于实现 RFID 读写器和后端应用系统之间的信息交互、捕获实时信息和事件，向上传输给后端应用数据库软件系统及 ERP 系统等，或者向下传输给 RFID 读写器。EPC 信息发现服务包括 ONS（Object Name Service，对象名解析服务）及配套服务，基于电子产品代码，获取 EPC 数据访问通道信息。目前，根 ONS 系统和配套的发现服务系统由 EPC Global 委托 Verisign 公司进行运维，其接口标准正在制定中。

EPC 信息服务即 EPC 软件支持系统，用来实现最终用户在物联网环境下交互 EPC 信息。关于 EPC IS 的接口和标准也正在制定中。

可见，一个 EPC 物联网体系架构主要由 EPC 编码、物体 EPC 标签、RFID 读写器、中间件系统、ONS 服务器、EPC IS 服务器、PML（Physical Markup Language，实体标记语言）服务器等部分构成，如图 9.5 所示。

图 9.5 EPC 物联网体系架构示意图

由图 9.5 可以得到一个企业物联网应用系统的体系架构。该应用系统由 3 个部分组成，即 RFID 系统、中间件系统和计算机互联网系统。其中 RFID 系统包含物体 EPC 标签和 RFID 读写器，两者通过 RFID 空中接口通信，EPC 标签贴于每件物品上。中间件系统含有 EPC IS 服务器、PML 服务器及 ONS 服务器，其后端应用数据库软件系统还包含 ERP 系统等，由于这些都与计算机互联网相连，因此可以及时有效地跟踪、查询、修改或增减数据。

RFID 读写器从含有一个或一系列 EPC 的标签上读取物品的电子代码，然后将读取的物品电子代码送到中间件系统进行处理。如果读取的数据量较大而中间件系统处理不及时，可应用 ONS 服务器来存储部分读取数据。中间件系统以该 EPC 数据为信息源，在本地 ONS 服务器获取包含该产品信息的 EPC 信息服务器的网络地址。当本地 ONS 服务器不能查阅到 EPC 编码所对应的 EPC 信息服务器地址时，可向远程 ONS 服务器发送解析请求，获取物品的对象名称，继而通过 EPC 信息服务的各种接口获得物品信息的各种相关服务。由于整个 EPC 网络系统借助计算机互联网，利用在互联网基础上发展生产的通信协议和描述语言而运行。因此可以说物联网是架构在互联网基础上的关于各种物理产品信息服务的总和。

综上所述，EPC 物联网系统是在计算机互联网基础上，通过中间件系统、ONS 和 EPC 信息服务来实现物物联网的。

9.5　物联网的 CPS 体系结构

CPS（Cyber-Physical System，信息物理系统）是最近几年出现的一个新概念，它指计算和物理过程紧密结合与协作的系统。CPS 中嵌入式计算机和网络化监控的物理过程相互影响。CPS 强调计算通信控制与物理过程的集成。它具有应对环境不确定性变化的自适应性、动态自组织重构性及网络环境下的大规模系统集成控制。CPS 在物理设备和程序控制下无缝地集成了传感器网络计算单元和控制单元，它作为计算过程和物理过程的统一体，是集成计算通信与控制于一体的下一代智能系统。

根据其定义可知，CPS 与物联网有许多相同点，它们都需要感知技术、计算技术、信息的传输与交互技术；两者的目的都是增加信息世界与物理世界的联系，使计算能力更有效地服务于现实应用。但它们也有不同点。物联网着重物物互联的概念，将世界万物连接在一起，强调的是网络的联通作用；CPS 更着重循环反馈的概念，要求系统能够在感知物理世界之后，通过通信与计算对物理世界起到反馈与控制作用，所强调的是通过网络实现的反馈和控制作用。

CPS 是由感知、控制和决策 3 个模块构成的分布式系统。系统通过网络协调各模块的操作时序，从而实现自我感知、自我判断、自我调节和自我控制。物联网和 CPS 的系统模型如图9.6所示，系统模型包括物理层、网络层、协同处理层和应用层。

图 9.6 物联网和 CPS 的系统模型

物理层由感知子系统和控制子系统构成，主要负责从物理世界采集原始信息，并根据系统指令改造物理世界。典型的物理层设备包括 RFID 装置、各类传感器、图像采集装置、执行器单元及全球定位系统（GPS）。

网络层保证感知数据在异构网络中的可靠传输，其功能相当于 TCP/IP 结构中的网络层和传输层。构成该层的要素包括网络基础设施、通信协议及通信协议间的协调机制。

协同处理层由多个不同功能的智能协同处理平台组成，并采用网络或云计算的方式组织这些平台的计算能力。协同处理层根据应用需求将原始感知数据处理成不同的格式，实现同一感知数据在多个应用系统间的共享，同时根据感知数据和来自应用层的用户命令智能决策，调整控制子系统内部的预设规则，改变控制子系统的运行状态。

应用层面向用户提供个性化业务、身份认证、隐私保护和人机交互接口，面向协同处理层提供用户操作指令。通过应用层提供的接口，用户可以使用电视、个人计算机、移动设备等多种终端设备访问物联网或 CPS。

物联网和 CPS 将地理分布的异构嵌入式设备通过高速稳定的网络连接起来，实现信息交换、资源共享和协同控制，具有广阔的市场前景和巨大的经济效益，是未来网络演进的必然趋势。CPS 在继承物联网无处不在通信模式的基础上，更强调物体间的感知互动，强调物理世界与信息系统间的循环反馈。CPS 在感知物理世界之后，能够通过计算、通信和控制对物理世界进行调整，也能够根据感知信息调节系统自身的状态。物联网和 CPS 是相容的概念，CPS 是物联网的理论核心和技术内涵，而物联网是 CPS 初级阶段的外在表现形式。随着技术的进步，物联网和 CPS 必将趋于统一。

9.6　物联网的 SOA 体系结构

SOA 最初由 Gartner 公司于 1996 年提出，SOA 被描述为一种通过已发布的、可发现的接口，向分布在网络上的用户应用或其他软件系统提供服务的软件系统构建方法。由于 SOA 本身所具有的特点和优势，使得它成为一种极度适应物联网中间件特性的解决方案。SOA 本质上是服务的集合，服务间彼此通信，这种通信可能是简单的数据传输，也可能是两个或更多的服务协调进行某些活动。服务间需要某些方法进行连接与通信。所谓服务是精确定义、封装完善、独立于其他服务所处环境和状态的函数。

将 SOA 整合到物联网的服务应用中，可以对松散耦合的粗粒度应用组件进行分布式部署、组合和使用，完成服务提供和服务具体使用方式的分离，从而实现对各种粗粒度松散耦合服务的集成，为处理企业应用中的复杂性问题提供有效的解决方案。随着物联网应用对异构性要求越来越高，面向服务中间件成为未来物联网中间件研究领域的重要发展方向之一。随着近年来云计算的发展，物联网中间件的一个重要发展趋势是与云计算相结合。面向设备的云计算，是物联网的典型计算模式。支持云服务的物联网中间件，可以更有效地降低构件成本，提高资源利用率，同时显著提高系统的整体可靠性。

基于 SOA 的物联网中间件架构模型如图 9.7 所示。该架构模型从应用模式的角度出发，将物联网感知层的各种业务功能包装成独立的标准服务，使各种服务之间能随意组合调用。同时该架构模型为多个应用程序提供服务功能，以满足企业不断变化的应用需求，大大提高了硬件资源和软件的利用率，减少了开发和维护成本，对物联网更加实用，使网络上层开发人员能更加方便、快捷、高效地使用该中间件系统进行应用程序开发。

图 9.7 基于 SOA 的物联网中间件架构模型

基于 SOA 的物联网中间件架构模型主要分为 4 个层次：服务管理层、ESB 层、控制接入管理层和感知层。在基于 SOA 的物联网中间件架构模型中，互联网上层应用可视为 SOA 体系中的服务请求者，而底层感知网络可视为服务提供者，ESB 层则作为服务注册中心，通过发布/订阅通信机制实现服务的请求与绑定，利用 Web Service 技术实现面向服务的设计思想。ESB 层在该体系结构中完成的功能有对不同服务的消息格式进行转换、服务路由、在服务请求者与服务提供者之间转化协议、提供服务到 ESB 的接入适配功能、记录并维护服务信息。ESB 层为服务请求者和服务提供者之间架设了沟通的桥梁，通过与上下两层的联系完成对应用程序合理的服务部署，集成松散耦合的应用程序，对各种资源进行优化组合、充分利用。

9.7　物联网的标准体系结构

9.7.1　物联网标准体系框架

为了实现无处不在的物联网，要进行和核心网络的融合，大量关键技术尚需突破，标准化将对实现大规模应用网络所需要的互联互通起到至关重要的作用。根据物联网技术与应用密切相关的特点，按照技术基础标准和应用子集标准两个层次，引用现有标准或制定新规范等策略，形成了包括总体标准、感知层标准、网络层标准、应用层标准和共性标准的物联网标准体系框架，以求通过物联网标准体系指导成体系、系统的物联网标准制定工作，同时为今后的物联网产品研发和应用开发中对标准的采用提供重要的支持。物联网标准体系框架如图 9.8 所示。

图 9.8　物联网标准体系框架

物联网的术语、技术需求、参考模型等设计是物联网标准化工作的基础，只有做好这些基础性工作，才便于下一步标准体系建设过程中的统一交流，避免陷入为不同的描述和理解进行无休止的纠缠，影响标准工作的推进。系统体系架构的研制是一种顶层设计，做好顶层设计，有利于标准整体推进工作的宏观统筹布局和分工，同时为下一步做好产业界定和统计工作打下坚实基础。

物联网基础安全标准主要是指物联网终端、网关、平台等关键基础环节的安全标准。物联网基础安全标准体系包括总体安全、终端安全、网关安全、平台安全和安全管理 5 大类标准，每个大类标准又包括小类标准。物联网基础安全标准体系框架如图 9.9 所示。

图 9.9 物联网基础安全标准体系框架

其中，总体安全是物联网基础安全的基础性、指导性和通用性标准，主要包括物联网基础安全的术语定义、架构模型、场景、集成、分级和协议等。

物联网的标准化工作是长期、渐进性的系统工程，必须分步骤、有计划地开展相关领域的标准研制，按照技术发展和需求现状分解各阶段的标准化任务。应该建立"政、产、学、研、用"密切配合、协调分工的联动机制。ISO、IEC、ITU、IEEE、IETF 等组织已陆续开展了物联网相关技术的标准化工作。国内一些重要的标准化组织也在同步开展国家和行业标准的研制工作，并已提出协同信息处理与服务支撑接口等国际标准提案。物联网在许多重点行业、重大基础设施中应用后，信息安全的要求会更加突出，如果没有相应的安全标准做保障，一旦发生重大安全问题，不仅会造成严重的经济损失，甚至可能会严重影响人们使用物联网的信心。要及早考虑终端传感设备的身份识别、短距离通信中的保密及各类数据的应用安全管理问题。

9.7.2 物联网国际标准化状况

物联网涉及的技术广泛，标准化方面形成了多个国际标准和工业标准并存的局面，物联网相关国际标准化组织如图 9.10 所示。

总体上物联网标准化的切入点主要集中在以下 4 个方面：

- 总体性标准方面，主要涉及 ITU-T、OneM2M 和 ISO/IEC JTC1。ITU-T 主要对物联网的需求和架构进行研究，后续可能会向应用和接口方向发展；

总体性相关国际标准组织
- ITU-T：SG13、SG16、SG17、IoT-GSI、FG M2M
- OneM2M
- ISO/IEC JTC1：SC31/WG6、WG7、SWG5

M2M相关国际标准组织
- 3GPP：SA1、SA2、SA3、CT、RAN
- 3GPP2：TSG-S
- ETSI M2M
- GSMA：CLP
- OMA：LightweightM2M、M2MDevClass

行业专属国际标准组织
- 智能电网：NIST/SGIP、IEEE、ETSI/CEN/CENELEC、ITU-T、ZigBee等
- 智能交通：ITU-T、ETSI ITS、ISO/TC 22&TC204、IEEE等
- 智慧医疗：ITU-T、ETSI ITS、ISO/TC 205、IEEE等

通用共性相关国际标准组织
- IEEE：802.15.x、802.11
- IETF：6LoWPAN、ROLL、CoRE、XMPP、Lwig
- W3C、OASIS
- GS1、EPC Global

图 9.10 物联网相关国际标准化组织

OneM2M 专注于物联网业务能力相关的标准化；ISO/IEC JTC1 侧重传感网方面的研究和标准化。

- 通用共性标准方面，如 IEEE 802.15.x 低速近距离无线通信技术标准化，低功耗 IEEE 802.11a、802.11h、802.11p 标准；IETF 6LoWPAN、ROLL、CoRE、XMPP、Lwig，主要对基于 IEEE 802.15.4 的 IPv6 低功耗有损网络路由的协议进行研究；W3C、OASIS 等主要涉及互联网应用协议；EPC Global、GS1 主要推进 RFID 标识和解析标准。

- M2M 标准方面，3GPP 主要研究移动通信网络的优化技术；3GPP2 针对 CDMA 网络也启动了相关的需求分析；OMA 在设备管理（DM）工作组下也成立了 M2M 相关工作组，对轻量级的 M2M 设备管理协议、M2M 设备分类方法等进行研究和标准化工作；GSMA 则集合全球运营商推进通过连接生活项目（Connected Living Program，CLP）提炼对物联网的相关需求。

- 行业专属标准方面，如智能电网、智慧医疗、智能交通等都分别由不同的国际标准组织和联盟推进。

本章小结

本章首先分析了物联网的系统结构设计原则，然后从不同角度对物联网的体系结构进行了分类。物联网通常可以分为感知层、网络层、应用层；物联网的自主体系结构包括数据面、控制面、知识面和管理面；物联网也可以从 EPC、CPS、SOA 等角度进行分层描述。本章最后给出了物联网标准的体系框架。

习题

1．物联网体系结构的设计原则是什么？

2．物联网被公认为有 3 个层次：底层是用于感知数据的感知层，第二层是用于数据传输的网络层，最上层则是面向用户的_____。

3．按照网络分层原理，可以将物联网分成对象感知层、_____、信息整合层、应用服务层。

4．在基于 SOA 的物联网中间件架构模型中，利用_____技术实现面向服务的设计思想。

第 10 章
物联网的关键技术

本章目标

◎ 了解现代感知与标识技术

◎ 认识嵌入式系统技术

◎ 掌握网络与通信技术

◎ 理解数据汇聚与信息融合技术

◎ 理解智能信息处理技术

◎ 认识新型服务计算技术

◎ 掌握网络安全与管理技术

目前，物联网的关键技术主要包括现代感知与标识技术、嵌入式系统技术、网络与通信技术、信息融合技术、智能信息处理技术、新型服务计算技术、网络安全与管理技术等。本章将分别对物联网的关键技术进行介绍。

10.1 现代感知与标识技术

10.1.1 条码技术

10.1.1.1 一维条码

1. 一维条码概述

条码（Barcode）就是条形码的简称，是将宽度不等的多个黑条和空白，按照一定的编码规则排列，以表达一组信息的图形标识符。常见的条码是由反射率相差很大的黑条（简称条）和白条（简称空）排成的平行线图案。由于条码可以标出物品的生产国、制造厂家、商品名称、生产日期，图书分类号和邮件的起止地点、类别、日期等许多信息，因此在商品流通、图书管理、邮政管理、银行系统等许多领域都得到了广泛的应用。条码技术起源于 20 世纪 40 年代，研究于 20 世纪 60 年代，应用于 20 世纪 70 年代，普及于 20 世纪 80 年代。条码的各种应用以输入速度快、可靠性高、信息采集量大、灵活实用、系统成本较低的优点风靡世界。20 世纪 90 年代的国际流通领域将条码誉为商品进入国际市场的"身份证"，条码与 EDI （Electronic Data Interchange，电子数据交换）系统相联，便形成了多元信息网，使商品信息流向世界各地。

随着条码技术的发展，条码码制种类不断增加，到目前为止，共有 40 多种条码码制，相应的自动识别设备和印刷技术也得到了长足的发展。

目前，国际广泛使用的一维条码种类如下。

EAN、UPC 码——商品条码，用于在世界范围内唯一标识一种商品。我们在超市中最常见的就是 EAN 和 UPC 条码。其中，EAN 码是当今世界上广为使用的商品条码，已成为 EDI 的基础；UPC 码主要为美国和加拿大使用。

39 码——因其可采用数字与字母共同组成的方式而在各行业内部管理上被广泛使用。

ITF25 码——在物流管理中应用较多。

库德巴码——多用于血库、医疗、图书馆和照相馆的业务中。

2．一维条码（线形条码）定义

这种条码是由一个接一个的条和空排列组成的，条码信息靠条和空的不同宽度和位置来传递，信息量的大小是由条码的宽度和印刷的精度来决定的，条码越宽，精度越高，包容的条和空越多，信息量越大； 条码印刷的单位长度内容纳的条和空越多，传递的信息量也就越大。这种条码技术只能在一个方向上通过条与空的排列组合来存储信息，所以叫它一维条码。

3．一维条码的编码方法

条码的编码方法是指条码中条、空的编码规则及二进制的逻辑表示的设置。条码符号作为一种为计算机信息处理而提供的光电扫描信息图形符号，满足计算机二进制的要求。条码的编码方法要通过设计条码中条与空的排列组合来表示不同的二进制数据。一般来说，条码的编码方法有两种：模块组合法和宽度调节法。

模块组合法是指条码符号中，条与空是由标准宽度的模块组合而成的。一个标准宽度的条表示二进制的 1，而一个标准宽度的空模块表示二进制的 0。例如，EAN 码、UPC 码模块的标准宽度是 0.33mm ，它的一个字符由两个条和两个空构成，每一个条或空由 1～4 个标准宽度模块组成。

宽度调节法是指条码中条与空的宽窄设置不同，用宽单元表示二进制的 1，用窄单元表示二进制的 0，宽窄单元之比一般控制在 2～3。

4．常见的一维条码

（1）EAN 码。

EAN 码的全名为欧洲商品条码（European Article Number），源于 1977 年，是由欧洲 12 个工业国家共同发展出来的一种条码，目前已成为一种国际性的条码系统。EAN 码是国际物品编码协会全球推广应用的商品条码，是定长的纯数字型条码，它表示的字符集为数字 0～9。在实际应用中，EAN 码有两种版本，标准版和缩短版。标准版表示 13 位数字，称为 EAN-13 码或长码；缩短版表示 8 位数字，称为 EAN-8 码或短码。EAN-13 码由厂商识别代码和商品项目代码和校验码 3 个部分组成。我国的通用商品条码与其等效，日常购买的商品包装上所印的条码一般就是 EAN 码，如图 10.1 所示。

（a）EAN-13 码 　　　　　　　　　　　　　　　　　　　（b）EAN-8 码

图 10.1 EAN 码

EAN 码具有以下特性。

- 只能存储数字。
- 可双向扫描处理，即条码可由左至右或由右至左扫描。
- 必须有校验码，以防读取资料的错误情形发生，位于 EAN 码中的最右边处。
- 具有起始符、中间分隔符和终止符，以分隔条码上的不同部分，采取适当的安全空间来处理。
- 条码长度一定，较欠缺弹性，但经由适当的管道，可使其通用于世界各国。

（2）UPC 码。

UPC 码的全名为通用产品码（Universal Product Code），UPC 码是美国 UCC 制定的商品条码，它是世界上最早出现并投入应用的商品条码，在北美地区得以广泛应用。UPC 码在技术上与 EAN 码完全一致，它的编码方法是模块组合法，也是定长、纯数字型条码。UPC 码有 A、B、C、D、E 5 种版本，常用的商品条码版本为 UPC-A 码和 UPC-E 码。UPC-A 码是标准的 UPC 通用商品条码版本，UPC-E 码为缩短版本，如图 10.2 所示。

（a）UPC-A 码 　　　　　　　　　　　　　　　　　　　（b）UPC-E 码

图 10.2 UPC 码

UPC 码是最早大规模应用的条码，其特性是一种长度固定、连续性的条码，目前主要在美国和加拿大使用。由于其应用广泛，故又被称为万用条码。UPC 码仅可用来表示数字，其字码集为数字 0～9。UPC 码各种版本的格式与应用对象如表 10.1 所示。

表 10.1 UPC 码各种版本的格式与应用对象

版本	应用对象	格式
UPC-A	通用商品	SXXXXX XXXXXC
UPC-B	医药卫生	SXXXXX XXXXXC
UPC-C	产业部门	XSXXXX XXXXXXCX
UPC-D	仓库批发	SXXXXX XXXXXCXX
UPC-E	商品短码	SXXXXXXC
注：S—系统字符；C—校验码		

（3）Industrial25 码。

Industrial25 码根据宽度调节法进行编码，只能表示数字，有两种单元宽度。每个条码字符由 5 个条组成，其中有两个宽条，其余为窄条。这种条码的空不表示信息，只用来分隔条，一般取与窄条相同的宽度，如图 10.3 所示。

（4）ITF25 码。

人们在 25 条码的启迪下，将条表示信息，扩展到用空也表示信息，就产生了高密度的 ITF25 条码。EAN/UPC 的物流码采用该码制，第一个数字由条开始，第二个数字由空组成。该码制应用于商品批发、仓库、机场、生产/包装识别。ITF25 码的字符集包括数字 0～9。ITF25 码如图 10.4 所示。

图 10.3 Industrial25 码

图 10.4 ITF25 码

（5）39 码。

39 码是一种可表示数字、字母等信息的条码，主要用于工业、图书及票证的自动化管理，目前使用极为广泛。39 码是 1974 年发展出来的条码系统，是一种可供使用者双向扫描的分布式条码，也就是说相邻两数据码之间，必须包含一个不具任何意义的空白（或细白，其逻辑值为 0）。它的最大优点是码数没有强制的限定，可用大写英文字母码，并且检查码可忽略不计。标准的 39 码是由起始安全空间、起始码、数据码、可忽略不计的检查码、终止安全空间及终止码所构成，以 Z135+这个资料为例，其编成的 39 码如图 10.5 所示。

（6）Code 93 码。

Code 93 码与 39 码具有相同的字符集，但它的密度要比 39 码高，所以在面积不足的情况下，可以用 Code 93 码代替 39 码。Code 93 码如图 10.6 所示。

图 10.5 39 码

图 10.6 Code 93 码

（7）库德巴码。

库德巴（Codebar）码可表示数字和字母信息，主要用于医疗卫生、图书情报、物资等领域的自动识别。库德巴码如图 10.7 所示。

（8）Code 128 码。

Code 128 码于 1981 年推出，是一种长度可变、连续性的字母数字条码。它相对其他一维条码较为复杂，支持的字元也相对较多。由于有不同的编码方式可供交互运用，因此其应用弹性也较大。

Code 128 码的特性如下。

- 具有 A、B、C 3 种不同的编码类型，可提供标准 ASCII 中 128 个字元的编码使用。
- 允许双向扫描。
- 可自行决定是否加上检验位。
- 条码长度可调，但包括开始位和结束位在内，不可超过 232 个字元。
- 同一个 128 码，可以由 A、B、C 3 种不同编码规则互换，既可扩大字元选择的范围，也可缩短编码的长度。

Code 128 码可表示 ASCII 0 到 ASCII 127 共计 128 个 ASCII 字符。Code 128 码如图 10.8 所示。

图 10.7 库德巴码

图 10.8 Code 128 码

10.1.1.2 二维码

1. 二维码概述

在水平和垂直方向的二维空间存储信息的条码称为二维码，二维码是二维条码的简称。二维码（2-Dimensional Bar Code）是用某种特定的几何图形按一定规律在平面（二维方向上）分布的黑白相间的图形记录数据符号信息的；在代码编制上巧妙地利用构成计算机内部逻辑基础的 0、1 比特流的概念，使用若干个与二进制相对应的几何形体来表示文字与数值信息，通过图像输入设备或光电扫描设备自动识读以实现信息自动处理。它具有条码技术的一些共性：每种码制有其特定的字符集；每个字符占有一定的宽度；具有一定的校验功能等；同时具有对不同行的信息自动识别功能及处理图形旋转变化等特点。

由于二维码能够在横向和纵向两个方位同时表达信息，因此能在很小的面积内表达大量的信息。

2. 二维码特点

二维码的特点如下。

- 高密度编码：信息容量大，可容纳多达 1850 个大写字母、2710 个数字、1108 个字节或 500 多个汉字，比普通一维条码信息容量高约几十倍。
- 编码范围广：可以把图片、声音、文字、指纹等以数字化的信息进行编码，用二维码表示出来；可以表示多种语言文字和图像数据。
- 容错能力强：具有纠错功能，这使得二维码在穿孔、污损等引起局部损坏时，同样可以正确得到识读；当损毁面积达 50% 时，仍可恢复信息。
- 译码可靠性高：比普通一维条码误码率（百万分之二）要低得多，误码率不超过千万分之一。

- 可引入加密措施：保密性、防伪性好。
- 成本低，易制作，持久耐用。
- 二维码符号形状、尺寸大小比例可变。
- 可以使用激光或 CCD 阅读器识读。

3．二维码的编码原理

与一维条码一样，二维码也有许多不同的编码方法（或称码制）。这些编码方法的编码原理通常可分为以下 3 种类型。

线性堆叠式（或称层排式）二维码：它是在一维条码编码原理的基础上将多个一维条码纵向堆叠而产生的，在编码设计、校验原理、识读方式等方面继承了一维条码的特点，识读设备和条码印刷与一维条码技术兼容。这类二维码有 Code 49、PDF417、Code 16K 等。

矩阵式二维码：在一个矩形空间里通过黑、白像素在矩阵中的不同分布进行编码。矩阵式二维码是建立在计算机图像处理技术、组合编码原理等基础之上的一种新型的图像符号自动识别处理码制。具有代表性的矩阵式二维码有 Code One 条码、DataMatrix、CP 码等。

邮政码：通过不同长度的条进行编码，主要用于邮件编码。

4．二维码技术标准

国外对二维码技术的研究始于 20 世纪 80 年代末，现已研制出多种码制。全球现有的二维码多达 250 种以上，其中常见的有 PDF417 码、QR 码、Code 49、Code 16K、Code One 条码等 20 余种。二维码技术标准在全球范围得到了应用和推广。美国讯宝科技公司和日本电装公司都是二维码技术的佼佼者。目前得到广泛应用的二维码国际标准有 QR 码、PDF417 码、DM 码和 MC 码。

（1）QR 码。

QR 码是由日本电装公司于 1994 年 9 月研制的一种矩阵式二维码，QR 全称为 Quick Response，意思是快速反应。QR 码的尺寸小于相同内容、相同密度的 PDF417 码。它是日本主流的手机二维码技术标准，目前市场上的大部分条码打印机都支持 QR 码。QR 码如图 10.9 所示。

除具有二维码所具有的信息容量大、可靠性高、可表示汉字及图像多种信息、保密防伪性强等优点外，QR 码还具有以下主要特点。

- 高速识读。从 QR 码的英文名称 Quick Response Code 可以看出，高速识读是该二维码的主要特性。由于在用 CCD 识读 QR 码时，整个 QR 码符号中信息的读取是通过 QR 码符号的位置探测图形，用硬件来实现，因此，信息识读过程所需时间很短。它具有高速识读特点。QR 码的高速识读特性使它能够广泛应用于工业自动化生产线管理等领域。
- 方位识读。QR 码具有全方位（360°）识读特点，这是 QR 码优于线性堆叠式二维码的一个主要特点。

（2）PDF417 码。

PDF417 码是一种线性堆叠式二维码，它是由美国迅宝科技公司发明的。PDF 是英文 Portable Data File 的首字母的缩写，意为便携数据文件。因为组成条码的每个条码字符都是由 4

个条和 4 个空构成的，如果将组成条码的最窄条或空称为一个模块，则上述的 4 个条和 4 个空的总模块数一定为 17，所以称 417 码或 PDF417 码。PDF417 码如图 10.10 所示。

图 10.9 QR 码

图 10.10 PDF417 码

PDF417 码的特点如下。

- 信息容量大。PDF417 码除可以表示字母、数字、ASCII 字符外，还能表示二进制数。为了使得编码更加紧凑，提高信息密度，PDF417 码在编码时有 3 种格式，一是扩展的字母数字压缩格式，可容纳 1850 个字符；二是二进制/ASCII 格式，可容纳 1108 字节；三是数字压缩格式，可容纳 2710 个数字。
- 错误纠正能力强。一维条码通常具有校验功能以防止错读，一旦条码发生污损将被拒读。而二维码不仅能防止错误，还能纠正错误，即使条码部分损坏，也能将正确的信息还原出来。
- 印制要求不高。普通打印设备均可打印，传真件也能阅读。
- 可用多种阅读设备阅读。PDF417 码可用带光栅的激光阅读器和线性及面扫描的图像式阅读器阅读。
- 尺寸可调。可以适应不同的打印空间。
- 码制公开。已形成国际标准，我国也已制定了 PDF417 码的国标。

PDF417 码的纠错功能是通过将部分信息重复表示（冗余）来实现的，如在 PDF417 码中某一行除包含本行的信息外，还有一些反映其他位置字符（错误纠正码）的信息。这样即使条码的某部分遭到损坏，也可以通过其他位置的错误纠正码将其信息还原出来。

（3）DM 码。

DM 全称为 Data Matrix，中文名称为数据矩阵。DM 码采用了复杂的纠错码技术，使得该编码具有超强的抗污染能力。DM 码主要用于电子行业小零件的标识，如 Intel 的奔腾处理器的背面就印制了这种码。DM 码因其优秀的纠错能力成为韩国手机二维码的主流技术。

（4）MC 码。

MC（Maxicode）码又称牛眼码，是一种中等容量、尺寸固定的矩阵式二维码，它由紧密相连的六边形模组和位于符号中央的定位图形组成。MC 码是特别为高速扫描而设计的，主要应用于包裹搜寻和追踪，是由美国 UPS 公司研制的，用于包裹的分拣和跟踪。MC 码的外形近乎正方形，由位于符号中央的同心圆（或称公牛眼）定位图形（Finder Pattern），以及周围六边形蜂巢式结构的资料位元组成，这种排列方式使得 MC 码可从任意方向快速扫描。

5．条码相关国家标准

目前我国正式颁布的与条码相关的国家标准如下。

- GB/T 12904—2008《商用条码 零售商品编码与条码表示》。
- GB/T 12905—2019《条码术语》。
- GB/T 12906—2008《中国标准书号条码》。
- GB/T 12907—2008《库德巴条码》。
- GB/T 12908—2002《信息技术 自动识别和数据采集技术 条码符号规范 三九条码》。
- GB/T 14257—2009《商品条码 条码符号放置指南》。
- GB/T 14258—2003《信息技术 自动识别与数据采集技术 条码符号印刷质量的检验》。
- GB/T 15425—2014《商品条码 128 条码》。
- GB/T 16827—1997《中国标准刊号（ISSN 部分）条码》。
- GB/T 16829—2003《信息技术 自动识别与数据采集技术 交插二五条码》。
- GB/T 16830—2008《商品条码 储运包装商品编码与条码表示》。
- GB/T 16986—2018《商品条码 应用标识符》。
- GB/T 17172—1997《四一七 条码》。

6. 二维码与一维条码比较

二维码和一维条码都是信息存储、表示的载体。从应用角度讲，尽管在一些特定场合我们可以选择其中一种来满足需要，但它们的应用环境和需求是不同的。一维条码用于对物品进行标识，二维码用于对物品进行描述。

二维码与一维条码的比较如图 10.11 所示。

条码	编码字符集	信息容量	信息密度	纠错能力	可否加密	对数据库和通信网络的依赖程度	识读设备
一维条码	数字（0～9）与ASCII字符	小（一般仅能表示几十个数字字符）	低	只提供错误校验，无法纠错	不可	高	扫描式识读器进行识读
二维码	数字、汉字、多媒体等各种数字信息	大（一般能表示几百字节）	高	提供错误校验和错误纠正	可以	低	线性堆叠式二维码可采用扫描式和摄像式识读器识读，矩阵式二维码采用摄像式识读器识读

图 10.11　二维码与一维条码的比较

10.1.2　RFID

1. RFID 的基本概念与系统组成

RFID 是通过射频信号自动识别对象并获取相关数据的一种无线数据传输技术。RFID 是 20世纪 90 年代开始兴起的一种自动识别技术，它利用射频信号通过空间电磁耦合实现无接触信息传输并通过所传输的信息实现物体识别。

RFID 基本上由以下 3 个部分组成。

- 标签。由耦合元件及芯片组成，每个标签具有唯一的电子编码，附着在物体上标识目标对象。
- 读写器。读取（有时还可以写入）标签信息的设备，可设计为手持式或固定式。
- 天线。在标签和读写器间传递射频信号。

完整的 RFID 系统主要由 3 个部分组成：读写器、电子标签和应用软件系统。其中，电子标签的芯片具有数据存储区，用于存储待识别物品的标识信息。读写器将约定格式的待识别物品的标识信息写入电子标签的存储区中（写入功能），或者在读写器的阅读范围内以无接触的方式将电子标签内保存的信息读取出来（读出功能）。应用软件系统则负责数据交互和应用业务处理。RFID 系统工作原理：读写器发送特定频率的无线电波给电子标签，电子标签接收到这个无线电波后，如果是无源标签，则凭借感应电流所获得的能量将芯片中存储的信息通过天线发送给读写器；如果是有源标签，则主动将芯片信息以某一特定频率的信号通过天线发送给读写器。读写器通过天线接收到反馈信号后送至应用软件系统进行处理。RFID 系统如图 10.12 所示。

图 10.12 RFID 系统

图 10.12 中读写器与电子标签之间通过天线的无线方式通信，两者之间的距离与通信的频率相关。应用软件系统与读写器之间既可以采用有线方式，如 RS485、RS232、以太网等，又可以采用无线方式，如 Wi-Fi、GPRS、蓝牙等。通过这样一个系统，读写器可以快速地读取电子标签的信息，从而达到对这些电子标签所代表的物体进行监控和管理的目的。

2. RFID 的分类

RFID 的分类方式如下。

- 根据标签的供电形式分类。依据射频标签工作所需能量的供给方式，可以将 RFID 分为有源、无源和半有源。
- 根据标签的数据调制方式分类。标签的数据调制方式即标签与读写器之间进行数据交换的形式方法，据此 RFID 可分为主动式、被动式和半主动式。
- 根据工作频率分类。RFID 的工作频率即读写器发送无线信号时所用的频率，一般可以分为低频（125kHz）、高频（13.54MHz）、超高频（850～910MHz）、微波（2.45GHz）。不同的频率有不同的特点，它们的用途也不同。例如，低频标签便宜，节省能量，穿透废金属物体力强，适合用于水果等含水成分较高的物体。超高频标签虽然作用范围广，传输数据速度快，但是比较耗能，穿透力较弱，作业区域不能有太多干扰，适合用于监测从海港运到仓库的物品。
- 根据标签的可读性分类。依据射频标签内部使用的存储器类型，RFID 可以分为可读写卡（RW）、一次写入多次读出卡（WORM）和只读卡（RO）3 种方式。
- 根据 RFID 标签和读写器之间的通信工作时序分类。时序指的是读写器和标签的工作次序，依据时序可以将 RFID 分为读写器主动唤醒标签（Reader Talk First，RTF）和标签首先自报家门（Tag Talk First，TTF）两种方式。

- 根据 RFID 的射频技术标准分类。RFID 的技术标准主要由 ISO 和 IEC 制定。目前，可供射频卡使用的几种射频技术标准有 ISO/IEC 10536、ISO/IEC 14443、ISO/IEC 15693 和 ISO/IEC 18000，应用最多的是 ISO/IEC 14443 和 ISO/IEC 15693，这两个标准都由物理特性、射频功率和信号接口、初始化和反碰撞、传输协议 4 个部分组成。

3．RFID 的优点

RFID 的目标是为每一个物理实体提供唯一标识，它与传统条码技术相比有以下几个方面的优点。

- 唯一标识。由于条码只能识别一类产品，无法识别单品，因此条码容易伪造。RFID 却可以为单品提供唯一标识。
- 读取方便。条码是可视传播技术，即扫描仪必须"看见"条码才能读取它，这表明必须将条码对准扫描仪才有效。相反，RFID 并不需要可视传输技术，射频标签只要在识读器的读取范围内就可以，甚至可以穿过外包装进行识别。这大大减少了人的参与，提高了识别效率。
- 长寿耐用。纸型条码容易破损和受到污染，而 RFID 电子标签可以应用于粉尘、油污等高污染环境或放射性环境中。
- 动态更改。条码信息一旦更改就必须重贴，而 RFID 电子标签中的信息可以编辑，便于更新。
- 可扩展性。RFID 电子标签存储的是电子数据，在需要的时候可以改变其中的编码结构，便于升级。
- 保密性强。RFID 电子标签可以设置密码。

4．RFID 的应用领域

RFID 已经应用于物流、交通运输、动物跟踪、供应链管理等多个领域。RFID 与互联网、通信等技术进行结合，可实现全球范围内的物品跟踪与信息共享。目前，RFID 是实现物联网的关键技术之一。随着 RFID 的推广应用，我国的 RFID 产业链已经初具规模。整个 RFID 产业链包括芯片的设计制造，标签与模块封装，读写器设计，软件、中间件和系统集成。其中芯片的设计制造处于产业链的高端，而系统集成则占据了整个产业链规模的最大份额。RFID 目前应用的领域非常广泛，典型的应用如下。

（1）物流仓储管理。

现代物流业是将运输、仓储、装卸、加工、整理、配送等方面有机结合，形成完整的产业链，为用户提供多功能、一体化的综合性服务。要实现对整个产业链的精确控制与调度，控制系统需要对整个供应链上的各项业务资料进行读写。而 RFID 能够有效地完成这项工作。RFID 通过对供应链上的产品或原料等实物打上电子标签，在物流产业链的关键节点（如仓储中的入库和出库及盘点环节）设置读写器，实现对这些实物的有效监控和管理，并且完成实物整个产业链级的全流程跟踪。

（2）宠物管理。

在城市中，每年都有上万条流浪狗在街头流浪，为了控制流浪狗数量和城市内宠物数量，可以采用 RFID 给宠物佩戴可识别性标牌，避免宠物的走失。并且可以通过各地的流浪宠物救助中心、宠物医院的数据中心和全球定位系统迅速帮助找到走失的宠物。更为便捷的是，可以通过宠物身上的 RFID 标牌信息连接到 Google 网站最新的全球定位频道，宠物主人可以通过卫星影像图来确定丢失宠物的位置。这种系统可以大大降低流浪宠物的出现，减少了社会压力，同时保护了宠物型小动物的生存权益。

（3）煤矿管理。

我国是煤炭生产大国，但相较发达国家，我国的煤炭生产安全隐患较多。近年来，煤矿事故频发，迫切需要提升安全生产的信息化管理水平。RFID 可以实现对井下人员和物品的非接触式有效识别。在井下坑道、作业面的交叉道口等重要位置安排人员定位分站，这些分站与井上的控制中心保持可靠通信，而井下人员每人都携带人员识别标签，当井下人员靠近人员定位分站时，分站读取该人员信息并传送给控制中心。这样，就可以对井下的人员和物品进行精确定位和跟踪。

（4）智能停车场管理。

在高档社区，企业和机构对停车场的管理和安全措施有比较高的要求。可以采用基于 RFID 的智能停车场管理系统来实现车辆的自动识别和信息化管理。该系统给车辆分配电子车卡，给司机分配司机卡，两者都是电子标签。在车辆经过停车场门禁区时，门禁区读写器同时与电子车卡和司机卡通信，读取司机和车辆的信息，并送往车道控制计算机。车道控制计算机判定电子车卡和司机卡的有效性，只有当电子车卡和司机卡相匹配时，才判定为合法，否则都被认为是非法。当判定为合法时，系统才会对车辆放行，而判定为非法时，将拒绝放行，同时系统会报警和抓拍图片。这种方式可以有效提高停车场车辆的通行效率和安全性。

10.1.3 传感器技术

1. 传感器的概念与分类

传感器是信息之源。在未来的物联网中，传感器及其组成的传感器网络将在数据采集前端发挥重要的作用。国家标准 GB/T 7665—2005《传感器通用术语》中对传感器的定义：能感受被测量并按照一定的规律转换成可用输出信号的器件或装置，通常由敏感元件和转换元件组成。传感器是一种检测装置，能感受到被测量的信息并能将检测感受到的信息按一定规律变换成为电信号或其他所需形式的信息输出，以满足信息的传输、处理、存储、显示、记录和控制等要求。它是实现自动检测和自动控制的首要环节。

传感器作为感知物质世界的"感觉器官"，负责采集物联网工作的信息，是实现物联网服务和应用的基础。传感器特性包括动态特性和静态特性，其中频率响应、阶跃响应等属于动态特性，重复性、分辨率、灵敏度、精确度等则属于静态特性。由于一旦外界因素发生改变，将在不同程度上影响传感器自身特性的稳定，对实际应用造成影响。因此，通常情况下，不同场合针对传感器的工作原理和结构有相应的基本要求，从而最大限度地优化传感器的性能参数与指标。随着微电子和微机械加工等技术领域的发展，传感器正朝着微型化、智能化、网络化、多功能化方向发展。在物联网中，传感器可用于 RFID 标签数据读取，或者 GPS 位置信息获取，也可以得到数据信息、环境温湿度等参数信息，并通过某些协议，将这些数据信息传送给物联网终端处理。总之，传感器技术是实现物联网感知技术的重要环节。

目前对传感器尚无一个统一的分类方法，但比较常用的传感器可按传感器的物理量、工作原理、输出信号的性质这 3 种方式来分类。还可以按照是否具有信息处理功能来分类，按照这种分类方式，传感器可分为一般传感器和智能传感器。一般传感器采集的信息需要计算机进行处理；智能传感器带有微处理器，本身具有采集、处理、交换信息的能力，具备数据精度高、高可靠性与高稳定性、高信噪比与高分辨力、强自适应性、低价格性能比等特点。

2. 智能传感器技术

智能传感器的功能是通过模拟人的感官和大脑的协调动作，结合长期以来测试技术的研究和实际经验而提出来的。智能传感器是一个相对独立的智能单元，它的出现使对原来硬件性能的苛刻要求有所减轻，而靠软件帮助可以使传感器的性能大幅度提高。

智能传感器的功能特点如下。

- 信息存储和传输。随着全智能集散控制系统（Smart Distributed System）的飞速发展，智能单元要求具备通信功能，用通信网络以数字形式进行双向通信，这也是智能传感器关键标志之一。智能传感器通过测试数据传输或接收指令来实现各项功能，如增益的设置、补偿参数的设置、内检参数设置、测试数据输出等。

- 自补偿和计算功能。多年来从事传感器研制的工程技术人员一直为传感器的温度漂移和输出非线性进行了大量的补偿工作，但没有从根本上解决问题。而智能传感器的自补偿和计算功能为传感器的温度漂移和输出非线性补偿开辟了新的道路。这样，放宽传感器加工精密度要求，只要保证传感器的重复性好，利用微处理器对测试的信号进行软件计算，采用多次拟合和差值计算方法对温度漂移和输出非线性进行补偿，从而获得较精确的测量结果。

- 自检、自校、自诊断功能。普通传感器需要定期检验和标定，以保证它在正常使用时有足够的准确度。这些工作一般要求将传感器从使用现场拆卸送到实验室或检验部门进行。对于传感器出现异常不能及时诊断。采用智能传感器则情况大有改观，首先自诊断功能是在电源接通时进行自检，诊断测试以确定组件无故障。其次根据使用时间，可以在线进行校正，微处理器利用存在 EPROM 内的计量特性数据进行校对。

- 复合敏感功能。常见的信号有声、光、电、热、力、化学等。敏感元件测量一般通过两种方式：直接和间接的测量。而智能传感器具有复合功能，能够同时测量多种物理量和化学量，给出较全面反映物质运动规律的信息。例如，美国加利福尼亚大学研制的复合液体传感器，可同时测量介质的温度、流速、压力和密度。又如，复合力学传感器，可同时测量物体某一点的三维振动加速度、速度、位移等。

- 智能传感器的集成化。由于大规模集成电路的发展使得传感器与相应的电路都集成到同一芯片上，因此这种具有某些智能功能的传感器叫作集成智能传感器。集成智能传感器的功能有以下 3 个方面的优点。较高信噪比：传感器的弱信号先经集成电路信号放大后再远距离传输，就可大大提高信噪比。改善性能：由于传感器与电路集成于同一芯片上，因此传感器的零漂、温漂和零位可以通过自校单元定期自动校准，还可以采用适当的反馈方式改善传感器的频响。信号规一化：传感器的模拟信号通过程控放大器进行规一化，又通过模数转换成数字信号，微处理器按数字传输的几种形式进行数字规一化，如串行、并行、频率、相位和脉冲等。

3. 网络传感器

网络通信技术逐步走向成熟并渗透到各行各业，各种高可靠、低功耗、低成本、微体积的网络接口芯片被开发出来。微电子机械加工技术将网络接口芯片与智能传感器集成起来，并且使通信协议固化到智能传感器的 ROM 中，就产生了网络传感器。为了解决智能传感器产品互不兼容的问题，实现在网络条件下智能传感器接口的标准化，IEEE 制定了针对网络传感器的接口标准 IEEE 1451。

IEEE 1451 工作组建立了 STIM（Smart Transducer Interface Module，智能传感器接口模块）标准，该标准描述了传感器网络适配器或微处理器之间的硬件和软件接口，是 IEEE l451 网络传感器标准的重要组成部分，为传感器与各种网络连接提供了条件和方便。

10.2 嵌入式系统技术

10.2.1 嵌入式系统的概念

在当前数字信息技术和网络技术高速发展的后 PC（Post-Personal Computer）时代，嵌入式系统已经广泛地应用到科学研究、工程设计、军事技术、各类产业和商业文化艺术，以及人们的日常生活的方方面面中。随着国内外各种嵌入式产品的进一步开发和推广，嵌入式技术越来越和人们的生活紧密结合。嵌入式系统诞生于微型机时代，它的嵌入性本质是将一个计算机嵌入到一个对象体系中去，这是理解嵌入式系统的基本出发点。

1970 年左右出现了嵌入式系统的概念，此时的嵌入式系统很多都不采用操作系统，它们只是为了实现某个控制功能，使用一个简单的循环控制对外界的控制请求进行处理。当应用系统越来越复杂、利用的范围越来越广泛的时候，每添加一项新的功能，都可能需要从头开始设计。没有操作系统成为一个最大的缺点。C 语言的出现使操作系统开发变得简单。从 20 世纪 80 年代开始，出现了各种各样的商用嵌入式操作系统，比较著名的有 VxWorks、pSOS 和 Windows CE 等，这些操作系统大部分是为专有系统而开发的。另外，源代码开放的嵌入式 Linux 由于其强大的网络功能和低成本，近年来得到了越来越多的应用。

由于嵌入式计算机系统要嵌入到对象体系中，实现的是对象的智能化控制，因此它有着与通用计算机系统完全不同的技术要求与技术发展方向。通用计算机系统的技术要求是高速、海量的数值计算，技术发展方向是总线速度的无限提升、存储容量的无限扩大。而嵌入式计算机系统的技术要求则是对象的智能化控制能力，技术发展方向是与对象系统密切相关的嵌入性能、控制能力与控制的可靠性。

在中国嵌入式系统领域中，比较受认同的嵌入式系统概念：嵌入式系统是以应用为中心，以计算机技术为基础，并且软硬件可裁剪，适用于应用系统对功能、可靠性、成本、体积、功耗有严格要求的专用计算机系统。它一般由嵌入式微处理器、外围硬件设备、嵌入式操作系统，以及用户的应用程序 4 个部分组成，用于实现对其他设备的控制、监视或管理等功能。

　　按照历史性、本质性、普遍性要求，嵌入式系统应定义为嵌入到对象体系中的专用计算机系统。嵌入性、专用性与计算机系统是嵌入式系统的 3 个基本要素。对象系统则是指嵌入式系统所嵌入的宿主系统。

　　按照上述嵌入式系统的定义，只要满足定义中 3 个基本要素的计算机系统，都可称为嵌入式系统。嵌入式系统按形态可分为设备级（工控机）、板级（单板、模块）、芯片级（微控制器）。由于嵌入式系统与对象系统密切相关，其主要技术发展方向是满足嵌入式应用要求，不断扩展对象系统要求的外围电路（如数模转换、日历时钟、电源监测、程序运行监测电路等），形成满足对象系统要求的应用系统，因此嵌入式系统作为一个专用计算机系统，要不断向计算机应用系统发展。

10.2.2　嵌入式系统的组成与分类

　　一个嵌入式系统装置一般由嵌入式计算机系统和执行装置组成，嵌入式计算机系统是整个嵌入式系统的核心，由硬件层、中间层、系统软件层和应用软件层组成。执行装置也称为被控对象，它可以接收嵌入式计算机系统发出的控制命令，执行所规定的操作或任务。执行装置可能很简单，如手机上的一个微小型电机，当手机处于震动接收状态时打开；也可能很复杂，如Sony 智能机器狗，上面集成了多个微小型控制电机和多种传感器，可以执行各种复杂的动作和感受各种状态信息。

　　下面对嵌入式计算机系统的组成进行介绍。

1．硬件层

　　硬件层中包含嵌入式微处理器、存储器、通用设备接口和 I/O 接口。在嵌入式微处理器的基础上添加电源电路、时钟电路和存储器电路，就构成了一个嵌入式核心控制模块，其中操作系统和应用程序都可以固化在 ROM 中。

2．中间层

　　硬件层与软件层之间为中间层，也称为 HAL（Hardware Abstraction Layer，硬件抽象层）或 BSP（Board Support Package，板级支持包），它把系统上层软件与底层硬件分离开来，使系统的底层驱动程序与硬件无关，上层软件开发人员无须关心底层硬件的具体情况，根据中间层提供的接口即可进行开发。该层一般包含相关底层硬件的初始化、数据的输入/输出操作和硬件设备的配置功能。

　　实际上，中间层是一个介于操作系统和底层硬件之间的软件层次，包括了系统中大部分与硬件联系紧密的软件模块。设计一个完整的中间层需要完成两部分工作：嵌入式系统的硬件初始化的 BSP 功能和设计硬件相关的设备驱动。

3．系统软件层

　　系统软件层由 RTOS（Real-Time Operation System，实时操作系统）、文件系统、GUI（Graphical User Interface，图形用户界面）、网络系统及通用组件模块组成。RTOS 是嵌入式应用软件的基础和开发平台。

4. 应用软件层

应用软件层是由基于实时系统开发的应用程序组成，用来实现对被控对象的控制功能。功能层是面向被控对象和用户的，为方便用户操作，往往需要提供一个友好的人机界面。对于一些复杂的系统，在系统设计的初期阶段就首先要对系统的需求进行分析，确定系统的功能，然后将系统的功能映射到整个系统的硬件、软件和执行装置的设计过程中，这称为系统的功能实现。

有时在用户应用程序和内核层之间可能还会包括一个嵌入式图形用户界面，嵌入式图形用户界面具有下面几个方面的基本要求：轻型、占用资源少、高性能、高可靠性、便于移植、可配置等。

由于嵌入式系统由硬件和软件两大部分组成，所以可以从硬件和软件两个方面进行划分。

从硬件方面划分，各式各样的嵌入式处理器是嵌入式系统硬件中的最核心部分。目前世界上具有嵌入式功能特点的处理器已经超过 1000 种，流行体系结构包括 MCU、MPU 等 30 多个系列。鉴于嵌入式系统广阔的发展前景，很多半导体制造商都大规模生产嵌入式处理器，并且公司自主设计处理器也成为未来嵌入式领域的一大趋势，其中从单片机、DSP 到 FPGA 有着各式各样的品种，速度越来越快，性能越来越强，价格也越来越低。

从软件方面划分，主要依据操作系统的类型。目前嵌入式系统的软件主要有两大类：实时系统和分时系统。其中实时系统又分为两类：硬实时系统和软实时系统。实时嵌入系统是为执行特定功能而设计的，可以严格地按时序执行功能，其最大的特征是程序的执行具有确定性。在实时系统中，如果系统在指定的时间内未能实现某个确定的任务，会导致系统的全面失败，则系统被称为硬实时系统。而在软实时系统中，虽然响应时间同样重要，但是超时却不会导致致命错误。一个硬实时系统往往在硬件上需要添加专门用于时间和优先级管理的控制芯片，而软实时系统则主要在软件方面通过编程实现时限的管理。例如，Windows CE 就是一个多任务分时系统，Ucos-II 则是典型的实时操作系统。

除上述分类方法外，还有许多其他分类方法，如从应用方面分为工业应用和消费电子等，本节不再讨论。

10.2.3　嵌入式系统的特点

嵌入式系统的特点是由定义中的 3 个基本要素衍生出来的。不同嵌入式系统的特点会有所差异。与嵌入性相关的特点：由于是嵌入对象系统中的，因此必须满足对象系统的环境要求，如物理环境（小型）、电气/气氛环境（可靠）、成本（价廉）等要求。与专用性相关的特点：软、硬件的裁剪性；满足对象要求的最小软、硬件配置等。与计算机系统相关的特点：嵌入式系统必须是能满足对象系统控制要求的计算机系统，与上述特点相呼应，这样的计算机必须配置有与对象系统相适应的电路接口及软件接口。

1. 嵌入式系统的特点

嵌入式系统的特点如下。

- 系统内核小。由于嵌入式系统一般是应用于小型电子装置的，系统资源相对有限，所以内核较之传统的操作系统要小得多。
- 专用性强。嵌入式系统的专用性很强，其中的软件系统和硬件的结合非常紧密，一般要针对硬件进行系统的移植，即使在同一品牌、同一系列的产品中也需要根据系统硬件的变化和增减不断进行修改。

- 系统精简。嵌入式系统一般没有系统软件和应用软件的明显区分，不要求其功能设计及实现过于复杂，这样利于控制系统成本，同时利于实现系统安全。
- 高实时性的系统软件是嵌入式软件的基本要求。而且软件要求固态存储，以提高速度。软件代码要求高质量、高可靠性和高实时性。
- 嵌入软件开发要想走向标准化，就必须使用多任务的操作系统。嵌入式系统的应用程序可以没有操作系统直接在芯片上运行。但是为了合理地调度多任务，利用系统资源、系统函数，用户必须自行选配多任务的操作系统，这样才能保证程序执行的实时性、可靠性，并减少开发时间，保障软件质量。
- 嵌入式系统开发需要开发工具和环境。由于其本身不具备自主开发能力，即使设计完成以后用户通常也不能对其中的程序功能进行修改，因此必须有一套开发工具和环境才能进行开发。开发时往往有主机和目标机的概念，主机用于程序的开发，目标机作为最后的执行机，开发时需要交替结合进行。

2．嵌入式系统的技术特点

嵌入式系统的运行环境和应用场合决定了嵌入式系统具有区别于其他操作系统的一些特点。嵌入式系统的技术特点如下。

（1）嵌入式处理器。

嵌入式处理器可以分为 3 类：嵌入式微处理器、嵌入式微控制器、嵌入式 DSP（Digital Signal Processor，数字信号处理器）。嵌入式微处理器是和通用计算机的微处理器对应的 CPU。在应用中，一般将微处理器装配在专门设计的电路板上，在母板上只保留和嵌入式相关的功能即可，这样可以满足嵌入式系统体积小和功耗低的要求。目前的嵌入式处理器主要包括 PowerPC、Motorola 68K、ARM 系列等。

嵌入式微控制器又称为单片机，它将 CPU、存储器（少量的 RAM、ROM 或两者都有）和其他外设封装在同一片集成电路里，常见的有 8051。嵌入式 DSP 专门用来对离散时间信号进行极快的处理计算，提高编译效率和执行速度。在数字滤波、FFT、谱分析、图像处理的分析等领域，DSP 正在大量进入嵌入式市场。

（2）微内核结构。

大多数操作系统至少被划分为内核层和应用层两个层次。内核只提供基本的功能，如建立和管理进程、提供文件系统、管理设备等，这些功能以系统调用方式提供给用户。一些桌面操作系统，如 Windows、Linux 等，将许多功能引入内核，使操作系统的内核变得越来越大。内核变大使得占用的资源增多，裁剪起来很麻烦。大多数嵌入式操作系统采用了微内核结构，内核只提供基本的功能，如任务的调度、任务之间的通信与同步、内存管理、时钟管理等。由于其他的应用组件如网络功能、文件系统、GUI 系统等均工作在用户态，以系统进程或函数调用的方式工作，因此系统都是可裁剪的，用户可以根据自己的需要选用相应的组件。

（3）任务调度。

在嵌入式系统中，任务即线程。大多数的嵌入式操作系统支持多任务。多任务运行的实现是靠 CPU 在多个任务之间进行切换、调度的。每个任务都有其优先级，不同任务的优先级可能相同也可能不同。任务的调度有 3 种方式：可抢占式调度、不可抢占式调度和时间片轮转调度。不可抢占式调度是指一个任务一旦获得 CPU 就独占 CPU 运行，除非由于某种原因，它决定放弃 CPU 的使用权；可抢占式调度是基于任务优先级的，当前正在运行的任务可以随时让位给优先级更高的处于就绪状态的其他任务；当两个或两个以上的任务有同样的优先级时，不同任务轮转地使用 CPU，直到系统分配的 CPU 时间片用完，这就是时间片轮转调度。

目前，大多数嵌入式操作系统对不同优先级的任务采用基于优先级的抢占式调度法，对相同优先级的任务则采用时间片轮转调度法。

（4）硬实时和软实时。

有些嵌入式系统对时间的要求较高，称之为实时系统。有两种类型的实时系统：硬实时系统和软实时系统。软实时系统并不要求限定某一任务必须在一定的时间内完成，只要求各任务运行得越快越好；硬实时系统对系统响应时间有严格要求，一旦不能满足系统响应时间，就可能会引起系统崩溃或致命的错误，一般在工业控制中应用较多。

（5）内存管理。

针对有 MMU（Memory Management Unit，存储管理部件）的处理器设计的一些桌面操作系统，如 Windows、Linux 等，使用了虚拟存储器的概念。虚拟内存地址被送到 MMU。在这里，虚拟地址被映射为物理地址，实际存储器被分割为相同大小的页面，采用分页的方式载入进程。一个程序在运行之前，无须全部装入内存，而是仅将那些当前要运行的部分页面装入内存运行。由于大多数嵌入式系统针对没有 MMU 的处理器设计，不能使用处理器的虚拟内存管理技术，采用的是实存储器管理策略。因此对于内存的访问是直接的，它对地址的访问不需要经过 MMU，而是直接送到地址线上输出，所有程序中访问的地址都是实际的物理地址。而且，大多数嵌入式操作系统对内存空间没有保护，各个进程实际上共享一个运行空间。一个进程在执行前，系统必须为它分配足够的连续地址空间，然后全部载入主存储器的连续空间。

由此可见，嵌入式系统的开发人员不得不参与系统的内存管理。从编译内核开始，开发人员必须告诉系统这块开发板到底拥有多少内存。在开发应用程序时，必须考虑内存的分配情况并关注应用程序需要运行空间的大小。另外，由于采用实存储器管理策略，用户程序同内核及其他用户程序在一个地址空间，程序开发时要保证不侵犯其他程序的地址空间，使得程序不至于破坏系统的正常工作或导致其他程序的运行异常。因此，嵌入式系统的开发人员对软件中的一些内存操作要格外小心。

（6）内核加载方式。

嵌入式操作系统内核可以在 Flash 上直接运行，也可以加载到内存中运行。Flash 的运行方式是把内核的可执行映像烧写到 Flash 上，系统启动时从 Flash 的某个地址开始执行。这实际上是很多嵌入式系统所采用的方法。内核加载方式是把内核的压缩文件存放在 Flash 上，系统启动时读取压缩文件在内存里解压，然后开始执行。这种方式相对复杂一些，但是运行速度可能更快，因为 RAM 的存取速率要比 Flash 高。

10.2.4　嵌入式系统开发技术

相对于在 Windows 环境下的开发应用程序，嵌入式系统开发有着很多的不同。不同的硬件平台和操作系统带来了许多附加的开发复杂性。

1．嵌入式开发过程

在嵌入式开发过程中有宿主机和目标机的角色之分，宿主机是执行编译、链接、定址过程的计算机；目标机是运行嵌入式软件的硬件平台。首先必须把应用程序转换成可以在目标机上运行的二进制代码，这一过程包含 3 个步骤：编译、链接、定址。编译过程由交叉编译器实现。交叉编译器是运行在一个计算机平台上并为另一个平台产生代码的编译器。编译过程产生的所有目标文件被链接成一个目标文件，称为链接过程。定址过程会把物理存储器地址指定给目标文件的每个相对偏移地址处。该过程生成的文件就是可以在嵌入式平台上执行的二进制文件。

2．调试应用程序

嵌入式开发过程中另一个重要的步骤是调试目标机上的应用程序。嵌入式调试采用交叉调试器，一般采用宿主机+目标机的调试方式，它们之间由串行口线、以太网或 BDM 线相连。交叉调试有任务级、源码级和汇编级的调试，调试时需将宿主机上的应用程序和操作系统内核下载到目标机的 RAM 中或直接烧录到目标机的 ROM 中。目标监控器是调试器对目标机上运行的应用程序进行控制的代理（Debugger Agent），事先被固化在目标机的 Flash、ROM 中，在目标机上电后自动启动，并等待宿主机方调试器发来的命令，配合调试器完成应用程序的下载、运行和基本的调试功能，将调试信息返回给宿主机。

3．向嵌入式平台移植软件

大部分嵌入式开发人员选用的软件开发模式是先在 PC 上编写软件，再进行软件的移植工作。在 PC 上编写软件时，要注意软件的可移植性，选用具有较高移植性的编程语言（如 C 语言），尽量少调用操作系统函数，注意屏蔽不同硬件平台带来的字节顺序、字节对齐等问题。

10.2.5　从嵌入式系统视角看物联网

物联网是互联网与嵌入式系统融合发展到高级阶段的产物。物联网涵盖了众多的学科领域，需要从众多学科视角来科学地理解物联网。从嵌入式系统视角有助于深刻地、全面地理解物联网的本质。与物联网相关的学科有微电子、计算机、软件工程、信息安全、电子科学等，以及无限多的对象应用学科。因为任何一个学科在单独诠释物联网时都会出现片面性，所以在诠释物联网时需要综合不同的视角，才能接近物联网的真实内涵。

嵌入式系统通过嵌入到物理对象中，实现物理对象的智能化应用。嵌入式系统具有 4 个通道接口，是物联网的物联源头与基础。图 10.13 形象地描述了嵌入式系统的物联源头。

图 10.13 嵌入式系统的物联源头

嵌入式系统的 4 个通道接口的介绍如下。

1．传感器接口

物理信息感知：电子标签（RFID、二维码）感受对象的物理信息。

物理参数感知：传感器感受对象的静态参数、动态参数信息。

时空信息感知：GPS 给予物理对象进行时空标定。

2．控制接口

所有对物理对象的控制，都要经过控制接口完成从数字化控制信息到对象系统控制信号的转化。

3．人机接口

人机接口，是嵌入式系统的输入、输出端口，是一个归一化的人机交互界面。多元化的人机交互方式，如各种类型的键盘、显示器、音视频设备的人机交互等，都要归一化成输入、输出端口的标准化结构与通信协议。人机通道的基础是嵌入式系统的串行接口，以及由此衍生的各种串行总线，如 I2C 总线、单总线、SPI 串行接口等多元化的串行输入/输出通道。

4．通信接口

通信接口为嵌入式应用系统之间、嵌入式应用系统与互联网之间的通信提供标准的通信手段。通信方式有多种有线与无线方式。通常将满足信息传输要求的硬件电路与通信协议栈内嵌到嵌入式系统中，或者制成可在嵌入式系统外部扩展的专用通信芯片。

嵌入式应用系统目前大多具备了与局域网互联或与互联网互联的联网功能。嵌入式应用系统的局域网有 RS-485 总线网、CAN 总线网、现场总线网，以及无线传感器网络等。嵌入式应用系统、嵌入式应用系统局域网与互联网的连接，将互联网变革到物联网。

10.3　网络与通信技术

10.3.1　短距离网络通信

10.3.1.1　无线传感器网络

1．无线传感器网络的概念与发展

WSN（Wireless Sensor Network，无线传感器网络）是由部署在监测区域内的大量静止或移

动的传感器以自组织和多跳的方式构成的无线网络，感知、采集、处理和传输网络覆盖地理区域内对象的信息，并且把这些信息发送给网络的所有者。WSN 是新兴学科与传统学科进行领域间交叉的结果。WSN 经历了智能传感器、无线智能传感器两个阶段。智能传感器将计算能力嵌入传感器中，使得传感器节点不仅具有数据采集能力，还具有滤波和信息处理能力。无线智能传感器在智能传感器的基础上增加了无线通信能力，增大了传感器的感知范围，降低了传感器的工程实施成本。WSN 则将网络技术引入无线智能传感器中，使得传感器不再是单个的感知单元，而是能够交换信息、协调控制的有机结合体，实现物与物的互联，把感知触角深入世界各个角落，成为物联网的重要组成部分。

1996 年，美国 UCLA（University of California，Los Angeles，加州大学洛杉矶分校）的 William J Kaiser 教授向 DARPA（Defense Advanced Research Projects Agency，美国国防高级研究计划局）提交的低能耗无线集成微型传感器，揭开了现代 WSN 的序幕。1998 年，UCLA 的 Gregory J Pottie 教授从网络研究的角度重新阐释了 WSN 的科学意义。在其后的 10 余年里，WSN 技术得到学术界、工业界乃至政府的广泛关注，成为在国防军事、环境监测和预报、健康护理、智能家居、建筑物结构监控、复杂机械监控、城市交通、空间探索、大型车间和仓库管理，以及机场、大型工业园区的安全监测等众多领域中最有竞争力的应用技术之一。美国商业周刊将 WSN 技术列为 21 世纪最有影响的技术之一，麻省理工学院技术评论将其列为改变世界的十大技术之一。

WSN 技术一经提出，就迅速在研究界和工业界得到广泛的认可。1998 年—2003 年，各种无线通信、Ad Hoc 网络、分布式系统的会议开始大量收录与 WSN 技术相关的文章。2001 年，ACM（Association for Computing Machinery，美国计算机学会）和 IEEE 成立了第一个专门针对传感器网络技术的会议 International Conference on Information Processing in Sensor Network（IPSN），为 WSN 技术的发展开拓了一片新的技术园地。2003 年—2004 年，一批针对传感器网络技术的会议相继组建。ACM 在 2005 年还专门创刊 *ACM Transaction on Sensor Network*，用来出版优秀的传感器网络技术成果。2006 年 10 月，在中国北京，中国计算机学会传感器网络专业委员会正式成立，标志着中国 WSN 技术研究进入新的历史阶段。

自 2001 年起，DARPA 每年都投入大量资金进行 WSN 网络技术研究，并且在 C4ISR 基础上提出了 C4KISR 计划，强调战场情报的感知能力、信息的综合能力和利用能力，把 WSN 作为一个重要研究领域，设立了 Smart Sensor Web、灵巧传感器、网络通信、无人值守地面传感器群、传感器组网系统、网状传感器系统等一系列的军事传感器网络研究项目。在美国自然科学基金委员会的推动下，麻省理工学院、加州大学伯克利分校、南加州大学、康奈尔大学、伊利诺伊大学等许多著名高校也进行了大量 WSN 的基础理论和关键技术的研究，美国的一些大型 IT 公司（如 Intel、HP、Rockwell、Texas Instruments 等）通过与高校合作的方式逐渐介入该领域的研究开发工作，并纷纷设立或启动相应的研发计划，在无线传感器节点的微型化、低功耗设计、网络组织、数据处理与管理及 WSN 应用等方面都取得了许多重要的研究成果。

2．WSN 的结构

WSN 节点的基本组成包括传感单元（由传感器和 A/D 转换器组成）、处理单元（包括微处理器、存储器等）、通信单元（由无线收发器组成）及能量单元，如图 10.14 所示。按照分工的不同，传感器网络又可以细分为末梢节点层和接入层。

图 10.14 WSN 节点的基本组成

末梢节点层由各种类型的采集和控制模块组成，如温度感应器、声音感应器、震动感应器、压力感应器、RFID 读写器、二维码识读器等，完成物联网应用的数据采集和设备控制功能。

接入层由基站节点和接入网关组成，完成末梢节点信息的组网控制和信息汇集或完成向末梢节点下发信息的转发等功能。也就是末梢节点之间完成组网后，如果末梢节点需要上传数据，则将数据发送给基站节点，基站节点收到数据后，通过接入网关完成和承载网络的连接。

末梢节点层与接入层实现了物联网的信息采集和控制功能。按照接入网络的复杂性，接入方式可分为简单接入和多跳接入。

简单接入在采集设备获取信息后直接通过有线或无线的方式将信息发送至承载网络，如图 10.15 所示。目前，RFID 读写设备主要采用简单接入方式，此方式可用于终端设备分散、数据量小的业务应用。

图 10.15 简单接入

多跳接入利用 WSN 技术，将具有无线通信与计算能力的微小传感器节点通过自组织方式组网，各节点能根据环境的变化，自主地完成网络自适应组织和信息的传递。由于节点间距离较短，因此一般采用多跳方式进行通信。传感器网络最终将信息通过接入网关传递到承载网络。多跳接入方式适用于终端设备集中、终端与网络间传递数据量较小的应用。采用多跳接入方式可以降低末梢节点层、接入层和承载网络的建设投资和应用成本，并且方便开展建设工作和提升接入网络的健壮性，如图 10.16 所示。

图 10.16　多跳接入方式

3．WSN 的特点

WSN 具有以下特点。

（1）大规模。

为了获取精确信息，通常在监测区域部署大量传感器节点。传感器网络的大规模具有以下优点：通过不同空间视角获得的信息具有更大的信噪比；通过分布式处理大量的采集信息能够提高监测的精确度，降低对单个节点传感器的精度要求；大量冗余节点的存在使得系统具有很强的容错性能；大量节点能够增大覆盖的监测区域，减少盲区。

（2）自组织和自适应。

在传感器网络应用中，通常情况下传感器节点被放置在没有基础结构的地方，传感器节点的位置不能预先精确设定，节点之间的相互邻居关系预先也不知道，如通过飞机撒播大量传感器节点到面积广阔的原始森林中，或者随意放置到不可到达或危险的区域。这就要求传感器节点具有自组织的能力，能够自动进行配置和管理，通过拓扑控制机制和网络协议自动形成转发监测数据的多跳无线网络系统。

在传感器网络的使用过程中，部分传感器节点由于能量耗尽或环境因素而失效，因此有一些节点为了弥补失效节点、增加监测精度而补充到网络中，这样，在传感器网络中的节点个数就动态地增加或减少，从而使网络的拓扑结构随之动态地变化。传感器网络的自组织性要能够自动适应这种网络拓扑结构的动态变化。自组织方式主要包括自组织组网通信、自调度网络功能及自我管理网络等。

（3）拓扑动态性。

传感器网络的拓扑结构可能因为下列因素而改变：环境因素或能量耗尽造成的传感器节点故障或失效；环境条件变化造成的无线通信链路带宽变化，甚至时断时通；传感器网络的传感器、感知对象和观察者这 3 个要素都可能具有移动性；新节点的加入。这要求传感器网络系统能够适应这种变化，具有动态的系统可重构性。

（4）可靠性。

WSN 特别适合部署在恶劣环境或人类不能到达的区域，传感器节点可能工作在露天环境中，遭受日晒、风吹、雨淋，甚至遭到人或动物的破坏。传感器节点往往采用随机部署的方式，如通过飞机撒播传感器节点或发射炮弹到指定区域进行部署。这些都要求传感器节点非常坚固，不易损坏，适应各种恶劣环境条件。

考虑到监测区域环境的限制及传感器节点数量庞大，不可能人工照顾每个传感器节点，网络的维护十分困难，甚至不可维护。传感器网络的通信保密性和安全性也十分重要，要防止监测数据被盗取或获取伪造的监测信息。因此，传感器网络的软硬件必须具有健壮性和容错性。

（5）以数据为中心。

传感器网络是面向任务型的网络，传感器网络中的节点采用节点编号标识。用户使用传感器网络查询事件时，直接将所关心的事件通告给网络。网络在获得指定事件的信息后汇报给用户，这种以数据本身为查询或传输结果的思想更接近于自然语言交流的习惯。部署或指定一些节点为代理节点，代理节点根据监测任务收集兴趣数据。通过分布式数据库的查询语言将监测任务下达给目标区域的节点。在整个体系中，WSN 节点以分布式数据库的形式独立存在，实现对客观物理世界的实时和动态的监测，所以传感器网络是一个以数据为中心的网络。

（6）集成化。

传感器节点的功耗低，体积小，价格便宜，实现了集成化。其中，微机电系统技术的快速发展为 WSN 节点实现上述功能提供了相应的技术条件。

（7）节点密集布置。

在安置传感器节点的监测区域内，布置有数量庞大的传感器节点。通过这种布置方式可以对空间抽样信息或多维信息进行捕获，通过相应的分布式处理即可实现高精度的目标检测和识别。将其中的某些节点进行休眠调整，还可以延长网络的使用寿命。

（8）协作执行任务。

协作执行任务通常包括协作式采集、处理、存储及传输信息。通过协作的方式，传感器节点可以共同实现对对象的感知，得到完整的信息。这种方式可以有效克服计算和存储不足的缺点，共同完成复杂任务。在协作方式下，传感器之间的节点实现远距离通信，可以通过多跳中继转发，也可以通过多节点协作发射。

4．WSN 的安全需求

由于 WSN 使用无线通信，其通信链路不像有线网络一样可以做到私密可控，因此在设计传感器网络时，更要充分考虑信息安全问题。WSN 的安全需求主要包括以下几个方面。

- 数据机密性。数据机密性是重要的网络安全需求，要求所有敏感信息在存储和传输过程中都要保证其机密性，不得向任何非授权用户泄露信息的内容。
- 数据完整性。有了机密性保证，攻击者无法获取信息的真实内容，但接收者并不能保证其收到的数据是正确的，因为恶意的中间节点可以截获、篡改和干扰信息的传输过程。通过数据完整性鉴别，可以确保数据在传输过程中没有任何改变。
- 数据新鲜性。数据新鲜性强调每次接收的数据都是发送方最新发送的数据，以杜绝接收重复的信息。保证数据新鲜性的主要目的是防止重放（Replay）攻击。
- 真实性。真实性主要体现在点到点的消息认证和广播认证两个方面。点到点的消息认证使得某一节点在收到另一节点发送来的消息时能够确认这个消息确实是从该节点发送过来的，而不是冒充的；广播认证主要解决单个节点向一组节点发送统一通告时的认证安全问题。
- 可用性。可用性要求传感器网络能够随时按预先设定的工作方式向系统的合法用户提供信息访问服务，但攻击者可以通过伪造和信号干扰等方式使传感器网络处于部分或全部瘫痪状态，破坏系统的可用性，如拒绝服务（Denial of Service，DoS）攻击。

- 健壮性。由于 WSN 具有很强的动态性和不确定性，包括网络拓扑的变化、节点的消失或加入、面临各种威胁等，因此 WSN 对各种安全攻击应具有较强的适应性，即使某次攻击行为得逞，也能保障其影响最小化。
- 访问控制。访问控制要求能够对访问 WSN 的用户身份进行确认，确保其合法性。

5．WSN 的相关标准

WSN 相关的标准如下。

IEEE 802.15.4 属于物理层和 MAC 层标准，由于 IEEE 在无线领域的影响力，以及 TI、ST、Ember、Freescale、NXP 等著名芯片厂商的推动，该标准已成为 WSN 的事实标准。

ZigBee 标准在 IEEE 802.15.4 之上，重点制定网络层、安全层、应用层的标准规范，先后推出了 ZigBee 2004、ZigBee 2006、ZigBee 2007/ZigBee PRO 等版本。此外，ZigBee 联盟还制定了针对具体行业应用的规范，如智能家居、智能电网、消费类电子等领域，旨在实现统一的标准，使得不同厂家生产的设备之间能够相互通信。ZigBee 在新版本的智能电网标准 SEP2.0 中已经采用新的基于 IPv6 的 6LoWPAN 规范，随着智能电网的建设，ZigBee 将逐渐被 IPv6/6LoWPAN 标准取代。

ISA100.11a 是由国际自动化协会 ISA 下属的工业无线委员会 ISA100 发起的工业无线标准。

WirelessHART 是由国际上几个著名的工业控制厂商共同发起的，致力于将 HART 仪表无线化的工业无线标准。

WIA-PA 是中国科学院沈阳自动化所参与制定的工业无线国际标准。

6．WSN 的应用

WSN 是面向应用的，贴近客观物理世界的网络系统，其产生和发展一直都与应用相联系。多年来经过不同领域研究人员的演绎，WSN 技术在军事、精细农业、安全监控、环保监测、建筑、医疗监护、工业监控、智能交通、物流管理、自由空间探索、智能家居等领域得到了一定的应用。

在军事方面，2005 年，美国军方成功测试了由美国 Crossbow 产品组建的枪声定位系统，为救护、反恐提供了有力手段。美国科学应用国际公司采用 WSN 构筑了一个电子周边防御系统，为美国军方提供军事防御和情报信息。在精细农业方面，WSN 系统应用最为广泛。2002 年，Intel 公司率先在俄勒冈建立了世界上第一个无线葡萄园，这是一个典型的精细农业智能耕种的实例。在安全监控方面，英国的一家博物馆利用 WSN 设计了一个报警系统，他们将传感器节点放在珍贵文物或艺术品的底部或背面，通过侦测灯光的亮度改变和振动情况来判断展览品的安全状态。在医疗监护方面，Intel 公司研制家庭护理的 WSN 系统，作为美国应对老龄化社会技术项目的一项重要内容。另外，WSN 在对特殊医院（精神类或残障类）中病人的位置监控方面也有巨大应用潜力。在工业监控方面，Intel 公司为俄勒冈的一家芯片制造厂安装了 200 台无线传感器，用来监控部分工厂设备的振动情况，并且在测量结果超出阈值时提供监测报告。

2005 年，澳洲的科学家利用 WSN 技术来探测北澳大利亚蟾蜍的分布情况。Intel 公司也推出了基于 WSN 的家庭护理技术，该技术是作为探讨应对老龄化社会的技术项目 CAST（Center for Aging Services Technologies，老龄人士服务技术中心）的一个环节开发的。该技术通过在家庭设备中嵌入半导体传感器，帮助老龄人士、阿尔茨海默症患者及残障人士进行家庭生活。

由于 WSN 具有密集型、随机分布的特点，因此非常适合应用于恶劣的战场环境中，包括侦察敌情，监控兵力、装备和物资，判断生物、化学攻击等多方面用途。DARPA 已投资几千万美元，帮助大学进行"智能尘埃"传感器技术的研发。DARPA 支持的 Sensor IT 项目探索如何将 WSN 技术应用于军事领域，实现所谓"超视距"战场监测。UCB 的教授主持的 Sensor Web 是 Sensor IT 的一个子项目，原理性地验证了应用 WSN 进行战场目标跟踪的技术可行性，翼下携带 WSN 节点的无人机飞到目标区域后抛下节点，节点随机撒落在被监测区域，利用安装在节点上的地震波传感器可以探测到外部目标，如坦克、装甲车等，并且根据信号的强弱估算距离，综合多个节点的观测数据，最终定位目标，并绘制出其移动的轨迹。

WSN 还被应用于一些危险的工业环境，如井矿、核电厂、危险化工仓储等，工作人员可以通过它来实施安全监测，WSN 也可以在交通领域作为车辆监控的有力工具。此外，WSN 还可以应用于工业自动化生产线等领域，Intel 公司对工厂中的一个无线网络进行测试，该网络由 40 台机器上的 210 个传感器组成，这样组成的监控系统可以大大改善工厂的运作条件。WSN 可以大幅降低检查设备的成本，同时由于可以提前发现问题，因此能够缩短停机时间、提高效率并延长设备的使用时间。

10.3.1.2 AdHoc 网络

1．AdHoc 网络的概念

AdHoc（无线自组织）网络由具有无线通信能力的移动节点组成，其网络拓扑具有多变性，能够实现具有特殊需求的应用。AdHoc 网络的前身分组无线网最早在 1972 年由美国国防部研究分组无线网项目时提出，随后在高残存性自适应网络项目和全球移动信息系统项目中得到全面深入研究，最终在 1991 年由 IEEE 802.11 标准委员会提出了 AdHoc 网络这一概念，用来描述具有自组织、对等式、多跳等特点的无线移动通信网络。

AdHoc 网络的节点或终端可以随时加入或移出网络，通过无线连接构成任意的网络拓扑，同时可以根据应用的特点对网络进行自动重新配置，网络中的所有节点地位平等，不需要预先设置任何中心控制节点，上述这些特点决定了 AdHoc 网络具有很强的抗毁性。组成 AdHoc 网络的节点为具有转发报文能力的移动终端，即节点具有路由功能。不同于有线网络，无线网络中两个彼此不在对方通信范围之内的节点如果要实现互相通信，就必须借助它们的中间节点转发报文，中间节点可能是一个，也可能是多个，可以说节点的这一功能是构成无线网络的根本条件之一。这将 AdHoc 网络同其他的移动通信网络区分开。图 10.17 所示为一个典型的 AdHoc 网络。

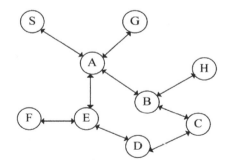

图 10.17　一个典型的 AdHoc 网络

由图 10.17 可看出，源节点 S 和目的节点 D 无法直接通信，运行路由协议寻找可用的两条路径为 S→A→B→C→D 和 S→A→E→D，最终源节点根据应用需求选择最短路径 S→A→E→D 完成数据包的传输。AdHoc 网络不但可以独立工作，而且可以根据需求接入 Internet 或蜂窝无线网络等其他网络协作完成特定的任务。

大多数无线移动通信技术都是采用集中式控制的，即设立中心控制设备。网络的运行需要网络基础设施支持。例如，需要由基站和移动交换中心等功能设施提供支持的蜂窝移动通信系统、依赖于接入点和有线骨干网络支持的无线局域网等。但在应对某些特殊场合或特殊应用时，集中式控制就体现出了移动通信技术的局限性。例如，发生突发性的灾害需要营救、探查人类无法深入的边远危险地形、部队实战演习作业部署及临时组织会议或活动等，这些场合可能存在无法构建基础设施、无法与基础设施进行通信，或者预先架设的网络设施已遭到损毁而无法继续工作的情况。AdHoc 网络的出现很好地解决了上述提到的困难，同时 AdHoc 网络在其他领域（如车载网络）的应用也是一种必然趋势。

2．AdHoc 网络的结构与协议

由于 AdHoc 网络中的节点自组织运行，因此 AdHoc 网络属于分布式网络。AdHoc 网络的结构可以分为两类，分别是平面结构和分层结构。平面结构的 AdHoc 网络结构简单，网络中所有节点在结构组成、网络控制、路由选择和流量管理等各方面都是平等的，所以又将其称为对等式结构。分层结构的 AdHoc 网络中引入了簇的概念，一个簇头（Cluster Header）和多个簇成员（Cluster Member）是每个簇的基本组成元素。AdHoc 网络被划分为一个到多个簇（Cluster），每个簇的簇头又形成新一层的平面结构的网络，或者称为更高一级的网络。在新的网络中，可以再次分簇。在分层结构中，簇的划分方法与簇头的选举规则为制约算法的关键点。

AdHoc 网络的协议栈的设计以 OSI 的 7 层协议栈模型为模板，并根据 AdHoc 网络的自身的特点进行了简化、修改和扩充，将协议栈划分为 5 层，从下至上依次为物理层、数据链路层、网络层、传输层和应用层。AdHoc 网络协议栈的物理层的基本功能是完成收发报文，所面临的首要问题是无线频段的选择、无线信号的监测、调制解调、信道加密解密等。AdHoc 网络协议栈的数据链路层分为 MAC（Medium Access Control，介质访问控制）层和 LLC（Logic Link Control，逻辑链路控制）层，MAC 层负责数据帧的封装和装卸等任务，而 LLC 层负责向上层提供服务，如差错控制、数据帧的检测、优先级排队、流量控制、数据的传输和纠错等。AdHoc 网络协议栈的网络层的主要功能包含邻居发现、路由建立、拥塞控制等，通过收集网络的拓扑信息发现和维护到达目的节点的路由。一个好的 AdHoc 网络协议栈的网络层的路由协议应当满足分布式运行、提供无环路路由和具有可靠的安全性等要求。随着 AdHoc 网络被广泛应用，安全问题为目前研究的首要任务。AdHoc 网络协议栈的传输层用于向应用层提供可靠的、有序的端到端服务，当 AdHoc 网络需要与 Internet 等外部网络进行通信时，传输层协议的支持尤其重要。AdHoc 网络协议栈的应用层包含了所有的高层协议，主要功能是提供面向用户的各种应用服务，同时要满足应用服务的需求，如严格的端到端时延应用、高吞吐量需求的应用和丢失率限制的应用等。

3．AdHoc 网络的特点

AdHoc 网络的特点包括以下几个方面。

- 不需要管理中心。与传统的集中式无线通信网络不同，AdHoc 网络采用无中心结构，网络的布设不需要基本设施支持，所有节点的地位平等，这决定了 AdHoc 网络是一个对等的分布式网络。同时任何节点可以根据需要随时加入和离开网络，自动组成一个独立的网络。由于某个节点出现故障不会对整个网络造成影响，因此 AdHoc 网络具有很强的抗毁性。
- 自组织性。AdHoc 网络由网络本身节点自组织形成网络，不受时间和地点的限制，也不需要硬件基础网络设施的支持，并且可以快速成网。网络中的节点具有自治性，通过分层的网络协议和分布式算法即可协调各自的行为。
- 通过连续的重新配置进行自我恢复。AdHoc 没有网络控制中心，所有节点根据路由协议自组成网、自我控制。当出现某些突发状况时，节点可以根据自身的情况进行自我调整，如当节点发现自身剩余能量不多时，为了延长继续工作的时间，可以在没有任务的时候进入休眠状态节省能量，从而使整个网络的工作时间延长。
- 可扩展性。节点可以根据需要随意地加入或离开网络，自动组成一个网络，当有节点加入时，网络的覆盖面积增大；当节点移出时，网络的覆盖面积缩小。因此，AdHoc 网络的规模可以根据应用需求调整，但当网络规模较大时，平面结构无法使用。
- 灵活性。AdHoc 网络可以随时随地成网，从不同的位置访问 Internet，根据应用进行配置，完成某项任务。

AdHoc 网络很好地弥补了传统通信网络的不足，但也引入了新的问题。例如，对节点的要求有所提高，网络中的每个节点必须具备普通节点的收发包功能，还要具备路由的能力，网络的自组织特性导致网络中的节点要维护整个网络的路由表；随着网络规模的增大，网络的负载也随之增大，占用网络的有效带宽，影响网络的吞吐量；网络的可靠性依赖于有足够多的可用节点，稀疏网络会存在无法寻找到可用路由传输数据包等许多问题，直接导致无法满足应用需求；大规模网络会带来过高的时延，不能满足某些应用的需求；网络安全面临威胁，AdHoc 网络的灵活性导致其非常容易受到各种攻击。

4．AdHoc 网络的安全问题

AdHoc 网络与传统网络不同，它的所有节点都是移动的，具有网络拓扑动态变化、无中心控制的特点，节点间通过无线信道相连，由节点本身充当路由器。从上述特点可以看出传统网络中的安全机制在面对 AdHoc 网络时功能有限，甚至完全失效。因此，在设计安全策略时，鉴于 AdHoc 网络的独特性需要多方面综合考虑。AdHoc 网络使用无线信道，这使 AdHoc 网络很容易受到被动窃听、伪造身份、恶意丢包和篡改信息等各种方式的攻击，从而造成信息缺失，甚至失去价值。

AdHoc 网络的自组织性和灵活性导致其极易受到各种攻击，协议栈中的每一层都可能成为被攻击的对象，下面介绍 AdHoc 网络中几种常见的攻击类型，如表 10.2 所示。

表 10.2 AdHoc 网络中几种常见的攻击类型

攻击类型	表现形式
黑洞攻击	攻击者将发往其他节点的数据包接收下来，并且选择丢弃数据包以发动 DoS 攻击，或者利用自己在路由中的位置，采用中间人攻击将数据包重定向到伪装的目的节点

续表

攻击类型	表现形式
欺骗	一个恶意节点假冒另一个节点的身份加入网络，进而接收所有发送给该合法节点的数据包，广播虚假路由信息等，甚至能够屏蔽该合法节点
篡改路由包	截获并篡改节点发送的路由信息的某些字段，故意误导其他节点。例如，篡改 AODV 路由协议中的顺序号等，从而产生错误的路由，导致整个网络性能下降。恶意篡改路由信息的节点一般很难探测到
包丢弃	一个节点首先通过自身向其他节点广播路由信息，然后将接收到的数据包丢弃而不是根据路由公告将它们发给下一跳；节点丢弃包含路由消息的数据包
自私节点	节点可能为了保存电池能量而拒绝参与路由。如果很多节点都这样做的话，那么 AdHoc 网络将发生故障并无法运行
虫洞攻击	恶意节点密谋将路由和其他数据包进行外带传输（使用不同频段），这将干扰路由协议的正常运行
急速攻击	攻击者短时间内发送大量路由查询信息，这些信息遍布全网，使得其他节点正常的路由查询无法提交处理而被丢弃，导致路由发生问题

5. 基于信任模型的 AdHoc 网络路由算法

信任模型被广泛地应用于许多领域，如 P2P 计算、电子商务等。由于 AdHoc 网络中数据包的传输是依靠节点间合作完成的，因此设计信任评估机制对提高网络性能具有重要意义。目前的信任模型根据其实现方法可以分为基于信息理论、基于社会网络与群体理论、基于贝叶斯理论、基于图论与博弈理论等类型。信任模型是信任建立、分配、更新、评估、使用等操作的抽象。

基于信任模型的路由算法一直是 AdHoc 领域的研究热点之一，相关路由算法主要分为 3 类：反应式、主动式和混合式。现有的信任路由算法多是扩展 DSR（Dynamic Source Routing，动态源路由）算法和 AODV（AdHoc On-demand Distance Vector，自组织按需距离矢量）算法、OLSR（Optimized Link State Routing，最优化链路状态路由）算法和 DSDV（Destination Sequenced Distance Vector，目的序列距离矢量）算法等传统的 AdHoc 路由算法。

通过评估两种信息完成节点间的信任计算：来自节点自身对邻居节点的行为观察的信息称为直接信息；来自其他节点的报告的信息称为间接信息。扩展 DSR 算法在 Watchdog 和 Pathrater 的基础之上增加了信任管理者和评价机制，信任管理者一旦发现恶意节点，立即给源节点和周围的邻居节点发送 Alarm 报告，但是对于 Alarm 报告本身是否是恶意的，扩展 DSR 算法只要求部分可信节点同样发送 Alarm 报告或发送 Alarm 报告的源头是可信的，这是不完备的且可能导致较高的误报率。AntTrust 算法基于多 Agent 系统增加了信任机制，信任信息源有 3 个：有过交互的邻居节点、没有过交互的邻居节点和外部节点。实现这三方面信息的采集需要在每个节点上安装"监听蚂蚁"，这会产生过多的额外开销，而且该算法待定参数较多，增加了算法的复杂性。

从加密技术的角度来看，目前学者们提出的安全和信任路由可以分为加密路由和非加密路由。加密路由主要侧重于传统的安全机制，称为硬安全策略。由于 AdHoc 网络中的节点有通信带宽、处理器周期、内存和电池能量的限制，因此传统的安全机制虽然能提供机密性、身份认证和可用性，但效率不高，这主要源自加密算法的复杂计算带来的开销、安全信息存储带来的内存消耗、密钥同步对带宽的占用及分发和撤销证书几个方面。基于加密的安全可信路由技术的典型算法包括 AODV、Ariadne 等。虽然这种技术能够抵抗很多攻击，但是至今也没有一种解决办法能够使网络在分布式环境中抵抗恶意节点的攻击或发现一跳端到端的信任路由。硬安全策略很难阻止节点的恶意或自私的行为，即这种技术不能促进节点的合作行为。非加密路由则侧重利用辅助方法实现软安全。现存的解决方法一般是在路由策略中引入信任模型，如 Watchdog 机制在信任模型中假设节点处于混杂监听模式，Pathrater 机制利用 Watchdog 扩展信息选择一条最可能传输数据包的信任路由。

10.3.1.3 ZigBee 技术

ZigBee 的名字来源于蜂群赖以生存和发展的通信方式，即蜜蜂靠飞翔和嗡嗡（Zig）地抖动翅膀与同伴传输新发现的食物的位置、距离和方向等信息，蜜蜂依靠这样的方式构成了群体中的通信网络。ZigBee 采用分组交换和跳频技术，并且可使用 3 个频段，分别是 2.4GHz 的公共通用频段、欧洲的 868MHz 频段和美国的 915MHz 频段。ZigBee 主要应用在短距离范围且数据传输速率不高的各种电子设备之间。与蓝牙相比，ZigBee 更简单、速率更慢、功率及费用更低。同时，ZigBee 技术的低速率和通信范围较小的特点决定了 ZigBee 技术只适合于承载数据流量较小的业务。ZigBee 技术主要有以下特点。

- 数据传输速率低。只有 10~250kbit/s，专注于低传输速率应用。
- 低功耗。ZigBee 设备只有激活和睡眠两种状态，而且 ZigBee 网络中通信循环次数非常少，工作周期很短，一般来说两节普通 5 号干电池可使用 6 个月以上。
- 成本低。因为 ZigBee 数据传输速率低，协议简单，所以大大降低了成本。
- 网络容量大。ZigBee 支持星形和网状网络结构，每个 ZigBee 网络最多可支持 255 个设备，也就是说每个 ZigBee 设备可以与另外 254 个设备相连接。
- 有效范围小。ZigBee 技术的有效传输距离为 10~75m，具体依据实际发射功率的大小和各种不同的应用模式而定，基本上能够覆盖普通的家庭或办公室环境。
- 工作频段灵活。ZigBee 技术使用的频段分别为 2.4GHz、868MHz（欧洲）及 915MHz（美国），均为免执照频段。
- 可靠性高。ZigBee 技术采用了冲突避免机制，同时为需要固定带宽的通信业务预留了专用时隙，避免了发送数据时的竞争和冲突。节点模块之间具有自动动态组网的功能，信息在整个 ZigBee 网络中通过自动路由的方式进行传输，从而保证了信息传输的可靠性。
- 时延短。ZigBee 技术针对时延敏感的应用进行了优化，通信时延和从休眠状态激活的时延都非常短。
- 安全性高。ZigBee 技术提供了数据完整性检查和鉴定功能，采用了 AES-128 加密算法，同时根据具体应用可以灵活确定其安全属性。

ZigBee 协议是基于 IEEE 802.15.4 标准的低功耗个域网协议，其特点是近距离、低复杂度、自组织、低功耗、低数据传输速率和低成本。

1．ZigBee 协议栈体系结构

ZigBee 协议栈体系结构如图 10.18 所示，ZigBee 协议栈从下到上分别为物理层（PHY）、媒体访问控制层（MAC）、网络层（NWK）、应用层（APL），其中物理层和媒体访问控制层遵循 IEEE 802.15.4 标准，应用层包括应用支持子层（Application Support Sub-Layer，APS）、

应用框架（Application Framework，AF），ZigBee 设备对象（ZigBee Device Objects，ZDO）。

　　ZigBee 协议栈包含一系列的层，每一层通过使用下层提供的服务完成自己的功能，同时向上层提供服务。层与层之间通过 SAP（Service Access Point，服务访问点）连接，每一层都可以通过本层与下层相连的 SAP 调用下层为本层提供服务，同时通过本层与上层相连的 SAP 为上层提供服务。这些服务是设备中的实体通过发送服务原语来实现的，其中实体包括数据实体（Data Entity，DE）和管理实体（Management Entity，ME）两种。数据实体向上层提供常规的数据服务；管理实体向上层提供访问数据内部层的参数、配置和管理数据等服务。

图 10.18　ZigBee 协议栈体系结构

　　ZigBee Alliance 在 IEEE 802.15.4 标准的基础上对网络层进行了标注化，并且在网络层的基础上开发了安全服务提供模块。网络层对于 ZigBee 协议栈非常重要，每一个 ZigBee 节点都包含网络层。ZigBee 网络层主要实现组建网络，为新加入的网络节点分配地址、发现路由、维护路由等。ZigBee 网络层还提供一些必要的函数，确保 ZigBee 的媒体访问控制层正常工作，并且为应用层提供合适的服务接口，这种结构使得网状网络的应用基本能够实现。安全服务提供（Security Service Provider，SSP）是 ZigBee 独立开发出来进行信息安全验证的功能模块，在 OSI 和 TCP/IP 模型中都没有体现，主要负责实现信息交换的密钥管理、密钥访问等功能。

2．ZigBee 网络的节点类型和拓扑结构

　　ZigBee 网络支持两种物理设备：FFD（Full Function Device，全功能设备）和 RFD（Reduced Function Device，精简功能设备），其中 FFD 可提供全部的媒体访问控制服务，可充当任何 ZigBee 节点。由于 FFD 不仅可以发送和接收数据，还具备路由功能，因此可以接收子节点。而

RFD 只提供部分的媒体访问控制服务，只能充当终端节点，不能充当协调器和路由节点。RFD 只负责将采集的数据信息发送给协调器和路由节点，并不具备路由功能，因此不能接收子节点，并且 RFD 之间的通信必须通过 FFD 才能完成。另外，RFD 仅需要使用较小的存储空间就可以非常容易地组建一个低成本和低功耗的无线通信网络。ZigBee 标准在此基础上定义了 3 种节点：协调器（Coordinator）、路由节点（Router）和终端节点（End Device）。ZigBee 协议标准中定义了 3 种网络拓扑结构，分别为星形拓扑、树形拓扑和网状拓扑，如图 10.19 所示。

图 10.19 ZigBee 网络的 3 种拓扑结构

　　星形拓扑是 3 种拓扑结构中最简单的。实现星形拓扑不需要使用 ZigBee 的网络层协议，因为本身 IEEE 802.15.4 标准的协议层就已经实现了星形拓扑形式。星形拓扑由一个协调器和一系列的终端节点构成，节点之间的数据传输都要通过协调器转发，节点之间的数据路由只有唯一的路径，没有可选择的路径。假如发生链路中断，那么发生链路中断的节点之间的数据通信也将中断，因此协调器很可能成为整个网络的瓶颈。

　　在树形网络中，路由节点都可以包含自己的子节点，而终端节点不行，只能作为路由节点的子节点。在树形拓扑结构中，每一个节点都只能与其父节点和子节点进行通信，也就是说，当一个节点向另一个节点发送数据时，首先信息沿着树的路径向上传递到最近的路由节点，然后向下传递到目标节点。这种拓扑结构的缺点是信息只有唯一的路由通道，信息的路由过程由网络层处理，对于应用层是完全透明的。

　　网状网络除允许父节点和子节点之间进行通信外，也允许通信范围之内具有路由能力的非父子关系的邻居节点之间进行通信。网状网络是在树形网络的基础上实现的，与树形网络不同的是，网状网络是一种特殊的按接力方式传输的点对点的网络结构，其路由可自动建立和维护，并且具有强大的自组织、自愈功能。网状网络可以通过多级跳跃的方式来通信，可以组成极为复杂的网络，具有很大的路由深度和网络节点规模。该拓扑结构的优点是减少了消息时延，增强了可靠性，缺点是需要更多的存储空间。

　　由于 ZigBee 技术具有成本低、组网灵活等特点，并且可以嵌入各种设备，因此在物联网中发挥着重要作用。其目标市场主要有 PC 外设（鼠标、键盘、游戏操控杆）、消费类电子设备（电视机、电子产品等设备上的遥控装置）、家庭内智能控制（照明、煤气计量控制及报警等）、玩具（电子宠物）、医护（监视器和传感器）、工控（监视器、传感器和自动控制设备）等领域。另外，整个 ZigBee 网络还可以与现有的其他各种网络连接。例如，可以通过互联网在北京监控云南某地的一个 ZigBee 网络。有所不同的是，ZigBee 网络主要是为自动化控制数据传输而建立的，而移动通信网络主要是为语音通信而建立的。

3．Wi-Fi 技术

无线以太网技术是一种基于无线传输的局域网技术，与有线网络技术相比，具有灵活、建网迅速、个人化等特点。将这一技术应用于物联网的接入网领域，能够方便、灵活地为用户提供网络接入，适合于用户流动性较大、有数据业务需求的公共场所，高端的企业和家庭用户，需要临时建网的场合及难以采用有线接入方式的环境等。1997 年，经过了 7 年的工作以后，IEEE 发布了 802.11 协议，这也是在无线局域网领域内的第一个国际上被认可的协议。1999 年 9 月，IEEE 又提出了 802.11b HighRate 协议，用来对 802.11 协议进行补充，IEEE 802.11b 在 IEEE 802.11 的 1Mbit/s 和 2Mbit/s 速率下又增加了 5.5Mbit/s 和 11Mbit/s 两个新的数据传输速率。利用 IEEE 802.11b，移动用户能够获得同以太网一样的性能、网络吞吐率、可用性。

Wi-Fi——Wireless Fidelity，无线保真，俗称无线宽带，是由无线以太网兼容性联盟（Wireless Ethernet Compatibility Alliance，WECA）提出的用于保证 IEEE 802.11 系统互操作性的技术。Wi-Fi 网络由无线接入点（AP）和无线网卡组成。Wi-Fi 的第一个版本于 1997 年被提出，其中介质访问控制层和物理层被定义。2.4GHz 频段上的两种无线调频方式和红外线传输方式在物理层中被定义，数据传输速率为 2Mbit/s。设备间通信可采用直接方式进行，也可以在基站或访问点的协调下进行。IEEE 802.11 被视为 IEEE 802.3 以太网标准的无线版本，它主要解决局域网中移动装置与基站的无线接入问题。不同 IEEE 802.11 标准的比较如表 10.3 所示。

表 10.3　不同 IEEE 802.11 标准的比较

标准号	IEEE 802.11b	IEEE 802.11a	IEEE 802.11g	IEEE 802.11n
标准发布时间	1999 年 9 月	1999 年 9 月	2003 年 6 月	2009 年 9 月
工作频率范围	2.4～2.4835GHz	5.150～5.350GHz 5.475～5.725GHz 5.725～5.850GHz	2.4～2.4835GHz	2.4～2.4835GHz 5.150～5.850GHz
非重叠信道数/个	3	24	3	15
物理速率/（Mbit/s）	11	54	54	600
实际吞吐量/（Mbit/s）	6	24	24	100 以上
频宽	20MHz	20MHz	20MHz	20MHz/40MHz
调制方式	CCK/DSSS 补码键控/直接序列扩频	正交频分复用	CCK/DSSS/OFDM 补码键控/直接序列扩频/正交频分复用	多入多出正交频分复用/直接序列扩频/补码键控
兼容性	802.11b	802.11a	802.11b/g	802.11a/b/g/n

目前，IEEE 802.11b 的传输速率最高可以达到 11Mbit/s，是 IEEE 802.11 标准速率的 5 倍，其高速的传输速率扩大了无线局域网的应用领域，并且可根据信号强弱把传输速率调整为 5.5Mbit/s、2Mbit/s 和 1Mbit/s。IEEE 802.11b 使用的是 2.4GHz 频段，无须申请，可以免费使

用。其原理是采用载波侦测的方式来控制网络中的信息传输，与以太网很相似。但由于以太网采用的是 CSMA/CD（Carrier Sense Multiple Access with Collision Detection，带冲突检测的载波监听多路访问）技术，因此避免了网络中封包碰撞的发生，这样可以大幅度提高网络效率。IEEE 802.11 帧主要有数据帧、控制帧、管理帧 3 种类型，数据帧负责传输数据，数据帧可能会因为所处的网络环境不同而有所差异；控制帧通常与数据帧搭配使用，负责区域的清空、信道的取得及载波监听机制的维护，并且在收到数据时予以正面的应答，借此促进工作站间数据传输的可靠性；管理帧负责监督，主要用来加入或退出无线网络，以及处理基站之间连接的转移事宜。IEEE 802.11b 标准的特性如表 10.4 所示。

表 10.4　IEEE 802.11b 标准的特性

符号速率（每个符号 8bit）	11Mbit/s	5.5Mbit/s	2Mbit/s	1Mbit/s
每个符号传输速率	1.375Mbit/s	≈687kbit/s	250kbit/s	125kbit/s
时延扩展	1.375μs	1μs	1μs	1μs
最大时延	<100μs	≈0.4μs	≈0.8μs	≈0.775μs
相关带宽	≈10MHz	≈1.5MHz	≈1.25MHz	≈1.3MHz

Wi-Fi 技术有以下几个特点。

- 覆盖范围较广：目前 Wi-Fi 的覆盖半径可达 300 英尺左右，约为 100m，能够满足移动办公、家庭网络等场合的无线网络接入需求。
- 传输速率较高：虽然有时 Wi-Fi 传输的无线通信质量不是很好，但传输速率比较高，可以达到 11Mbit/s。如果无线网卡使用的标准不同的话，Wi-Fi 的传输速率也会有所不同。
- 建网成本较低：只要在机场、车站、咖啡店、图书馆等人员较密集的地方设置热点，并通过高速线路将 Internet 接入上述场所，就可以进行无线通信了。
- 健康安全：IEEE 802.11 实际发射功率约为 60～70mW，而手机的发射功率约为 200mW～1W，手持式对讲机的发射功率高达 5W，而且 Wi-Fi 的使用方式并非像手机那样直接接触人体，对人体的辐射较小，使用起来相对安全。

10.3.1.4　蓝牙技术

1．蓝牙的基本概念

蓝牙（Bluetooth）无线通信技术最初是由爱立信公司创制的，始于 1994 年，其创立之初的目标就是为电子设备间的通信创造一组标准化的协议，使得系统不能兼容的电子设备之间实现低能耗和低成本的无线通信连接。随着很多著名厂商参与研发项目的合作，蓝牙技术得到发展和推广，并制定了全球统一的标准，工作频段设计在全球统一开发的 2.4GHz 的 ISM 频段。蓝牙无线通信技术的应用十分广泛，该技术几乎能够被集成到涉及各个领域的数字设备中。"蓝牙"是一个开放性的短距离无线通信技术标准，也是目前国际一种公开的无线通信技术规范。它可以在较小的范围内通过无线连接的方式实现安全、低成本、低功耗的网络互联，使得近距离内各种通信设备能够实现无缝资源共享，也可以实现在各种数字设备之间的语音和数据通信。由于蓝牙技术可以方便地嵌入单一的 CMOS 芯片中，因此特别适用于小型的移动通信设备，使设备没有了连接电缆的不便，通过无线进行通信。

蓝牙技术以低成本的近距离无线连接为基础，采用高速跳频和时分多址（Time Division Multipe Access，TDMA）等先进技术，为固定和移动设备通信建立了一个特别连接。蓝牙技术使得一些便于携带的移动通信设备和计算机设备不必借助电缆就能联网，并且能够实现无线连接 Internet，其实际应用范围还可以拓展到各种家电产品、消费电子产品和汽车等，组成一个巨大的无线通信网络。打印机、移动终端、传真机、键盘、游戏操纵杆及所有其他的数字设备都可以成为蓝牙系统的一部分。目前蓝牙采用的标准是 IEEE 802.15，工作在 2.4GHz 频段，通道带宽为 lMbit/s，异步非对称连接最高数据速率为 723.2kbit/s。随着蓝牙技术的不断演进和发展，2010 年 6 月 30 日，蓝牙产业联盟正式发布了蓝牙核心规范 4.0 版本，它融合了传统蓝牙、高速蓝牙和低耗能蓝牙 3 种技术，其中低耗能蓝牙技术的功耗仅为普通蓝牙技术的 1/10，是 4.0 标准的重大突破，也为蓝牙技术在物联网中的应用带来了更大的契机。

2．蓝牙的协议栈与参数指标

蓝牙技术规范由蓝牙特别兴趣小组制定，在使用通用无线传输模块和数据通信协议的基础上，开发交互式服务和应用，用于短距离便携式通信设备。制定蓝牙技术规范的目的是使符合该规范的各种应用之间能够互通，本地设备与远端设备需要使用相同的协议，所有的应用都要用到蓝牙技术规范中的数据链路层和物理层。蓝牙协议栈模型如图 10.20 所示。在某些应用中这种模型是有变化的，如在蓝牙打印机的应用中，仅使用了 LMP（Link Manager Protocol，链路管理协议）、L2CAP（Logical Link Control and Adaptation Protocol，逻辑链路控制和适配协议）和 HCRP（Hard Copy Cable Replacement Protocol，硬拷贝电缆替代协议）。

图 10.20 蓝牙协议栈模型

蓝牙技术规范的体系结构包含核心协议（Core）和应用框架（Profile）两大部分。核心协议是蓝牙技术专有的一个特殊的层次，主机控制器接口（HCI）把核心协议分为硬件和软件两个部分，HCI 是蓝牙协议中软硬件之间的接口，它提供了一个调用下层基带、链接管理、状态和控制寄存器等硬件的统一命令接口。通过 HCI 传出的信息包括命令、事件、数据 3 类，命令由主机发给硬件设备，事件由硬件设备提交给主机，数据则是双向的。射频、基带和链路管理这 3 层通常固化在硬件模块上，构成核心协议的硬件部分。软件部分由 L2CAP、SDP（Service Discovery Protocol，服务发现协议）、RFCOMM（串行端口仿真协议）、TCS BIN（电话控制协议）、HCRP 构成。它们通常运行于主机端蓝牙系统中，主机与硬件模块之间的连接方式可以有多种选择，如 RS-232、USB、PCMCIA 等。HCI 是对不同连接方式的抽象，使得不同的连接方式对主机端的协议软件是透明的。绝大部分蓝牙设备都必须配有核心协议，而其他协议根据应用的需要而定。总之，L2CAP、SDP、RFCOMM、TCS BIN、HCRP 及其他被采用的协议在核心协议基础上构成了面向应用的协议。

应用框架是考虑到不同蓝牙产品之间的互联而制定的，它所关心的是如何规范地应用蓝牙技术。这其中包括如何支持既有的协议软件，如 PPP、TCP/IP 等，从而使蓝牙技术可以尽量沿用已有的软件资源。每一个应用框架刻画了蓝牙技术的一类应用模式。其中不仅定义了蓝牙技术所支持的功能本身，还把功能分配到网络单元和协议层，代表了协议层的垂直视角。设计协议和协议栈的主要原则是尽可能地利用现有的各种高层协议，保证现有协议与蓝牙技术的融合及各种应用之间的互通性，充分利用兼容蓝牙技术规范的软硬件系统。蓝牙技术规范的开放性保证了设备制造商可自由地选用专利协议或常用的公共协议，在蓝牙技术规范基础上开发新的应用。蓝牙技术 2.0 规范中公布的技术指标和系统参数如下。

工作频段：ISM 频段，2.402～2.480GHz。

双工方式：全双工，TDD（Time Division Duplexing，时分双工）。

业务类型：支持电路交换和分组交换业务。

数据速率：1～3Mbit/s。

非同步信道速率：非对称连接 721/57.6kbit/s，对称连接 432.6kbit/s。

同步信道速率：64kbit/s。

功率：美国 FCC 要求<0dbm（1mW），其他国家可扩展为 100mW。

跳频频率数：79 个频点/MHz。

跳频速率：1600 跳/s。

工作模式：Park/Hold/Sniff（呼吸/保持/停等）。

数据连接方式：面向连接业务，无连接业务访问控制列表。

纠错方式：丢包重传和前向纠错。

鉴权：采用反应逻辑算术。

信道加密：采用 0 位、40 位、60 位密钥。

语音编码方式：连续可变斜率调制。

通信距离：10～100m，一般情况下为 10m，增加功率情况下可达 100m。

蓝牙支持点对点和点对多点的通信。蓝牙最基本的网络结构是 PicNet，PicNet 主要由主设备和从设备构成。主设备负责提供时钟同步信号和跳频序列，而从设备一般是受控同步的设备。在同一 PicNet 中，所有设备均采用同一跳频序列。一个 PicNet 中一般只有一个主设备，而处于活动状态的从设备目前最多可达 7 个。

3．蓝牙技术与物联网之间的关系

传统蓝牙、高速蓝牙及低耗能蓝牙技术有着不同的特点，它们在物联网的实现中相辅相成。图 10.21 给出了蓝牙技术与物联网之间的总体关系。

图 10.21　蓝牙技术与物联网之间的总体关系

传统蓝牙在物联网中的主要功能是在传感器网络的物联网网关中，作为传感器的网络介质实现传感器与网络层之间的通信。高速蓝牙则主要作为应用层的沟通介质，用于大量数据的传输。相对于其他蓝牙技术，低耗能蓝牙在物联网中有着不可比拟的优势，低耗能蓝牙具有低功率、低能耗、连接方便安全等传感器需要具备的所有特点，因此低耗能蓝牙芯片本身就可以作为物联网中的传感器设备。

4．蓝牙的应用与特点

蓝牙技术可以用于任何数据、图像、声音等短距离通信场合，目前主要应用的领域有多功能耳机、汽车内的蓝牙免提通信、条码扫描器等。

蓝牙技术主要有以下特点。

（1）适用范围广。

蓝牙技术之所以能够在全球范围内广泛使用，得益于其工作频段的范围。由于蓝牙技术研发之时选择了全球统一开发的 2.4GHz ISM 频段，全世界范围内多数国家所使用的 ISM 频段在 2.4～2.4835GHz 之间，ISM 频段被包含在全球统一的频段之中，因此在使用各种蓝牙无线通信技术的时候可以不受限于其所在地区的无线电资源部门的许可。

（2）可同时传输语音和数据。

蓝牙采用的是分组交换和电力交换技术，支持异步数据信道、三路语音信道或语音和异步数据同时传输的信道。除此之外，蓝牙定义了面向同步连接链路及异步无连接链路两种链路类型，其中异步无连接链路主要负责数据的传输，而同步连接链路主要负责语音的传输。也就是说，蓝牙无线通信技术可以同时进行语音和数据的传输。

（3）能实现临时性对等连接。

蓝牙设备在进行对等连接的时候，主动发起连接请求的一方为主设备，被发起连接请求的一方为从设备。蓝牙的基本网络为由连接通信组成的微微网，当一个微微网形成后，有一个主设备和一个或多个从设备。

（4）抗干扰能力强。

蓝牙无线通信技术具备良好的抗干扰能力，主要在于其使用跳频的工作方式来进行频谱的扩展。现在生活中使用的很多电气设备和无线设备等会在 ISM 频段工作，这和蓝牙设备所在的频段可能会有冲突。在这样的情况下，蓝牙设备将 2.402～2.48GHz 的频段分割成 79 个频点，相邻频点之间间隔 1MHz，数据分组在任意频点发出之后继续跳到另一个频点发送，并且频点的选择顺序没有规律性，频率改变为 1600 次/s，每个频率只持续 625s。由此，蓝牙设备的工作就不会受到其他设备的频段的干扰。

（5）体积小、功耗小。

因为现在电子设备的更新换代越来越快，体积越来越小，越来越薄，所以这些设备中的蓝牙模块的体积也需要随之改善，以便更好地集成到各种电子设备中。蓝牙设备的耗能会根据其工作状态的不同有所增减，处于工作状态的蓝牙设备一般耗能不多，而非工作状态下的呼吸/保持/休眠模式消耗的能量更少。也就是说，蓝牙设备的体积比较小，而且使用的时候均为低耗能模式。

（6）开放接口标准、成本低廉。

在蓝牙无线通信技术推广的过程中，蓝牙技术联盟将该技术的各种标准向全世界公开。企业在研发和生产产品的时候如果能够兼容蓝牙技术联盟的蓝牙产品，那么这样的产品在市场上的适用性就更强。蓝牙相关的应用程序随之得到极大的推广。在这样的背景之下，蓝牙技术得到大范围的普及，制造蓝牙产品所需的投资也在很大程度上降低了。

10.3.1.5 现场总线技术

现场总线出现于 20 世纪 80 年代中后期。从本质上讲，现场总线是一种数字通信协议，是一种应用于生产现场，在智能控制设备之间实现双向、多节点的串行数字通信系统，是一种开放的、数字化的、多点通信的底层控制网络。现场总线具有可靠性高、稳定性好、抗干扰能力强、通信速率高、符合环境保护要求、造价低廉和维护成本低等特点。它的发展带来了自动化领域的重大变革。国际上现有各种现场总线达 40 多种，其中具有一定影响并占有一定市场份额的现场总线主要有 CAN、Profibus、FF、LON、WorldFIP、HART、P-NET 等。

CAN（Control Area Network，控制器局域网）总线是德国 BOSCH 公司为解决现代汽车内部大量的控制测试仪器与传感器、执行机构之间的数据交换问题而开发的一种串行数据通信协议。由于 CAN 总线的数据通信具有突出的可靠性、实时性和灵活性等特点，因此其应用范围已由汽车行业向工业过程自动化领域发展，前景广阔。CAN 总线协议遵循 OSI 参考模型，采用了其中的物理层、数据链路层与应用层。CAN 总线为多主工作方式，网络上任一节点在任何时刻都可主动向网络其他节点发送信息而不分主从。CAN 总线的介质访问控制采用非破坏性的基于优先级的 CSMA/CD 仲裁技术，即在多个节点同时向总线发送信息时，优先级较低的节点主动退出，而优先级较高的节点可不受影响地继续传输数据，这样可保证网络在负载重的情况下也不会瘫痪。CAN 总线是针对相对少量的信息系统设计的串行网络协议，系统的开发成本低。CAN 总线技术在变电站自动化和微机保护装置中得到应用，如国电南瑞科技股份有限公司的NS2000 变电站自动化系统等。

LON（Local Operating Network，局域操作网）总线是美国 Echolon 公司推出并与 Motorola和东芝公司共同倡导的局部操作网络协议，LonWorks 技术为 LON 总线的设计开发提供了一套完整的开发平台。LON 总线具有支持多介质的通信、支持低速率的网络、可在重负载情况下保持优良网络性能、支持大型网络等特点。该项技术已广泛应用于楼宇自动化、家庭自动化、保安系统、办公设备、运输设备、工业过程控制等领域。LON 总线支持大型的网络，同域的网络节点数可达到 32000 个。LON 总线具有很强的互操作性及互联性，能通过网关将不同的通信介质、现场总线、异型网连接起来。

Profibus 是 1987 年由德国科技部按照 OSI 参考模型制定的现场总线的德国国家标准。现在，Profibus 已成为符合德国国家标准 DIN 19245 和欧洲标准 EN 50179 的现场总线，主要由拥有 400 个公司成员的 Profibus 用户组织进行管理。Profibus 是国际上具有较大影响的总线标准之一，其产品已被普遍接受，市场份额占欧洲首位。Profibus 是开放的、与制造商无关的、无知识产权保护的标准。该标准原则上可以在任何微处理器上实现，在微处理器内部或外部安装异步通信接口即可完成。

FF 总线是由现场总线基金会组织开发的现场总线标准，被公认为世界最具有发展前途的现场总线。其前身是以美国 Fisher-Rousemount 公司为首，联合 Foxboro、ABB、西门子等 80 家公司制定的 ISP 协议，以及以 Honeywell 公司为首、联合欧洲等地的 150 家公司制定的 WorldFIP协议。由于用户的压力，这两大集团于 1994 年 9 月合并，成立了现场总线基金会，致力于开发国际上统一的现场总线协议。FF 总线的体系结构是参照 OSI 参考模型而制定的。OSI 参考模型共有 7 层，FF 总线提取了其中的物理层、数据链路层和应用层，又在应用层上增加了一层，即用户层。其中，物理层规定信号如何发送；数据链路层规定如何在设备间共享网络和调度通信；应用层规定设备间交换数据、命令、时间信息及请求应答的信息格式，实现网络和系统管理，为每个对象（包括系统内的各种资源块、功能块、转换块和过程对象）提供标准化的通信服务；用户层则用于组成用户需要的应用程序。FF 总线的突出特点在于设备的互操作性、更早的预测维护及可靠的安全性。

4 种现场总线的技术特点比较如表 10.5 所示。现场总线在电厂、变电站和电力系统中有广阔的应用前景，在实际的系统设计中应根据现场要求，结合不同总线的技术特点选择合适的现场总线。

表 10.5 4 种现场总线的技术特点比较

特性	CAN 总线	LON 总线	Profibus	FF 总线
OSI 网络层次	数据链路层与应用层	全部 7 层	DP/PA：物理层、数据链路层和用户层接口；FMS：物理层、数据链路层和应用层	物理层、数据链路层、应用层和用户层

续表

特性	CAN 总线	LON 总线	Profibus	FF 总线
介质访问控制方式	基于优先级的 CSMA/CD 仲裁技术	带预测的 p-坚持 CSMA 技术	主站间的令牌传递方式和主站与从站之间的主从方式	令牌传递方式+主从方式
通信介质	双绞线、同轴电缆、光纤	双绞线、电力线、无线电、红外光波、同轴电缆、光纤	双绞线或光纤	双绞线、同轴电缆、光纤和无线电
最高通信速率	1Mbit/s	1.5Mbit/s	DP/MP 为 12Mbit/s，PA 为 31.25kbit/s	2.5Mbit/s
最大节点数	110 个	32000 个	126 个	124 个
网络拓扑结构	总线型拓扑	自由、总线型、环形和星形拓扑	总线型、树形和环形拓扑	H1：点对点连接、总线型、菊花链形和树形拓扑；H2：总线型拓扑
开发成本	开发低廉、成本低	开发投资大	协议负责、开发周期长	协议负责、开发周期长
工作方式	多主	主从式、对等式、客户端/服务器式	主从式、多主	主从式

10.3.1.6　UBW 技术

现代意义上的 UWB（Ultra Wide Band，超宽带）数据传输技术，又称为脉冲无线电（IR，Impulse Radio）技术，出现于 20 世纪 60 年代，当时主要研究受时域脉冲响应控制的微波网络的瞬态动作。通过 Harmuth、Ross 和 Robbins 等先行公司的研究，UWB 技术在 20 世纪 70 年代获得了重要的发展，其中多数集中在雷达系统应用中，包括探地雷达系统。到 20 世纪 80 年代后期，该技术开始被称为无载波无线电或脉冲无线电。美国国防部在 1989 年首次使用了 UWB 这一术语。为了研究 UWB 在民用领域使用的可行性，自 1998 年起，FCC（Federal Communications Commission，美国联邦通信委员会）针对 UWB 无线设备对原有窄带无线通信系统的干扰及其相互共容的问题开始广泛征求业界意见。在美国军方和航空界等持众多不同意见的情况下，FCC 仍开放了 UWB 技术在短距离无线通信领域的应用许可，这充分说明此技术具有的广阔应用前景和巨大的市场诱惑力。

UWB 与窄带或宽带的区别在于 UWB 采用无载波传输的方式。传统的窄带和宽带都是采用无线电频率（RF）载波来传输信号的，频率范围从基带到系统被允许使用的实际载波频率。UWB 的实现方式是能够直接调制一个大的激增和下降时间的脉冲，这样所产生的波形占据了几个 GHz 的带宽。从频域来看，UWB 有别于传统的窄带和宽带，它的频域更宽。窄带的相对带宽（信号带宽与中心频率之比）小于 1%；相对带宽在 1%~25%之间的被称为宽带；相对带宽大于或等于 25%，而且中心频率大于 500MHz 的被称为超宽带。窄带、宽带和 UWB 的比较如表 10.6 所示。

表 10.6 窄带、宽带和 UWB 的比较

信号带宽	相对带宽
窄带	≤1%
宽带	1%~25%
UWB	≥25%且中心频率大于 500MHz

UWB 技术具有以下特点。

- 抗干扰性能强。UWB 采用跳时扩频信号，系统具有较大的处理增益，在发射时将微弱的无线电脉冲信号分散在宽阔的频带中，输出功率甚至低于普通设备产生的噪声功率；由于接收时将信号能量还原出来，在解扩过程中产生扩频增益，因此与 IEEE 802.11a、IEEE 802.11b 和蓝牙相比，在同等码速条件下，UWB 具有更强的抗干扰性。
- 传输速率高。UWB 的数据速率可以达到几十 Mbit/s 到几百 Mbit/s，有望高于蓝牙 100 倍，也可以高于 IEEE 802.11a 和 IEEE 802.11b。
- 带宽极宽。UWB 使用的带宽在 1GHz 以上，高达几个 GHz。UWB 系统容量大，并且可以和目前的窄带通信系统同时工作而互不干扰。这在频率资源日益紧张的今天，开辟了一种新的时域无线电资源。
- 消耗电能小。在通常情况下，由于无线通信系统在通信时需要连续发射载波，因此要消耗一定电能。而 UWB 不使用载波，只是发出瞬间脉冲电波，也就是直接按 0 和 1 发送出去，并且在需要时才发送脉冲电波，所以消耗电能小。
- 保密性好。UWB 保密性好表现在两个方面：一方面是采用跳时扩频，接收机只有已知发送端扩频码时才能解出发射数据；另一方面是系统的发射功率谱密度极低，用传统的接收机无法接收。
- 发送功率非常小。UWB 系统的发射功率非常小，通信设备用小于 1mW 的发射功率就能实现通信。低发射功率大大延长了系统电源的工作时间。况且发射功率小，其电磁波辐射对人体的影响也会很小，UWB 的应用面也会更广阔。

1．UWB 技术的原理

UWB 技术最基本的工作原理是发送和接收脉冲间隔严格受控的高斯单周期超短时脉冲，高斯单周期超短时脉冲决定了信号的带宽很宽，接收机直接用一级前端交叉相关器就能把脉冲序列转换成基带信号，省去了传统通信设备中的中频级处理，极大地降低了设备复杂性。从载波方面看，传统的通信技术是把信号从基带调制到载波上，而 UWB 技术是通过对具有极短上升和下降时间的冲击脉冲进行直接调制，从而具有 GHz 量级的带宽。由计算信道容量的 Shannon 公式可知，信道的容量随带宽线性增加，随信噪比的降低呈对数减小。蓝牙与其他短距离无线通信技术的比较如表 10.7 所示。

表 10.7 蓝牙与其他短距离无线通信技术的比较

	UWB	**蓝牙**	**IEEE 802.11a**	**HomeRF**
速率（bit/s）	最高达 1G	<1M	54M	1~2M
距离（m）	<10	10	10~100	50
功率	1mW 以下	1~100mW	1W 以上	1W 以下
应用范围	探测距离	家庭或办公室	计算机和 Internet 网关	计算机、电话及移动设备

2．UWB 技术的应用

与当前流行的短距离无线通信技术相比，UWB 具有巨大的数据传输速率优势，可以提供高达 1000Mbit/s 以上的传输速率。UWB 技术在无线通信方面的创新性、利益性已引起了全球业界的关注。根据 UWB 无线通信的特点，UWB 无线通信技术的主要功能包括无线通信和定位。当采用 UWB 技术进行高速无线通信时，传输距离较近，一般为 10~20m；当进行较低速率无线通信和定位时，传输距离可以更远。与 GPS 相比，UWB 技术的定位精度更高，可以达到 10~20cm 的精度。因为 UWB 技术在无线通信方面具有很大的潜力，在商业多媒体设备、家庭和个人网络方面极大地提高了一般消费者和专业人员的适应性和满意度，所以一些有眼光的业界人士都在全力建设 UWB 技术及其产品。UWB 技术不仅为普通用户所喜爱，而且在一些高端技术领域，如雷达跟踪、精确定位方面具有广阔的前景。根据上述的功能，UWB 技术可以应用于无线多媒体家域网、个域网、雷达定位和成像系统。

10.3.1.7 NFC 技术

1．NFC 技术概述

NFC（Near Field Communication，近场通信）是由 Philips 公司和 Sony 公司在 2002 年共同联合开发的新一代无线通信技术，并被 ECMA（European Computer Manufacturers Association，欧洲计算机制造商协会）和 ISO/IEC 接受为标准。2004 年，Nokia、Philips 和 Sony 公司成立 NFC 论坛，共同制定了行业应用的相关标准，推广 NFC 技术。与蓝牙、UWB 和 IEEE 802.11 等无线通信协议相比，NFC 的通信距离更短，软硬件实现更简单。各种电子设备间能够以非常简便、快速的方式建立安全的连接进行信息交换，实现移动电子商务的功能。

NFC 技术由非接触式识别和互联技术发展而来，是一种在十几厘米的范围内实现无线数据传输的技术。在单一芯片上，它集成工作在 13.56MHz 主频段的无线通信模块，实现了非接触式读写器、非接触式智能卡和设备间点对点通信的功能。

在一对一的通信中，根据设备在建立连接中的角色，把主动发起连接的一方称为发起设备，另一方称为目标设备。发起和目标设备都支持主动和被动两种通信模式。在主动通信模式中，发起和目标设备都通过自身产生的射频场进行通信。在被动通信模式中，发起设备首先产生射频场激活目标设备，发起通信连接，然后目标设备对发起设备的指令产生应答，利用负载调制技术进行数据的传输。在被动通信模式中，设备工作的耗电量很小，可以充分地节省电能。

在实际应用中存在 3 种主要的 NFC 技术应用模式。

（1）读写模式，如图 10.22（a）所示。NFC 设备充当阅读器，对符合 ISO/IEC 14443、ISO/IEC 15693 和 ISO/IEC 18092 规范的智能卡进行读写。

（2）智能卡模式，如图 10.22（b）所示。NFC 设备模拟智能卡的功能与读写器进行交互。目前只支持 ISO/IEC 18092 规范，暂不支持对 ISO/IEC 14443 和 ISO/IEC 15693 智能卡的模拟。

（3）点对点模式，如图 10.22（c）所示，支持 NFC 设备间的通信。

图 10.22 主要的 NFC 技术应用模式

2．NFC 技术中的安全问题及解决方案

目前，应用安全问题日趋突出，已经成为决定一个应用是否成功的重要因素。NFC 应用中的安全问题主要分为链路层安全和应用层安全。

链路层安全即 NFC 设备硬件接口间通信的安全。因为 NFC 技术采用的是无线通信，所以很容易被窃听。实现窃听并不需要特殊的设备，并且标准是开放的，攻击者能够轻松地解码监听到的信号。由于 NFC 设备工作范围在 10cm 以内，因此窃听设备与正在通信的设备之间的距离必须很近。具体的距离很难确定，因为它同时受到发起设备、目标设备和窃听设备的性能、功率等多方面影响。与其他无线通信一样，攻击者能很容易实施对无线信号的干扰，影响正常通信的进行，达到类似 DoS 攻击的效果。

通过建立加密的安全信道，可以很好地抵抗窃听、篡改、插入等威胁。由于不存在中间人攻击，因此 Diffie-Hellman 协议可以很好地工作在 NFC 通信环境中。

应用层安全包括除链路层外所有 NFC 模型中开发使用的安全问题，具体如下。

- 数据的保密性。信用卡、票据、个人身份等敏感数据都可能因为 NFC 技术的应用而存储在移动设备中，应保证关键数据只能被合法的程序、用户访问。
- 认证服务。在应用过程中，移动设备往往还需要与其他设备或在线的服务进行交互，如电信运营商、银行交易支付系统等，应在设备和服务提供者之间进行认证。

采用专用的安全芯片来保证 NFC 设备使用过程中的安全。安全芯片能够支持复杂的加解密算法，并负责存储密钥。

目前，NFC 技术还停留在小范围的使用中。一方面，支持 NFC 技术的硬件产品非常匮乏，且价格还没有进入合理的范围，各项规范仍需完善，尤其是应用程序的开发，还需要有力的支持；另一方面，NFC 技术若要实现大范围的推广普及，涉及硬件厂商、电信、金融、零售等多个行业的整合，其中的利益分配和业务重组是一个复杂且困难的问题。

蓝牙技术与其他物联网相关近距离通信技术共存应用场景如图 10.23 所示。图 10.23 是根据几种与蓝牙相关的通信技术在物联网中的技术特点设计的一种多技术共同网的应用场景。蓝牙技术和 IEEE 802.11 标准都已经广泛应用于移动通信设备中，这两者结合的解决方案可成为高效

过渡的高速无线传输解决方案。而 NFC 技术、低耗能蓝牙技术及 RFID 技术都作为感知层的传感器，用于获取特定物品信息。因为 3 种技术都能够很好地与蓝牙技术进行通信，传感器获得所需的特定信息后，作为传感器网关的蓝牙技术通过 Wi-Fi 物联网网关将信息传递到网络层。网络层中的基础设施对信息进行分析，将需要的控制信息传输到 ZigBee 设备。ZigBee 设备根据网络层给出的分析结果，发出控制信息进行遥控，如智能家居设备。高速蓝牙技术则可以作为智能家居等应用环境中的大批量数据传输载体，给用户带来灵敏流畅的娱乐体验。

图 10.23 蓝牙技术与其他物联网相关近距离通信技术共存应用场景

10.3.2 广域网通信技术

1. 互联网与物联网

1995 年 10 月 24 日，FNC（The Federal Networking Council，联合网络委员会）通过了一项

决议，认为互联网是这样一种全球信息系统：建立在全球统一编址的 IP 协议，包括扩展和新版 IP 协议之上，逻辑上连接在一起，可以通过 TCP/IP 协议族、后续扩展的协议或与 IP 协议兼容的协议进行通信。Clark 在 1988 年提出的互联网设计目标仍然适用于当前及未来的互联网体系结构，即首先互联网需要把多个已存在网络连接起来，同时实现以下目标。

- 在一部分网络或网关失效的情况下，互联网其余部分还能继续通信。
- 互联网必须能够支持多种通信服务。
- 互联网必须能够容纳多种网络接入。
- 互联网必须能够分布式管理它的资源。
- 互联网体系结构应该是有成本效益的。
- 互联网体系结构应该允许主机较容易接入。
- 互联网体系结构资源的使用必须可以计费。

互联网基于 TCP/IP 协议，将功能相对独立、地理位置分散的异种计算机系统互联起来，将网络内的信息资源整合成一个可以互联互通的大型智能网络平台，为上层服务管理和大规模行业应用建立起一个高效、可靠、可信的基础设施。互联的目的是实现相互系统之间的通信、用户之间信息的交流，以达到资源共享。互联网包括一个分组数据网（IP 网）和用于进程复用的 TCP（或 UDP）协议，还包括基于 IP 数据分组技术和使用 TCP/IP 协议的全部业务和应用。互联网本身至少包括以下 3 个部分：用于信息处理和管理的系统、用于控制通信的 TCP/IP 协议、基于 IP 协议的网上众多应用和业务。互联网的核心特征是平等、开放、透明、互动，它让信息与数据的巨大潜力得以释放，并最终成为独立的生产要素。互联网具有打破信息不对称、降低交易成本、促进专业化分工和提升劳动生产率的特点。

TCP/IP 协议的联合发明人 Robert Kahn 在 2006 年的一次演讲中指出，互联网是一个独立于其特定组成元素的逻辑架构，可以把任何类型的网络与设备都连接起来。因此，互联网具有 3 个典型的特征。

- 提供尽力而为的包传输服务。
- 把不同网络连接起来的网关（路由器）不保留任何经过它的包的状态信息。
- 互联网没有集中式的全球性的运营控制和管理。

物联网是指利用各种信息传感设备，如 RFID 设备、红外感应器、GPS 设备、激光扫描器等，按约定的协议，把任何物体与互联网连接起来而形成的一个巨大的网络。从概念上进行对比分析，不难发现物联网的实质是互联网的具体应用，互联网是物联网的重要基础之一。互联网对物联网的构建和运行起着重要的支撑作用，如果离开互联网，物联网也只能是空中楼阁。在互联网发展的几十年，其主要功能是把通信和信息网络化，在通信和信息网络化完成之后，将互联网和物理世界相互联系，使得物理世界中的因素（如温度、湿度、图像、声音等）能够被存储、标记和搜索，并且使得人们通过一种非常便利的方式获取这些信息，这就形成了物联网。

无线网络技术的大量应用使得网络覆盖尽可能大的范围已成为可能，云计算技术的运用，将使数以亿计的各类物品实现实时动态管理。这些技术与互联网技术一起为物联网的运行创造了基础条件。信息通信技术的发展是波浪式前行的：计算系统从大型机、小型机、个人计算机到嵌入式设备；互联技术从桌面互联网、移动互联网到物联网。移动互联网一般更面向个人用户，较为侧重于大众消费性和全球性；而物联网具有感知和数据采集处理能力，主要面向生产服务和社会管理，较为侧重于行业性和区域性。当移动互联网进入高速普及期时，物联网开始起步，两大产业出现周期交叠，共用技术设施，相互融合碰撞，构筑未来泛在网应用生态。一方面，移动互联网融合物联网的能力，拓展应用，重塑模式，开拓新的产业空间。其未来的发展方向是基于融合了物联网能力的新型融合终端，包括通用终端、可穿戴设备、个人物联网终端，通过基于公共移动网络上的移动应用商店，形成移动互联网融合应用生态；另一方面，物联网应用虽然正加速向各行业领域渗透扩散，但仍处于起步阶段，主要集中在以政府公共服务为主的公共管理和服务。市场有以企业为主的行业应用市场，以及以个人和家庭为主的消费市场。

物联网融合移动互联网，将为其注入新能力、新模式和新的推动力量，具体表现为与移动互联网巨头合作，凝集产业力量，吸纳移动互联网能力，借助移动互联网商业模式（应用程序商店、能力开放运营等），形成融合移动互联网的物联网商务应用模式。"互联网+"指的是互联网与传统产业的融合。其中的"+"指的是传统的各个行业。"互联网+"是两化融合的升级版，不仅是工业化与信息化的融合，而且将互联网作为当前信息化发展的核心特征提取出来，更是与工业、农业、商业、金融业和服务业的全面融合。

物联网和互联网的共同点是它们都是建立在分组数据技术的基础之上的，都采用数据分组网作为它们的承载网。承载网和业务网是相分离的，业务网可以独立于承载网进行设计和独立发展。物联网不一定使用 IP 网，至少是目前这种只能提供尽力而为的传输能力的 IP 网，物联网对其承载网（分组数据网）的要求要高于目前的互联网。物联网，尤其是面向智能小物体的物联网，由于它要求采用轻量级的通信协议，因此像 TCP/IP 那样复杂的协议不可能在智能小物体的物联网中使用。

2. 移动通信技术

移动通信是指移动体之间的通信，或者移动体与固定体之间的通信。移动体可以是人，也可以是汽车、火车、轮船等在移动状态中的物体。移动通信是现代综合业务通信网中的重要内容，和光纤通信、卫星通信一起被称为三大新兴通信。随着科学技术的不断进步，移动通信技术的每一次变革都会给人们的生产、工作和学习等带来便利，广泛地应用到社会各个方面。中国是世界上移动用户最多的国家，移动通信技术已经形成了完整的产业链。移动通信按照不同的使用要求和工作场合可以分为集群移动通信、蜂窝移动通信、卫星移动通信和无绳电话等。我国移动通信技术先后经历了第一代移动通信技术、第二代移动通信技术、第三代移动通信技术和第四代移动通信技术，数据传输速率越来越高，通信质量越来越高，在人们的日常生活中应用越来越广泛。

20 世纪 80 年代，研究者们提出了第一代移动通信技术，并于 20 世纪 90 年代初研制完成。第一代移动通信技术又称为 1G 通信技术，主要采用模拟传输，传输速率较低，约为 2.4kbit/s，业务量较小，安全性和质量较差，缺少加密性。

20 世纪 90 年代初期，欧洲电信标准协会率先提出第二代移动通信技术。第二代移动通信技术又称为 2G 通信技术，主要包括 GSM900/1800 双频段工作、立即计费、支持最佳路由、客户化应用移动网络增强逻辑等内容和增强型话音编解码等技术，提高了话音质量。在 2G 通信技术中，GSM 是使用人数最多的通信网络系统。按照移动通信的分类，GSM 系统属于数字蜂窝式移动通信系统。数字蜂窝式移动通信系统将移动通信范围分成相隔一定距离的若干个小区，在移动用户从一个小区到另一个小区的过程中，通过终端设备对基站的跟踪作用，达到不中断通信的目的。不仅是小区之间，用户还可以从一座城市移动到另一座城市，甚至在其他国家与本国的用户通过终端设备进行通信。数字蜂窝式移动通信系统主要包括移动终端、基地台和控制交换中心 3 个部分，通过控制交换中心进入有线电话公用网，实现固定电话与移动电话之间、各个移动电话之间的移动通信。

2G 通信技术主要采用比较密集的频率复用、多重复用结构技术，通过双频段和智能天线技术等，避免产生业务量增加造成的系统容量不足的现象；通过 GPRS/EDGE 等技术使通信系统与计算机通信互联网系统相结合，使数据传输速率从 1G 通信技术的 2.4kbit/s 提高至 115~384kbit/s，增强了通信技术的功能性，使 2G 通信技术初步具备支持多媒体各项业务的能力。随着通信网络规模的不断扩大和通信用户的不断增多，2G 通信技术的语音质量已经满足不了用户的要求，使用频率资源已经接近枯竭。

第三代移动通信技术使用智能信号处理技术，将智能信号处理单元作为基本功能模块，支持多媒体数据和话音通信。第三代移动通信技术又称为 3G 通信技术，与 1G 通信技术和 2G 通信技术相比，3G 通信技术能提供宽带业务，如电视图像、慢速图像和高速图像等。3G 通信技术的通信标准由 3 个分支组成，分别是 TD-SCDMA、CDMA2000 和 WCDMA，由于 3 个分支之间存在相互兼容的问题，因此 3G 通信技术不能实现全球通信和个人通信。3G 通信技术的频谱利用率较低，用户不能充分利用频谱资源。由于 3G 通信技术存在许多缺点，不能适应移动通信技术的未来发展，因此移动通信科研人员仍需要继续研究新一代移动通信技术。

第四代移动通信技术是继第三代之后的又一次技术演进。第四代移动通信技术又称为 4G 通信技术。4G 通信技术是一种超高速的无线网络，并没有完全脱离传统的通信技术，而是以 1G、2G、3G 的通信技术为基础，通过新兴的通信技术，丰富通信功能和提高网络效率。4G 通信系统是多方面集成的移动通信系统，在频带、功能、业务上都和 3G 通信系统不同，会在不同的固定和无线平台上的不同频带提供服务，无线频率的速度比 3G 通信系统快很多，而且对信号的抗衰弱性增强，网速比 3G 通信系统快 50 多倍，个人通信能力加强，能够实现高清图像的传输、在线视频的流畅播放。除对信息的高速传输外，4G 通信技术还包含安全密码技术、移动平台技术、终端间通信技术及高速移动无线信息存取系统等，有着非常高的安全性。4G 通信技术的数据传输速率达到 100Mbit/s，由于技术较为先进，大大减少了投资成本，因此降低了 4G 通信费用。

对于第五代移动通信技术（5G 通信技术），普遍的定义为具有高速率、低时延和大连接特点的新一代宽带移动通信技术，传输速率在 10Gbit/s 以上。5G 网络在现有的无线技术基础上，不断发展新技术来构建较为长期稳定的网络社会。5G 网络与传统智能化网络的区别在于它以用户的体验为中心，更多的是为了满足用户的要求，不再仅依靠技术来实现新型的智能化自主网络。对 5G 通信技术的要求是能使数据的流量在原有的基础上增长 1000 倍左右，其关键的目标是构建网络社会，满足用户高速的传输需求，保证通信网络的高容量和可靠性等要求。

未来无线移动通信系统将朝着全球化、多媒体化、综合化、智能化和个人化的方向快速发展。移动通信已经成为无线通信的主要应用形式，商业运营也非常成功，有着广泛的应用前景。在未来移动通信系统时代，需要多种多样的接入和组网能力。系统需要新的射频技术、高效的无线接入技术、新的自适应多址和信道编码技术、基于软件无线电的多模终端与基站技术、系统兼容和演进技术与策略、网络智能化技术等，系统容量必须进一步扩大。为了按用户需求提供多种多媒体业务，未来无线移动通信系统必须引入各种 QoS 水平；在 IP 网中还必须支持 IPv6，以便给移动终端提供巨量的 IP 地址。

3．移动通信与物联网

覆盖地域广泛的移动通信网络系统为人们提供了随时随地进行信息联网传输的手段，物联网则为人们描绘了对实物世界进行更加智能化管理的美好前景。将移动通信技术应用于物联网中的信息接入和传输，实现移动通信网络和物联网的有机融合，既能极大地促进物联网的普及应用，又能为移动通信网络拓宽应用业务范围。

现在的移动运营商已经将移动通信技术和系统应用到物联网之中，利用现有的移动通信网络开展形式多样的物联网业务，如各运营商利用移动通信网络开展的移动支付业务、物流行业基于移动通信网络的车辆/货物智能管理系统，以及运营商与汽车制造商合作推出的基于移动通信系统的车载信息网络等，这些都是将移动通信技术应用到物联网的实现。

物联网信息节点的广泛性和移动性决定了各种无线通信技术将是物联网的主要联网技术。同时随着移动通信的不断发展普及，现代移动通信网络的数据通信功能日益强大，5G 通信网络支持的业务范围更加广泛。因此，现代移动通信网络为物联网的实现提供了很好的物质基础，移动通信系统必将在物联网的组网过程中得到广泛应用。

由于移动通信系统一般由终端、传输网络和网络管理维护平台等部分组成，因此移动通信在物联网的应用主要包括以下几个方面。

（1）移动通信终端在物联网中的应用。

移动通信终端作为信息接入的终端设备，可以随网络信息节点移动，并实现信息节点和网络之间随时随地通信。对比移动通信终端和物联网节点信息感知终端的功能和工作方式可知，移动通信终端完全可以作为物联网节点的通信部件使用。

（2）移动通信传输网络在物联网中的应用。

由于移动通信系统的传输网络主要实现各移动节点之间的相互连接和信息的远程传输，而物联网中的信息传输网络也完成类似的功能，因此完全可以将现有的移动通信系统的信息传输网络作为物联网的信息传输网络使用，即可以将物联网承载在现有的移动通信网络之上。

（3）移动通信网络管理维护平台在物联网中的应用。

移动通信网络的网络管理维护平台主要用来实现对网络设备、性能、用户及业务的管理和维护，以保证网络系统的可靠运行。为了保证信息的安全、可靠传输，物联网同样需要相应的管理维护平台以完成相关的管理维护功能。因此，完全可以将移动通信网络管理维护的相关思想、架构应用到物联网的网络管理和维护上。

虽然移动通信网络和物联网的结构类似、功能相近，可以将移动通信系统广泛应用到物联网之中，但是现在的移动通信系统主要是为语音通信设计的，尽管第三代及后继的移动通信系统增强了系统的数据通信功能，但是仍然不能将现有的移动通信系统直接作为物联网使用，必须根据物联网的使用特点加以改进，主要包括以下方面。

（1）移动通信终端的改进。

物联网上有许多网络节点，如智能监控节点、信息查询节点等，这些节点放置了智能传感器实时采集目标物体信息，通过网络层进行传输处理，提供给用户需要的信息。物联网产业链由标识、感知、处理和信息传输 4 个环节组成，信息传输的主要工具是无线通道，目前无线通道与互联网融合最成熟的技术 5G 已在市面应用，现在需要研究的就是如何更好地利用 5G 通信技术与物联网的融合。

（2）网络管理的改进。

现在的移动通信网络管理中的用户管理、信息传输管理和业务管理都还不能满足物联网的使用要求，必须加以改进。首先，物联网用户包含了物品和人，并且物品的信息发送和接收与传统的用户具有不同的特点，因此必须改变对现有用户的管理方式，同时对用户的标示、编码、物理特性进行一定的通信协议规定。按照约定的协议形成任何时间、任何地点，以任何方式提供信息访问人到人、人到机器、机器到机器的互联，进行通信，实现智能化识别、定位、跟踪、监控和管理，同时为物联网用户不断发展新的业务，并对新的物联网业务进行高效、安全的管理。

4．卫星通信技术

卫星通信技术是利用卫星作为中继站，充分利用高空中人造卫星不易受干扰且高速运行的特点，实现信息在地—空—地中高效率的传输，从而能够较快较好地完成通信的技术。例如，低轨道移动卫星通信网络就是当卫星在距离地球较近的低轨道中时，利用多颗低轨道卫星进行转发，从而实现远距离实时通信的技术。在卫星通信技术的支持下，以卫星为中继站并在通信过程中转发无线电波，利用数量众多的卫星，实现两个或多个地区之间的信息传输，这一过程就是人们所说的卫星通信。从通信的本质上说，卫星通信属于微波通信的范畴，因为卫星通信所使用的也是微波，其工作频率为 1～2GHz。卫星通信目前还没有发展到可以直接使用手持设备与卫星直接通信的程度，目前的手持式卫星电话首先要与卫星地面站连接，然后由卫星地面站与卫星通信，卫星再与目标卫星地面站建立连接，这样处于同一个或不同的卫星地面站的两人或多人之间就可以在卫星的中继下通信了。由上述可见，一个完整的卫星通信系统必须包括 3 个部分，即卫星、地面站、用户。在这 3 个部分中，卫星与地面站所起到的都是中继的作用。卫星的星体包括了两个重要的组成部分，即卫星母体与其星载设备。卫星地面站则是卫星面向地面众多用户的接入点，也称为接口，地面站的用户可以通过卫星形成虚拟通信链路。卫星地面站不只是服务用户的机构，卫星地面站最重要的任务是对卫星进行控制，对卫星的控制主要包括卫星跟踪、卫星遥测、卫星指令系统更新维护等。

卫星通信技术的特点是覆盖面广，想要覆盖全球只需要 3 颗卫星。卫星通信技术具有容量巨大的特点，每一颗卫星都可以安装多个转发器增加通信容量，并且卫星通信的频带是所有通信手段里最宽的，频段为 150MHz～30GHz。相对于上述特点，卫星通信最被看好的一个特点就是其稳定性与灵活性，这一点在发生地震时表现得尤为明显。当在某一区域发生巨大自然灾害时，除了卫星通信，其他所有的通信方式均无法使用，而卫星通信只要卫星还在天上，地面站（一般建在较大城市相对安全的秘密区域）还存在，就不影响用户在任何位置、任何情况下的通信。地震发生时所有的互联网、手机都无法使用，所有的电力供应全部中断，在这种情况下，卫星通信是唯一可以使用的通信手段。

全球卫星导航系统可以为用户提供精确连续的三维位置和速度信息，同时具有授时功能。代表性的全球卫星导航系统有美国的全球定位系统、欧洲的伽利略系统、俄罗斯的格洛纳斯系统及中国的北斗导航系统等。北斗导航系统除提供位置速度和时间信息外，还可以为用户提供短报文服务，这是它在物联网中应用的一个重要基础。由于卫星导航系统具有定位精度高、覆盖面广、用户容量大、实时性强等特点，既可以作为感知终端，也可以作为传输网络，因此卫星导航系统在物联网中有广阔的应用前景。

北斗导航系统在物联网中的应用主要是在感知层和网络传输层中。在感知层，导航系统的芯片本身是一个可精确测量目标位置和速度的传感器，可作为传感器使用，并且物联网中接入的物体绝大多数都需要位置信息，这样就可以不通过 RFID 上传读写器，而直接用短报文功能上传。另外，在 RFID 中，可以将读写器与导航芯片融合设计，利用导航终端直接上传到网络传输层。北斗导航系统独有的短报文功能可用于上传下行信息。作为支撑网络应用，与电信网络相比，导航系统具有以下优势。

- 信号分布广泛。在位置偏远和地形复杂的地区，电信网络覆盖较差，而导航信号在全部地区都有稳定覆盖。这对于这类地区的物流跟踪、电力监控、管道监测、环境检测等业务有很大的应用价值。

- 用户容量大。单颗卫星每小时可以提供 200 万次导航服务，每天可以提供近 5000 万次的导航服务。北斗导航系统独有的短报文功能，每次可提供 120 字的短信服务，北斗导航系统未对短报文功能的用户容量进行限制。我们可以粗略推算一下，以 36Mbit/s 卫星转发器为例，每秒可以发送大约 20000 条报文，一天可以发送约 17 亿条报文，假设每颗卫星只有一个转发器，几十颗卫星每天可以转发几百亿条的报文，这远大于电信运营商的承载能力。

- 对用户状态切换适应性强。物联网终端通信的业务模式具有频繁状态切换、频繁位置更新等特征。对于电信网络，需要在基站间频繁切换，并且对各个基站带宽要求很高，容易造成某一地区基站的通信阻塞。而导航系统覆盖范围广，一般的位置切换不会造成影响，并且同一地区可见卫星至少为 4 颗，单颗卫星通信容量巨大，可以通过有效的资源调配，避免通信阻塞。

- 短报文业务。电信运营商目前的网络主要针对人与人之间的通信模式进行设计，没有考虑物联网连接多但数据传输量少的业务特点。如果物联网发展迅速，而运营商网络无法有效隔离提供物联网服务和人与人通信服务的网络，则物联网业务会冲击到现有人与人的通信应用，造成业务中断。由于导航系统的短报文业务中人与人日常通信应用很少，大多为位置信息传输使用，因此导航系统具有一定的专用性，不存在不同业务冲突的问题。

- 免费服务。北斗导航系统提供免费服务，服务成本较低。相比之下，如果参照现在人与人通信的收费标准，利用电信网络作为物联网支撑网络的成本较高。综上，北斗导航系统相对于电信运营商在一些方面具有一定优势。当然电信网络也有其自身的优势，如网络成熟、有物联网市场基础等，所以在今后物联网发展中，北斗导航系统与电信网络应该优势互补，更好地支撑物联网的发展。

10.4 信息融合技术

10.4.1 信息融合的定义

信息融合技术作为信息科学的一个新兴领域，起源于军事应用。20 世纪 70 年代，美国海军采用多个独立声呐探测跟踪某海域敌方潜艇时，首次提出数据融合概念。早期的数据融合，其信息源为同类多传感器，如多声呐、多雷达、多无源探测目标定位器等，其信息形式主要是传感器数据。随着军事应用需求的扩展，数据融合扩大到多类信息源，首先是不同类传感器信息的融合，其次是随着数据融合应用层次的提高，其他侦察手段获取的信息也参与融合，以及经过处理的非侦测情报、中长期情报（预存于数据库中）等参与融合，从而使数据融合迈向信息融合领域。

信息融合技术是指按照一定的规则条件，将传感器获得的大量信息数据按照一定的时序，利用计算机信息技术对其进行收集、分析、提炼和处理的过程。信息融合是对大量的不同信息加以提炼和整合的过程，通过信息融合得到更加精炼、准确的数据，为某种决策需要或数据要求提供信息数据的支持。信息融合将通过采集获取的多源数据信息进行综合分析，在保证一定的数据质量的情况下，提高对推理和评估结果的可靠性，从而发现某些事物之间的联系。通过整合多源异构信息，获取高品质的有用知识，为决策提供服务。信息融合的主要功能在于将信息加以提炼，提高信息的可用性。随着信息融合技术不断向前发展，信息融合的应用也从军事领域逐步扩大到民用领域，在物联网技术飞速发展的今天，信息融合技术具有更重要的作用。

由于信息融合能够减少所需要传输的数据量，降低传输过程中数据之间的冲突，减少物联网中拥塞现象发生的次数，合理利用网络资源，因此信息融合技术已成为物联网的关键技术和研究热点。

10.4.2 信息融合的分层模型

Nakamura 等人将物联网中的信息融合技术划分为 4 个层次，主要包括数据级融合（低等水平融合）、特征级融合（中等水平融合）、决策级融合（高等水平融合）和多级融合。对于物联网，数据级融合主要消除输入数据中的噪声，而特征级融合和决策级融合侧重于获取与实际应用相关的有价值信息。信息融合的层次模型如图 10.24 所示。

图 10.24 信息融合的层次模型

数据级融合是在采集原始数据后的融合。该融合的特点是必须在同质信息的前提下融合，非同质信息则不能在此层次融合。在数据级融合层次常用的方法多为加权平均法、特征匹配法和金字塔算法等传统方法。

特征级融合是在对原始数据进行特征值提取后，运用基于特征值比较的融合方法。其特点是可在非同质信息范围内进行融合，但无法对融合结果进行判别并进行合理决策。在特征级融合层次常使用 K-近邻算法、卡尔曼滤波算法、聚类算法等。

决策级融合是通过对非同质数据进行预处理、特征值提取和识别、分配可信度进行最优决策，其特点为能对传感器采集的数据进行融合，并且可利用融合结果进行分析和判别，形成决策建议。相比前两种融合，决策级融合是较高层次的信息融合，融合系统不仅容错性能好，而且适用领域广。常见的决策级识别方法有专家系统、Bayes 推理法和证据理论法等。

根据数据信息源之间的关系，可以将信息融合分为以下几种。

- 互补融合：将多角度、多方面、多方法的观测所采集到的数据信息进行累加，得到比单一方法或角度更丰富、更完整的数据信息的过程。
- 冗余融合：当多个数据源提供了相同或相近的数据信息时，融合冗余的数据信息，从而得到较为精炼的数据信息的过程。
- 协同融合：将多个独立数据源所提供的数据信息进行综合分析，得到一个更加复杂、准确的新的数据信息的过程。

10.4.3　物联网信息融合的新问题

1．多源异构信息的融合问题

由于物联网中传感器所采集的信息内容不同、传感器采集信息的时间间隔不同、传感器所输出信息的表示方式不同、传感器所能感知的物体种类不同，以及传感器的数量众多等原因，物联网信息融合技术需要处理的信息具有多源异构的特征。此外，由于物联网中网络节点在功能和结构上存在巨大差异，因此在信息融合过程中，不同的网络节点所能处理、传输和存储的信息数量存在很大差异。

2．大数据的融合问题

客观世界中物体的种类复杂、形态多样、数量巨大，导致物联网对信息的采集需要各种传感设备，并且这些设备所采集到的信息具有海量规模。为了有效地从海量信息中发现有价值的知识，为物联网用户提供各种领域信息服务，必须对物联网海量信息进行处理。

3．信息融合的安全问题

由于物联网适用范围的不断扩大，物联网中融合技术所涉及的信息范围也不断扩展，相当一部分信息属于政府、金融、军事等高敏感领域，因此信息的安全问题也日益成为物联网信息融合需要重视的问题之一。

10.5 智能信息处理技术

智能信息处理技术是物联网架构中的核心技术之一，物联网知识的表达与情景感知等技术均以智能信息处理技术为基础保障。智能信息处理技术的主要目的是实现人工智能信息的分支处理要求，该技术不仅属于前沿交叉学科领域，更是情报学和计算机领域中的重要内容。物联网智能信息处理技术必须对系统中传输的信息进行收集和处理。智能信息处理技术利用数据挖掘手段，对收集的信息进行有效处理后，交由最终用户检查，如果用户认可处理后的信息数据，系统即可利用该数据解决用户遇到的问题。

智能信息处理必须充分考虑物联网中物体的计算能力，只有其计算能力满足实际应用需求，物联网智能信息才能得到快速发展。智能信息处理过程中传感节点位置的计算通常在局限性质下完成，很难将复杂的信息转化成简单的数据。在通常情况下，为了了解实际传输信息，智能系统会将传输信息直接转交给相关媒介，媒介接收到信息后，智能系统会立即采取有效措施处理相关信息。在综合利用网络组件的同时，智能系统需要对传感节点中的能耗问题进行探讨和研究。如果传输的原始数据多于直接处理的数据，系统会自动完善传感节点中相关数据的计算工作，从而节约宽带资源、提高智能信息处理准确性。物联网智能信息处理的目标是将RFID、传感器和执行器的信息收集起来，通过数据挖掘等手段从这些原始信息中提取有用信息，为创新性服务提供技术支持。从信息流程来看，物联网智能信息处理分为信息获取、表达、量化、提取和推理等阶段。物联网技术能否得到规模化应用很大程度上取决于这些问题是否得到了很好的解决。因此，以下将重点介绍与之相关的语义互操作、传感器协同感知和情景感知技术。

语义互操作指在不同的系统之间可以自由地进行信息交互，不存在语义上的障碍。物联网必定是各类异构网络的融合，而本节所讨论的异构包括传输层面的异构和语义层面的异构。传输层面的异构主要是指不同硬件系统或协议栈之间无法进行数据交互的情况。语义层面的异构是指那些在一个网络中，因为不同系统对某些词汇的定义不同而造成彼此无法沟通的情况。当前的物联网应用均是一些小规模的应用，系统间因为定义的语义结构不同而无法进行语义上的通信，从而限制了物联网的规模化应用。语义表达是语义互操作的基础，只有在定义了统一且恰当的语义表达以后才能从真正意义上实现语义互操作。知识表达的模型较多，通常包括关键值模型、模式识别模型、传统 E-R 模型、面向对象模型和本体模型。随着物联网应用种类的增多，语义互操作的研究必将迈上新的台阶。

传感器协同感知指多个相同或不同的传感器之间协同工作，共同完成某事件的探测或感知任务。传感器协同感知有两大好处：第一，同时使用多个传感器（如跟踪物体移动的雷达），感知信息组合以后将在很大程度上提高对目标的位置和速率的估计精度；第二，通过多传感器协作来提高物体的可观察性，如通过多个传感器观察来进行互补，最终确定物体的状态。例如，同时使用多个视频感知器监测某运动目标，因为从不同的角度来观察目标，所以可以更容易地识别目标。同构协作的相关研究较多，如通过多个声音传感器的协作对声源进行定位及多个视频传感协作达到运动目标动态跟踪等研究。异构协作需要具体的应用作为牵引，根据具体的需求进行协同感知。

情景感知又称为上下文感知，该技术在互联网、泛在网和物联网中均受到了广泛的关注。情景感知有很多定义，总结来说是利用人机交互或传感器提供给计算设备关于人和设备环境的情景信息，让计算设备给出相应的反应。事实上，情景感知与传感器协同感知没有本质的区别，只是情景感知的输入范畴更广。传感器协同感知强调仅输入传感器的感知信息。情景感知的输入信息可以是感知信息，也可以是用户的时间表或用户反馈，甚至是某条数据链路的状态信息。在现有研究中，有两种常用的情景感知方法：直接访问方法和中间件方法。直接访问方法经常用于内嵌传感器的设备，应用程序直接从传感器中获取所需信息，传感器与应用程序耦合度高，不易于扩展。中间件方法在情景感知系统中引入分层结构，它位于下层传感器与上层应用之间，向上屏蔽底层传感器细节，提供统一的情景信息访问接口；向下驱动物理或逻辑传感器采集信息。

10.6 新型服务计算技术

10.6.1 云计算与物联网信息服务

云计算强大的计算能力、巨大的存储容量、高速的网络通信能力、优质的信息安全服务等级为信息服务领域带来了前所未有的影响，让信息服务实现低成本、高品质，也为信息服务模式的优化与创新创造了良好的 IT 环境。云计算的应用潜能成倍放大，信息服务的潜能也得到超常发挥。

1．云计算促进了信息服务普适化

云计算让计算、存储、应用、维护等都在云端进行，大大降低了用户信息软硬件系统的购置成本，在降低用户使用信息服务技术门槛的同时，节约了使用成本。随着云计算与移动通信的融合，手机变成了便携式的迷你型计算机系统。在任意地点随时获取信息服务成为云时代信息服务的特点。基础设施、网络、信息无所不在，信息服务普适化成为现实。信息资源的整合是有效信息资源的开放，是在"量"上的释放，实现了增量；信息的创新是新的信息资源的开发，是在"质"上的突破，实现了提质；知识服务泛在化是在时空上的跨越，促进了共享。增量是信息服务的基础，提质是信息服务的关键，共享是信息服务的目标，促使这三大变量产生正面效应的当属云计算。

2．云计算环境下的信息服务更重视用户体验

云计算环境下的信息服务更重视用户体验，以用户为中心，与用户进行多维互动。在信息爆炸的大环境下，由于用户想寻觅到与自己需求相匹配的信息并不容易，因此信息服务要求内容要有针对性，也就是符合用户的信息需求，失去了针对性无异于制造信息垃圾。云时代所有信息都可以存储在云端，海量存储与超强计算为全面了解用户需求带来了极大的便利，用户需求了解得越全面准确，信息服务的针对性就越强，服务效益就越好。这需要通过物联网的多种感知设备发现用户的潜在需求，从而为其提供更好的信息服务。

3．物联网与云计算的结合思路

云计算有一个利用虚拟技术构建的虚拟化数据中心，通过把分布在大量计算机和存储设备上的计算存储资源聚集成一个虚拟的资源集合中心，以实现超大规模、虚拟化、多用户、高可扩展性等特点，从而为互联网用户提供低成本、简便易行的服务。云计算的关键技术包括虚拟化技术、分布式存储技术、分布式计算技术、负载均衡技术等。物联网需要每个物体都有一个唯一的标识，以便在数据库中检索各物体信息，其部署的超大量传感设备，需要持续增长的存储资源和大规模的并行、分布式计算能力，以实现对海量信息的统计、汇总和备份等。云计算不仅可以满足物联网对大规模信息处理的要求，还可以提供灵活、安全、协同的资源共享平台，以服务方式向物联网提供计算能力。

物联网将成万上亿计的网络传感器嵌入到现实世界的各种设备中，如移动电话、智能电表、汽车和工业机器等，用来感知、创造并交换数据。无处不在的传感网络带来了大量的数据，这些数据正日益成为与实物资本和人力资源同等重要的生产要素。与此同时，云计算为物联网产生的海量数据提供了很好的存储空间，并且使得实时在线处理成为可能。特别是云计算概念衍生出的新概念——云存储，通过集群应用、网格技术或分布式文件系统等功能，将网络中大量不同类型的存储设备通过应用软件集合起来协同工作，共同对外提供数据存储和业务访问功能。

作为目前 IT 产业的两大新秀，物联网将是云计算最大的用户，二者的融合展开了信息时代的无限遐想。云计算是物联网发展的基石，物联网又促进着云计算的发展，在大数据时代，二者的融合发展必然能推动数据价值进一步显现。云计算是实现物联网的核心，运用云计算模式，物联网中各类物品的实时动态管理和智能分析变得可能。云计算为物联网提供了可用、便捷、按需的网络访问，如果没有云计算，物联网产生的海量信息无法传输、处理和应用。另外，云计算促进物联网和互联网的智能融合，有利于构建智慧城市。智慧城市的建设从技术发展视角来看，要求通过以移动技术为代表的物联网、云计算等新一代信息技术应用，实现全面感知、互联及融合应用。例如，医疗、交通、安保等产业均需要巨大的后台数据中心和云计算中心的支持，而云计算中心是一个智慧城市重要的基础设施，数据的分析与处理等工作都将放到后台进行操作，为打造智慧城市提供了良好的基础。

物联网与云计算各自具备很多优势，二者的结合模式可以分为以下几种。

一对多模式，即单一云计算中心，多个物联终端。在此类模式中，多个物联终端采用一个云计算中心作为数据处理中心，物联终端获得的信息、数据统一由云计算中心处理及存储。云计算中心提供统一界面给使用者操作或查看，比较常用的是企业内部的私有云。

多对一模式，即多个云计算中心，单一物联终端。在此类模式中，单一物联终端采用多个云计算中心或云服务平台，终端需要多个云计算中心的协同服务。例如，车联网用户在通过车载定位终端使用导航、加油、保养服务时，需要使用多个不同的云计算及云服务类型。比较常用的是多个公有云为用户提供服务。

多对多模式，即多个云计算中心，多个物联终端。对于很多区域跨度较大的企业、单位而言，多个云计算中心、多个物联终端的模式较为适合。例如，一个跨地区或国家的企业，其分公司较多，要对其各分公司或工厂的生产流程进行监控与质量跟踪等，需要使用多个不同类型的云计算及云服务，涉及众多类型的物联终端。比较常用的是多个公有云或混合云为多种类型用户提供服务。

10.6.2 雾计算与物联网信息服务

　　雾计算的概念在 2011 年被提出，雾计算系统并非是由性能强大的服务器组成的，而是由性能较弱、更为分散的各种功能计算机组成的，渗入工厂、汽车、街灯及人们生活中的各种物品中。雾计算介于云计算和个人计算之间，是半虚拟化的服务计算架构模型，强调数量，不管单个计算节点能力多么弱都要发挥作用。雾计算有几个明显特征：低延迟、位置感知、广泛的地理分布、适应移动性的应用、支持更多的边缘节点。这些特征使得移动业务部署更加方便，满足更广泛的节点接入。与云计算相比，雾计算所采用的架构更呈分布式，更接近网络边缘。雾计算将数据、数据处理和应用程序集中在网络边缘的设备中，不像云计算那样将它们几乎全部保存在云中。雾计算数据的存储及处理更依赖本地设备，而非服务器。所以，云计算是新一代的集中式计算，而雾计算是新一代的分布式计算，符合互联网的去中心化特征。

　　以一个制造业案例为例，假设大型公司建立工厂生产清洁剂。整个流程中存在一个这样的机器——搅拌机（垂直或水平搅拌机），它吸收不同的原料，并将它们进行搅拌，在制造过程中生产出合成混合物。搅拌机以预设的转速定时旋转，搅拌机筒吸收到不同的原材料，其运转会耗费一定量的能源。如果我们利用物联网生态系统，让这个设备成为"智能搅拌机"会怎样？搅拌机安装的大量传感器为各种参数捕捉数据，将数据传回服务器（云）中进行后续分析。如何提高功率消耗效率？这就需要采用雾计算的架构。以前考虑的物联网架构是利用云存储和分析数据进行决定的，但是为了让资产/机器成为"智能设备"，需要设计雾计算架构，通过增加本地实时计算数据流的能力，向历史数据学习建模并帮助机器进行决策来改善效率。这将是一个利用机器学习优化机器功耗，搭建雾计算网络的场景。

　　基于这些自主学习规则，通过增大和减小设置参数来保持最佳能耗模式，机器可以调整操作参数。当数据传输到云端，云端用新数据更新机器学习模型，那么数据规则和自主学习模型就可以更新了。一旦更新，模型会被推回边缘，边缘节点利用更新模型来更新规则，进一步改善结果。

10.6.3 边缘计算与物联网信息服务

　　边缘计算在靠近物或数据源头的网络边缘侧，融合网络、计算、存储、应用核心能力的开放平台，就近提供边缘智能服务，满足行业数字化在敏捷连接、实时业务、数据优化、应用智能、安全与隐私保护等方面的关键需求。一般而言，雾计算和边缘计算的区别在于，雾计算具有层次性和平坦的架构，其中几个层次形成网络，而边缘计算依赖于不构成网络的单独节点。雾计算在节点之间具有广泛的对等互连能力，边缘计算在"孤岛"中运行其节点，需要通过云实现对等流量传输。

　　微软和 Amazon 等行业巨头已经发布了 Azure IoT Edge 和 AWS Green Gas，以促进具有出色计算能力的物联网网关和传感器节点上的机器智能。

　　国际数据公司发布的《全球物联网设备数据报告》预测，到 2025 年，全球物联网设备数将达到 416 亿台，这些设备包括各种机器及其传感器、智能家居、车辆、穿戴设备及工业设备等，每年产生的数据量将达到 79.4ZB，而其中 45%都将在网络边缘处理。在这种情况下，如果将所有数据先通过网络全部传输到中心机房，再由云计算进行处理，处理完成后将结果传输到相应位置，那么会出现两个较为突出的问题。其一是实时性不够，将数据传输到云计算中心，再请求数据处理结果，增大了系统延迟；其二是带宽不足，将数据传输至云端造成了网络带宽的很大压力。

为了解决以上问题，边缘计算应运而生。边缘计算的应用程序在边缘侧发起，可以产生更快的网络服务响应。如果从仿生的角度来理解边缘计算，可以进行这样的类比，当手触碰到热的东西，还没感觉到热的时候，人的手就立即收了回来，这是人天生具有的非条件反射。这种缩手反应不需要大脑下达命令。若将人类的非条件反射看作边缘计算，将大脑反应视为云计算的话，就可以非常容易了解边缘计算和云计算的区别。事实上，相较于云计算，边缘计算可以更好地支持移动计算与物联网应用，它具有以下 3 个非常明显的优势：一是数据处理更快，可以在网络边缘处理大量临时数据，减少中间传输的过程，增强服务响应能力；二是网络带宽需求更低，在边缘计算的过程中，与云端服务器的数据交换并不多，这大大减轻了网络带宽和数据中心功耗的压力；三是数据更加安全，使用边缘计算，物联网设备在边缘数据中心或本地处理数据，减少了网络数据泄露的风险，保护了用户的数据安全和隐私。

10.6.4 认知计算与物联网信息服务

认知计算包含了信息分析、自然语言处理和机器学习领域的大量技术创新，能够助力决策者从大量非结构化数据中发现问题本质。认知系统能够以对人类而言更加自然的方式与人类交互，专门获取海量的不同类型的数据，根据信息进行推论。认知计算的一个目标是让计算机系统能够像人的大脑一样学习、思考，并进行正确的决策。人脑与计算机各有所长，认知计算系统可以成为一个很好的辅助工具，配合人类进行工作，解决人脑所不擅长解决的一些问题。传统的计算技术是定量的，着重于精度和序列等级，而认知计算试图解决生物系统中的不精确、不确定和部分真实的问题，以实现不同程度的感知、记忆、学习、语言、思维和问题解决等过程。

例如，医疗物联网大数据融合需要以物联网、认知计算、数据开放平台 3 点为核心构建。从病人出发，建立以病人为中心的医疗物联网大数据融合平台。物联网是采集医疗大数据的基础，通过认知计算打破传统建模研究数据的局限性，得到复杂的关联性，通过建设智能开放平台解决数据标准化问题，实现病人的连续服务，以及医疗物联网大数据的分析和落地应用。人工智能技术能够引导解决医生服务的隐患，通过认知计算能力建设智慧医疗搜索引擎和信息检索服务，应用于疾病的预防和诊治研究，做到以病人为中心，打造可持续的物联网信息服务。

10.7 网络安全与管理技术

物联网是一把双刃剑，其特点是无处不在的数据感知、泛在的网络信息传输、智能化的海量信息处理。物联网技术的快速发展，一方面使我们的生活变得越来越智能，另一方面对整个社会和网络的信息安全提出了更高的要求。无论是云计算还是物联网，都有海量的物、人相关的数据。若安全措施不到位，或者数据管理存在漏洞，将使我们面临黑客、病毒、木马的威胁，甚至被恐怖分子轻易跟踪、定位，这势必带来对个人隐私的侵犯和国家、企业机密泄露等问题，破坏了信息的合法有序使用要求，可能导致人们的生活、工作陷入瘫痪，社会秩序混乱。这就要求政府、企业、科研院所等各有关部门运用安全技术、法律、行政等各种管理手段，解决信息安全问题。

物联网安全威胁存在于各个层面，包括终端安全威胁、网络安全威胁和业务安全威胁。智能终端的出现带来了潜在的威胁，如信息非法篡改和非法访问，通过操作系统修改终端信息，利用病毒和恶意代码进行系统破坏。数据通过无线信道在空中传输，容易被截获或非法篡改。非法的终端可能以假冒的身份进入无线通信网络，进行各种破坏活动；合法身份的终端在进入网络后，也可能越权访问各种互联网资源。业务安全威胁包括非法访问业务、非法访问数据、DoS 攻击、垃圾信息的泛滥和不良信息的传播等。根据物联网网络结构与安全威胁分层分析，得出物联网安全管理框架，分为应用安全、网络安全、终端安全和安全管理 4 个层次，如图 10.25 所示。

图 10.25 物联网安全管理框架

前 3 个层次为具体的安全措施，其中应用安全包括应用访问控制、内容过滤和安全审计等安全措施。网络安全即传输安全，包括加密和认证、异常流量控制、网络隔离交换、信令和协议过滤、攻击防御与溯源等安全措施。终端安全包括主机防火墙、防病毒和存储加密等安全措施。安全管理则覆盖以上 3 个层次，对所有安全设备进行统一管理和控制。具体来讲，安全管理包括设备管理、拓扑管理、事件管理、策略管理和应急管理。设备管理指对安全设备的统一在线或离线管理，并实现设备间的联动联防。拓扑管理指对安全设备的拓扑结构、工作状态和连接关系进行管理。事件管理指对安全设备上报的安全事件进行统一格式处理、过滤和排序等操作。策略管理指灵活设置安全设备的策略。应急管理指发生重大安全事件时安全设备和管理人员间的应急联动。安全管理能够对全网安全态势进行统一监控，在统一的界面下完成对所有安全设备的统一管理，实时反映全网的安全状况，能够对产生的安全态势数据进行汇聚、过滤、标准化、优先级排序和关联分析处理，提高安全事件的应急响应处置能力，还能实现各类安全设备的联动联防，有效抵挡复杂攻击行为。

本章小结

本章主要介绍了物联网各个层次所涉及的关键技术，从底层的现代感知与标识技术、嵌入式系统技术，到中间的网络与通信技术、数据汇聚与信息融合技术，再到上层的智能信息处理技术、新型信息服务技术、网络安全与管理技术，从各个角度分别阐述了物联网涉及的关键技术。由此可知，物联网是一个新兴学科，也是计算机科学与技术、软件工程、电子科学与技术、信息通信技术、网络信息安全等学科交叉融合的结果。

习题

1. 物联网有哪些感知技术？

2. 嵌入式系统与物联网有哪 4 个通道接口？

3. ZigBee 标准定义了 3 种节点：_____、路由节点（Router）和终端节点（End Device）。

4. 物联网中信息融合技术可分为哪 4 个层次？

5. 从信息流程来看，物联网智能信息处理分为信息获取、表达、量化、提取和_____等阶段。

第 11 章
物联网安全

本章目标

◎ 了解物流网安全的概念

◎ 认识物联网的安全问题

◎ 了解物联网的安全需求

◎ 掌握物联网的安全机制

◎ 理解物联网的安全技术

◎ 理解物联网的安全标准

◎ 了解物联网安全的六大关系

11.1 物联网安全概述

如所有新生事物一样，物联网的发展道路也是曲折的，在物联网得到全面和广泛应用之前，其自身还存在着许多不完善的地方。目前全球物联网尚处于发展阶段，许多关键技术、标准规范与研发应用等都还处于初级阶段，核心技术有待突破，标准规范有待制定，信息安全有待解决，统一协议有待制定。虽然物联网的推广使用能够给人们的生活带来便利，提高工作效率，推动国民经济的大力发展，但是也必须注意到物联网的使用带来的巨大安全隐患。信息化与网络化带来的风险问题，在物联网中会变得更加迫切与复杂。物联网的信息安全问题是关系物联网产业能否安全可持续发展的核心问题之一，必须引起高度重视，特别是当物联网与工业控制相结合时。一个典型的案例是震网病毒（Stuxnet），它是第一个专门攻击工业控制中基础设施（如发电站和工厂）的病毒，震网病毒以蠕虫的形式在互联网扩散，并重点扩散到 U 盘上，一旦移动介质放入到工业控制网中，就寻找西门子的 SIMATIC WinCC 系统并加以感染，一旦感染，就可以在 PLC（Programmable Logic Controller，可编程控制器）管理员没有察觉的情况下，修改发送至 PLC 或从 PLC 返回的数据。震网病毒曾攻击了伊朗在纳坦兹的浓缩铀工厂，造成伊朗约 20% 的离心机（1000 多台）失控、报废。因此，在物联网时代，安全问题面临前所未有的挑战，如何建立安全、可靠的物联网是摆在面前的迫切问题。

物联网的安全形态主要体现在其体系结构的各个要素上。第一是物理安全，主要是传感器的安全，包括对传感器的干扰、屏蔽、信号截获等，是物联网安全特殊性的体现；第二是运行安全，存在于各个要素中，涉及传感器、传输系统及处理系统的正常运行，与传统信息系统安全基本相同；第三是数据安全，存在于各个要素中，要求在传感器、传输系统、处理系统中的信息不会出现被窃取、被篡改、被伪造、被抵赖等现象。其中传感器与传感网所面临的安全问题比传统的信息安全问题更为复杂，由于传感器与传感网可能会因为能量受限的问题而不能运行过于复杂的保护体系，因此物联网除面临一般信息网络所具有的安全问题外，还面临物联网特有的威胁和攻击，相关威胁包括物理俘获、传输威胁、自私性威胁、拒绝服务威胁、感知数据威胁等；相关攻击包括阻塞干扰、碰撞攻击、耗尽攻击、非公平攻击、选择转发攻击、陷洞攻击、女巫攻击、洪泛攻击、信息篡改等。相关安全对策包括加密和密钥管理机制、感知层鉴别机制、安全路由机制、访问控制机制、安全数据融合机制、容侵容错机制等。

11.2 物联网的安全问题

正如任何一个新的信息系统出现都会伴生着信息安全问题一样，物联网也不可避免地伴生着物联网安全问题。同样，与任何一个信息系统均有自身的安全问题和对他方的安全问题一样，物联网也存在自身的安全问题和对他方的安全问题。其中自身的安全问题是物联网是否会被攻击而不可信，其重点表现在如果物联网被攻击或数据被篡改等，是否出现了与所期望的功能不一致的情况。对他方的安全问题则涉及的是通过物联网来获取、处理、传输用户的隐私数据，如果物联网没有防范措施，则会导致用户隐私和关键数据的泄露。物联网是融几个层次于一体的大系统，许多安全问题来源于系统整合。

1．物联网感知节点的安全问题

由于实现了人与物的连接后，物联网可以通过物联网设备、感知节点来实现对物体，包括对机械的控制，因此物联网可以被应用到一些复杂、危险和机械的工作中，来代替人完成这些工作，这些物联网设备、感知节点大多在无人看管的场合中部署。攻击者可以轻易地接触到这些物联网设备、感知节点，对它们进行攻击破坏。在物联网感知层中，RFID、GPS、M2M 等终端设备通过无线网络收集信息，这些设备大都部署在无人监控的地方，攻击者很容易对其进行非法操控，这带来了个人位置隐私安全问题。传感网中可能存在如下攻击。

（1）直接攻击。在直接攻击中，攻击者直接从用户那里获取信息。如今随着智能手机技术的发展，安装在 Android、iOS 等设备中的应用程序可以访问用户的个人信息，攻击者可能获得用户的实时位置。因此，通过直接攻击泄露个人信息的威胁、问题必须加以重视。

（2）感知攻击。在物联网中，攻击者可以设定对象来收集有关其环境的各种信息。记录有关环境数据的智能对象成为用户隐私的风险来源。设想在物联网中，这些对象是相互连接的，并且记录共享于各个对象中，那么个人信息泄露的风险将会增加，可能会对用户的隐私造成威胁。

概括起来，物联网的感知层安全问题如下。

● 物联网的网关节点被敌手控制，安全特性全部丢失。

- 物联网的普通节点被敌手控制，敌手掌握节点密钥。
- 物联网的普通节点被敌手捕获，由于没有得到节点密钥，因此没有被控制。
- 物联网的节点（普通节点或网关节点）受到来自网络内部或外部的 DoS 攻击。
- 接入物联网的大量感知节点的标识、识别、认证和访问控制问题。

2. 物联网传输与网络安全问题

物联网传输与网络安全问题主要包括两个方面：感知网络的传输安全问题和核心网络的安全问题。

（1）感知网络的传输安全问题。感知节点（如自动温度计、自动压力计）通常情况下功能简单，而且一般都自带电池。因为小小的感知节点通常无法具有像计算机系统那样严密的保护系统，简单结构域协议使得它们无法拥有严密的安全保护能力，而且各个简单的感知节点通常也没有统一的网络协议，所以攻击者可以利用网络协议的漏洞攻击物联网，对物联网安全构成威胁。

（2）核心网络的安全问题。由于物联网中节点数量庞大，各个简单的感知节点通常没有统一的网络协议，因此在进行网络传输时，大量设备的数据在没有统一协议的状态下发送，产生数据拥挤与堆积。此外，基于互联网的数据链路层错包重传机制会在网络传输错误时，重发数据包，节点不断重复发送数据包，导致核心网络的 DoS 攻击，甚至死机和系统崩溃。

物联网中通常由无线网络将感知层获取的信息传输至系统，无线网络中的恶意程序为攻击者提供了入口，攻击类型有中继攻击、推理攻击、自动入侵攻击等。

中继攻击。在中继攻击中，用户个人信息在不被告知的情况下公开，如一些服务提供商在未经用户同意的情况下出售用户的位置、购物行为等个人信息给第三方。技术发展得越快，在个人信息上组织和挖掘数据的能力越强。在物对物的通信中，需要提供给用户更多关系到用户信息的控制权。

推理攻击。推理攻击通过使用其他攻击类型收集到的数据来建立一个反映社会活动、移动行为和其他实体移动规律的图。例如，不仅可以采用 GPS 踪迹来推断出移动用户的运输模式（汽车、火车、公共汽车等），还能够根据移动历史来预测用户的路线。

自动入侵攻击。在物联网中，收集大量的信息后，自动化系统就可以结合数据进行数据挖掘或分析，这将形成一种新的攻击，称为自动入侵攻击。收集的信息如下。

- 从移动行为中收集到的数据：攻击者可能从个人的移动规律中推断出用户的兴趣点。例如，用户孩子学校的所在地、用户通常接孩子的时间、用户每周的社会活动地点及政治和宗教信仰等。
- 从物联网环境的对象中收集到的数据：不管用户是直接与特定的对象进行交互还是间接地使用其他对象，这些相互作用所产生的信息均构成了信息的可能来源，反映在行为、位置、日期、时间、购物习惯和用户的其他个人信息上。
- 连接对象的记录：如果一个对象与另一个对象产生的同一类型的数据连接在一起，那么可能会导致连接攻击。例如，用户的汽车配备有 GPS 系统，那么在汽车移动的过程中可以推断出用户此时的移动情况。

自动入侵攻击是推理攻击的一个渐进的过程，通过组合和连接从用户拥有和操作的各种智能对象中收集到的信息，攻击者不断掌握有关受害用户生活或社会活动方面更多的资料。

概括起来，物联网的传输与网络安全问题有网络层的 DoS 攻击、DDoS（Distributed Denial of Service，分布式拒绝服务）攻击、假冒节点攻击、中间人攻击等，异构网络漏洞导致的攻击和物联网协议漏洞导致的攻击。

3．物联网处理与应用安全问题

应用层涉及的是综合的或有个体特性的具体应用业务，它所涉及的某些安全问题通过前面几个逻辑层的安全解决方案可能仍然无法解决。物联网在现有网络基础上集成了物联网应用，也就是说，处理层与应用层紧密融合，这给物联网的安全问题带来了新的挑战。

具体而言，物联网处理与应用安全问题有来自超大量终端的海量数据的识别和处理、智能化程度变低、自动控制变为失去控制、灾难控制和恢复、非法人为干预、业务应用流程漏洞导致的攻击。

11.3　物联网的安全需求

1．物联网感知层的安全需求

物联网感知层的安全需求可以概括为以下几点。

- 机密性：多数传感网内部不需要认证和密钥管理，如统一部署的共享一个密钥的传感网。
- 密钥协商：部分传感网内部节点进行数据传输前需要预先协商会话密钥。
- 节点认证：个别传感网（特别当传感数据共享时）需要节点认证，确保非法节点不能接入。
- 信誉评估：一些重要传感网需要对可能被敌手控制的节点行为进行信誉评估，以降低敌手入侵后的危害（某种程度上相当于入侵检测）。
- 安全路由：几乎所有传感网内部都需要不同的安全路由技术。

2．物联网传输层的安全需求

物联网传输层的安全需求可以概括为以下几点。

- 数据机密性：需要保证数据在传输过程中不泄露其内容。
- 数据完整性：需要保证数据在传输过程中不被非法篡改，或者非法篡改的数据容易被检测出来。
- 数据流机密性：某些应用场景需要对数据流量信息进行保密，目前只能提供有限的数据流机密性。
- DDoS 攻击的检测与预防：DDoS 攻击是网络中常见的攻击现象，在物联网中将会更突出。物联网中需要解决的问题还包括如何对脆弱节点的 DDoS 攻击进行防护。
- 移动网中认证与密钥协商（Authentication and Key Agreement，AKA）机制的一致性或兼容性、跨域认证和跨网络认证：不同无线网络所使用的不同认证与密钥协商机制对跨网认证带来不利。

3．物联网处理层的安全需求

物联网处理层负责信息到达智能处理平台的处理过程，包括如何从网络中接收信息。在从网络中接收信息的过程中，物联网处理层需要判断哪些信息是真正有用的信息，哪些信息是垃圾信息，甚至是恶意信息。在来自网络的信息中，有些属于一般性数据，用于某些应用过程的输入，而有些可能是操作指令。在这些操作指令中，有一些可能是多种原因造成的错误指令（如指令发出者的操作失误、网络传输错误、被恶意修改等），或者是攻击者的恶意指令。如何通过密码技术等手段甄别出真正有用的信息、如何识别并有效防范恶意信息和指令带来的威胁是物联网处理层的重大安全需求及挑战。

4．物联网应用层的安全需求

物联网应用层的安全需求可以概括为以下几点。

- 如何根据不同访问权限对同一数据库的内容进行筛选。
- 如何提供用户隐私信息保护，同时能正确认证。
- 如何解决信息泄露追踪问题。
- 如何进行计算机取证。
- 如何销毁计算机数据。
- 如何保护电子产品和软件的知识产权。

11.4　物联网的安全机制

针对物联网存在的安全问题，有以下几种安全机制以供参考。

（1）认证与访问控制。

类似于互联网的认证与访问控制，物联网同样可以对用户的访问进行严格的控制。例如，通过对感知节点进行软件升级，在节点与节点之间进行身份认证，让每一个节点对访问的身份和可发行性进行验证，以提高节点本身的安全性。认证与访问控制需要广泛采用各种身份识别技术，如数字签名、指纹识别、虹膜识别等。

（2）数据加密。

加密是保护数据安全的重要手段。加密的作用是保障信息被攻击者截获后不能或不易被破译。虽然对传输信息加密可以解决窃听问题，但需要一个灵活、强健的密钥交换和管理方案，密钥管理方案必须容易部署且适应感知节点资源有限的特点。另外，密钥管理方案还必须保证当部分节点被操纵后不会破坏整个网络的安全性。目前，虽然加密技术很多，但是如何让加密算法适应快速节能的计算需求，并且提供更高效和可靠的保护，尤其是在资源受限或人和物体的相对运动彼此断裂的情况下，进行安全加密和认证，是物联网对加密技术提出的更高挑战和要求。

（3）容侵容错。

容侵是指在网络中存在恶意入侵的情况下，网络仍然能够正常地运行；容错是指在故障存在的情况下，系统不失效且仍然能够正常工作。容侵容错机制主要解决行为异常节点、外部入侵节点带来的安全问题。

（4）构建安全网络构架。

由于发展的不充分，技术的不完善，目前物联网网络层各节点之间并没有统一的协议。网络协议的不统一给攻击者留下了许多的攻击入口，给物联网的安全带来了很大的威胁，因此，必须加快网络层统一协议的制定，以保证物联网的应用安全。

（5）规范操作。

正如"城堡最容易从内部攻破"这句话所说，即便物联网的体系结构再合理完善，认证手段和加密方法再先进，若我们从事物联网行业的相关人员不能正确合理地运用这些手段，则物联网的安全只能是空谈。因此，我们应对物联网从业人员加强规范操作培训，制定科学合理的操作手册，并且定期做好安全方面的思想工作，从根本上消除物联网的安全隐患。

（6）多管齐下，综合保护。

物联网是一个新生事物，其发展初期的安全制度必然是不完善的，我们每一个人都必须参与进来，自觉遵守物联网的安全制度，不做危害物联网安全的事情。在促进物联网发展的同时，国家需要从立法角度，积极建立完善的安全保护机制，通过立法保证物联网的安全。

11.5　物联网的安全技术

本节以物联网的 4 层架构为基础，讨论物联网的安全技术。物联网安全技术架构如图 11.1 所示。

图 11.1　物联网安全技术架构

11.5.1　物联网感知层安全技术

物联网感知层主要包括传感器节点、传感网路由节点、感知层网关节点（又称为协调器节点或汇聚节点），以及连接这些节点的网络，通常是短距离无线网络，如 ZigBee、蓝牙、Wi-Fi 等。广义上，传感器节点包括 RFID 标签，传感网路由节点在传感器节点和感知层网关节点之间起到路由作用，感知层网关节点包括 RFID 读写器。考虑到许多传感器的特点是资源受限，处理能力有限，对安全的需求也相对较弱。由于没有面临很大问题，因此传感器需要轻量级安全保护。什么是轻量级？与物联网的概念一样，对此没有一个标准的定义。我们可以分别以轻量级密码算法和轻量级安全协议进行描述。由于 RFID 标准中为安全保护预留了 2000 门等价电路的硬件资源，因此如果一个密码算法能使用不多于 2000 门等价电路来实现的话，这种算法就可以称为轻量级密码算法。目前已知的轻量级密码算法包括 PRESENT 和 LBlock 等。而对于轻量级安全协议，没有一个量化描述，许多安全协议都声称为轻量级协议。虽然轻量级密码算法有一个量化描述，但追求轻量的目标永无止境。我们这里列出几个轻量级密码算法设计的关键技术和挑战。

① 超轻量级密码算法的设计。这类密码算法包括流密码和分组密码，设计目标是硬件实现成本越小越好，不考虑数据吞吐率、软件实现成本和运行性能，使用对象是 RFID 标签和资源非常有限的传感器节点。

② 可硬件并行化的轻量级密码算法的设计。这类密码算法同样包括流密码和分组密码，设计目标是考虑不同场景的应用或通信两端的性能折中。虽然在轻量化实现方面也许不是最优的，但是当不考虑硬件成本时，可使用并行化处理技术实现吞吐率的大幅度提升，适合协调器端使用。

③ 可软件并行化的轻量级密码算法的设计。这类密码算法的设计目标是满足一般硬件轻量级需求，但软件可以实现较高的吞吐率，适合在一个服务器管理大量终端感知节点的情况下，在服务器软件上实现。

④ 轻量级公钥密码算法的设计。在许多应用中，公钥密码具有不可替代的优势，但公钥密码的轻量化到目前为止是一个没有逾越的技术挑战，即公开文献中还没有找到一种公钥密码算法可以使用小于 2000 门等价电路实现且在当前计算能力下不可实际破解。

⑤ 非平衡公钥密码算法的设计。这其实是轻量级公钥密码算法的折中措施，目标是设计一种在加密和解密过程中很不平衡的公钥密码算法，使其加密过程达到轻量级密码算法的要求，或者解密过程达到轻量级密码算法的要求。

考虑到轻量级密码算法很多是在传感器节点与协调器或服务器进行通信的情况下使用，由于后者计算资源不受限制，因此无须使用轻量级算法，只要在传感器终端上使用轻量级算法即可。对于轻量级安全协议，既没有量化描述，也没有定性描述。总体上，安全协议的轻量化需要与同类协议相比，减少通信轮数（次数）、通信数据量、计算量，当然这些要求一定会有所牺牲，包括可靠性，甚至某些安全性方面的牺牲。可靠性方面包括对数据传输的确认（是否到达目的地）、对数据处理的确认（是否被正确处理）等，而安全性方面包括前向安全性、后向安全性等，这些安全威胁在传感器网络中不太可能发生，因为攻击成本高而造成的损失小。轻量级安全协议包括以下几种。

① 轻量级安全认证协议，即认证通信方的身份是否合法。

② 轻量级安全认证与密钥协商协议，即在认证成功后建立会话密钥，包括同时建立多个会话密钥的情况。

③ 轻量级认证加密协议，即无须对通信方的身份进行专门认证，在传递消息时验证消息来源的合法性即可。这种协议适合非连接导向的通信。

④ 轻量级密钥管理协议，包括轻量级 PKI、轻量级密钥分发（群组情况）、轻量级密钥更新等。

注意，无论是轻量级密码算法还是轻量级安全协议，都必须考虑消息的"新鲜性"，以防止重放攻击和修改重放攻击，这是与传统数据网络有着本质区别的地方。

11.5.2 物联网传输层安全技术

物联网传输层安全可分为端到端机密性和节点到节点机密性。对于端到端机密性，需要建立以下安全机制：端到端认证机制、端到端密钥协商机制、密钥管理机制和机密性算法选取机制等。在这些安全机制中，根据需要可以增加数据完整性服务。对于节点到节点机密性，需要建立节点间的认证与密钥协商协议，这类协议要重点考虑效率因素。机密性算法的选取和数据完整性服务则可以根据需求选取或省略。考虑到跨网络架构的安全需求，需要建立不同网络环境的认证衔接机制。另外，根据应用层的不同需求，网络传输模式可分为单播通信、组播通信和广播通信，针对不同类型的通信模式也应该有相应的认证机制和机密性保护机制。简而言之，物联网传输层的安全技术主要包括以下几个方面。

- 节点认证、数据机密性、完整性、数据流机密性、DDoS 攻击的检测与预防。
- 移动网中认证与密钥协商机制的一致性或兼容性、跨域认证和跨网络认证。
- 相应密码技术。密钥管理（密钥基础设施 PKI 和密钥协商）、端到端加密和节点到节点加密、密码算法和协议等。
- 组播和广播通信的认证性、机密性和完整性安全机制。

11.5.3 物联网处理层安全技术

物联网时代需要处理的信息是海量的，需要处理的平台是分布式的。当不同性质的数据通过一个处理平台处理时，该平台需要多个功能各异的处理平台协同处理。为了满足物联网处理层的基本安全需求，需要的安全技术如下。

- 可靠的认证机制和密钥管理方案。
- 高强度数据机密性和完整性服务。
- 可靠的密钥管理机制，包括 PKI 和对称密钥的有机结合机制。
- 可靠的高智能处理手段。
- 入侵检测和病毒检测。
- 恶意指令分析和预防、访问控制及灾难恢复机制。
- 保密日志跟踪和行为分析、恶意行为模型的建立。
- 密文查询、秘密数据挖掘、安全多方计算、安全云计算技术等。
- 移动设备文件（包括秘密文件）的可备份和恢复。
- 移动设备识别、定位和追踪机制。

11.5.4 物联网应用层安全技术

物联网的应用层严格地说不是一个具有普适性的逻辑层，因为不同的行业应用在数据处理后的应用阶段表现形式相差各异。综合不同的物联网行业应用可能的安全需求，物联网应用层的安全技术可以包括以下几个方面。

（1）隐私保护技术。隐私保护包括身份隐私保护和位置隐私保护。身份隐私保护就是在传输数据时不泄露发送设备的身份，位置隐私保护则是告诉某个数据中心某个设备在正常运行，但不泄露设备的具体位置信息。事实上，隐私保护都是相对的，没有泄露隐私并不意味着没有泄露关于隐私的任何信息。例如，位置隐私通常会泄露（有时是公开或容易猜到的信息）某个区域的信息，要保护的是这个区域内的具体位置，而身份隐私也常泄露某个群体的信息，要保护的是这个群体的具体个体身份。在物联网系统中，隐私保护包括 RFID 的身份隐私保护、移动终端用户的身份和位置隐私保护、大数据下的隐私保护技术等。在智能医疗等行业应用中，传感器采集的数据需要集中处理，但该数据的来源与特定用户身份没有直接关联，这就是身份隐私保护。这种关联的隐藏可以通过第三方管理中心来实现，也可以通过密码技术来实现。位置隐私的保护方法之一是通过密码学的技术手段进行保护。根据经验，在现实世界中稍有不慎，我们的隐私信息就会被暴露于网络上，有时处处小心还是会泄露隐私信息。因此，如何在物联网应用系统中不泄露隐私信息是物联网应用层的关键技术之一。在物联网行业应用中，如果隐私保护的目标信息没有被泄露，就意味着隐私保护是成功的。但在学术研究中，我们需要对隐私泄露进行量化描述，即一个系统也许没有完全泄露被保护对象的隐私，但已经泄露的信息让这个被保护的隐私信息非常脆弱，再有一点点信息就可以确定，或者说该隐私信息能够以较大概率被猜测成功。除此之外，大数据下的隐私保护如何研究，也是一个值得深入探讨的问题。

（2）移动终端设备安全。智能手机和其他移动通信设备的普及在为生活带来极大便利的同时，带来很多安全问题。由于当移动设备失窃时，设备中数据和信息的价值可能远大于设备本身的价值，因此如何保护这些数据不丢失、不被窃，是移动设备安全的重要问题之一。当移动设备成为物联网系统的控制终端时，移动设备的失窃所带来的损失可能会远大于设备中数据的价值。由于对 A 类终端的恶意控制所造成的损失不可估量，因此作为物联网 B 类终端的移动设备安全保护是重要的技术挑战。

（3）物联网安全基础设施。应该说，即使保证物联网感知层安全、传输层安全和处理层安全，且保证终端设备不失窃，也不能保证整个物联网系统的安全。一个典型的例子是智能家居系统，假设传感器到家庭网关的数据传输得到安全保护，家庭网关到云端数据库的远程传输得到安全保护，终端设备访问云端数据库也得到安全保护，但对智能家居用户来说还是没有安全感，因为感知数据是在别人控制的云端数据库存储的。如何实现端到端的安全，即 A 类终端到 B 类终端及 B 类终端到 A 类终端的安全，需要由合理的安全基础设施完成。对智能家居这一特殊应用来说，安全基础设施可以非常简单，如通过预置共享密钥的方式完成。但对其他应用，如智能楼宇和智慧社区，预置共享密钥的方式不能被接受，也不能让用户放心。如何建立物联网安全基础设施的管理平台，是物联网安全系统建立中不可或缺的组成部分，也是重要的技术问题。

（4）物联网安全测评体系。安全测评不是一种管理，是更重要的一种技术。首先要确定测评什么，即确定并量化测评安全指标体系；然后给出测评方法，这些测评方法应该不依赖于使用的设备或执行的人，而且具有可重复性。这一问题必须解决好，才能推动物联网安全技术落实到具体的行业应用中。

11.6　物联网的安全标准

在物联网国际标准化组织中，物联网安全标准聚焦于安全体系框架、网络安全、隐私保护、设备安全，侧重于基础框架和技术。我国则重视物联网安全监管及技术保障，目前的物联网安全标准化工作已在安全参考模型、感知及无线安全技术、重点行业应用等多个领域展开。

11.6.1　物联网安全的国际标准

1. ISO/IEC JTC1

ISO/IEC JTC1/SC27（信息技术委员会/安全技术分委员会）主要开展信息安全标准化工作，ISO/IEC JTC1/SC41（物联网及相关技术分委员会）主要开展物联网相关技术标准化工作。此外，ISO/IEC JTC1/SC25（信息技术设备互联分委员会）对智能家居系统、家庭网关等安全也制定了相关标准。在物联网安全方面，目前的安全标准主要集中在体系架构和安全技术上，具体包括加密轻量化、认证、隐私控制等方面。其中，已发布及在研的标准项目有 ISO/IEC 30141《信息技术 物联网参考体系架构》、ISO/IEC 24767《信息技术 家庭网络安全》（由 2 个部分组成）、ISO/IEC 29192《信息技术 安全技术 轻量级加密》（由 8 个部分组成）、 ISO/IEC 27030《信息技术 安全技术 物联网安全与隐私保护指南》、 ISO/IEC 27553《信息技术 安全技术 移动设备使用生物特征识别进行鉴别的安全要求》等。

2. ITU-T

ITU-T 的 SG17（安全研究组）和 SG20（物联网和智慧城市与社区研究组）Q6（物联网和智慧城市与社区的安全、隐私保护、信任和识别课题组）负责安全标准的制定，SG20 Q6 聚焦于物联网和智慧城市的安全标准。SG20 Q6 目前已发布了 ITU-T Y.4103《物联网应用的通用要求》、ITU-T Y.4115《物联网设备能力开放的参考架构》、ITU-T Y.4119《基于物联网的自动应急响应系统的要求和能力框架》和 ITU-T Y.4205《物联网相关众包系统的要求和参考模型》。SG17 规划了物联网安全系列标准 ITU-T X.1360-X.1369，发布了 ITU-TX.1361《基于网关模型的物联网安全框架》和 ITU-T X.1362《物联网环境的简单加密规程》，并正在开展 ITU-T X.1363《物联网环境中个人可识别信息处理系统的技术框架》、ITU-T X.1364《窄带物联网的安全要求和框架》、 ITU-T X.1365《电信网络上利用基于身份的密码技术支持物联网服务的安全方法》、 ITU-T X.676《基于对象标识符的物联网分组服务解析框架》、 ITU-T X.660《物联网对象标识符使用指南》、 ITU-T X.amas-iot《面向物联网环境的具有组鉴别能力的聚合消息鉴别方案》、ITU-T X.elf-iot《物联网安全事件操作错误日志的标准格式》、ITU-T X.iotsec-4《物联网设备和网关的安全要求》、 ITU-T X.sc-iot《物联网系统的安全控制措施》、 ITU-T X.secupiot《物联网设备的安全软件更新》、ITU-T X.nb-iot《物联网服务平台的安全要求和框架》等多项标准的研制。

与此同时，ITU-T 积极开展车联网安全标准化工作，由 SG17 Q13 负责，已发布 ITU-T X.1373《智能交通系统通信设备的安全软件更新能力》，标准项目集中在车联网安全指导原则、车辆外部接入设备安全需求、车内系统入侵检测方法、基于大数据的异常行为检测、数据分类及安全需求和车联网安全需求等方面。

3. ETSI

ETSI 在 2019 年 2 月发布了第一个消费类物联网安全标准 ETSI TS 103 645《消费类物联网安全》，建立了联网消费类设备的安全基线，为未来物联网认证方案的制定奠定了基础。此外，ETSI 还制定了认证授权、量子安全威胁评估及物联网组认证安全机制分析等标准。

4. IETF

IETF 主要研究了 IP 网络中的授权、认证、审计等协议标准，如 IPSec 协议、IP 安全策略、PKI、传输层安全协议等。针对物联网终端资源有限、低功耗等特性，IETF 也提出了相应的协议优化，包括 6LoWPAN（IPv6 over Low Power Wireless Personal Area Network，低功耗无线个人区域网上的 IPv6）、CoAP（Constrained Application Protocol，受限应用协议）、TLS/DTLS（Transport Layer Security/Datagram Transport Layer Security，传输层安全协议/数据报传输层安全协议）等协议标准。

11.6.2 物联网安全的国内标准

1. 全国信息安全标准化技术委员会的相关标准

在通用网络安全领域，全国信息安全标准化技术委员会（TC260）已发布大量国家信息安全标准，其中，部分通用的安全标准，如风险预警、风险处理、漏洞管理、密码算法、密钥管理、PKI、通信协议（IPSec、SSL 等）、安全评估、等级保护相关的安全标准同样适用于广义的物联网安全。

在专门的物联网安全领域，当前 TC260 制定了 GB/T 37044—2018《信息安全技术 物联网安全参考模型及通用要求》、GB/T 37033—2018《信息安全技术 射频识别系统密码应用技术要求》、GB/T 36951—2018《信息安全技术 物联网感知终端应用安全技术要求》、GB/T 37024—2018《信息安全技术 物联网感知层网关安全技术要求》、GB/T 37025—2018《信息安全技术 物联网数据传输安全技术要求》、GB/T 37093—2018《信息安全技术 物联网感知层接入通信网的安全要求》、GB/T 36323—2018《信息安全技术 工业控制系统安全管理基本要求》等国家标准，并启动了医疗行业安全指南、工业互联网平台安全、智慧城市安全体系框架、汽车网络安全技术要求等标准的研究，总体呈现"多点开花"的形势。

2. 中国通信标准化协会的相关标准

中国通信标准化协会（China Communications Standards Association，CCSA）的物联网安全标准化工作侧重于通信网络和系统，CCSA 中安全领域标准工作主要由 TC5（无线通信技术委员会）的 WG5（无线安全与加密工作组），TC8（网络与信息安全技术委员会）的 WG1（有线网络安全工作组）、WG2（无线网络安全工作组）、WG3（安全管理工作组）和 WG4（安全基础工作组）来负责制定。目前已完成了 YDB 101—2012《物联网安全需求》、YD/T 3339—2018《面向物联网的蜂窝窄带接入（NB-IoT）安全技术要求和测试方法》、YDB 171—2017《物联网感知层协议安全技术要求》、YDB 173—2017《物联网终端嵌入式操作系统安全技术要求》、YDB 172—2017《物联网感知通信系统安全等级保护基本要求》等标准。

11.7　物联网安全的六大关系

面对物联网的信息安全问题，必须处理好以下 6 个方面的关系。

1．物联网安全与现实社会的关系

现实社会的人类创造了网络虚拟社会的繁荣，同时制造了网络虚拟社会的麻烦。现实世界中真善美的东西，网络虚拟社会中都会有。现实社会中丑陋的东西，网络虚拟社会中一般也会有，只是表现形式不一样。互联网上许多的信息安全问题是由人类自身的问题导致的。同样，物联网的安全问题也是现实社会安全问题的反映。因此，我们在建设物联网的同时，需要应对物联网所面临的更加复杂的信息安全问题。物联网安全是一个系统的社会工程，只靠技术来解决物联网安全问题是不可能的，它必然要涉及技术、政策、道德与法律规范等方面。

2．物联网安全与计算机、计算机网络安全的关系

由于物联网应用系统大都建立在互联网环境之中，因此物联网应用系统的安全与互联网安全密切相关。互联网包括端系统与网络核心系统两个部分。端系统包括计算机硬件、操作系统、数据库系统等，而运行物联网应用系统的大型服务器或服务器集群及用户的个人计算机都是以固定或移动的方式接入互联网的，它们是保证物联网应用系统正常运行的基础。任何一种物联网功能和服务的实现都需要通过网络核心系统在不同的计算机系统之间进行数据交互。病毒、木马、脚本攻击等恶意代码可以利用 E-mail、FTP 与 Web 系统进行传播，网络攻击、网络诱骗、信息窃取可以在互联网环境中进行，它们同样会对物联网应用系统构成威胁。如果网络核心系统不安全了，那么物联网信息安全的问题就无从谈起。因此，网络核心系统的安全，以及计算机系统的安全是物联网应用系统安全的基础。

3．物联网应用系统建设与安全系统建设的关系

网络技术不在真空之中，物联网是要提供给全世界的用户使用的，网络技术人员在研究和开发一种新的物联网应用技术与系统时，必须面对一个复杂的系统。网络应用技术与应用系统成功的标志是功能性与安全性的统一。不应该简单地把物联网安全问题视为从事物联网安全技术工程师的事，而是每一位信息技术领域的工程师与管理人员共同面对的问题。在规划一种物联网应用系统时，除要规划建设系统所需要的资金外，还要考虑拿出一定比例的资金用于安全系统的建设，这是一个系统设计方案成熟的标志。由于物联网的建设涉及更为广阔的领域，因此物联网的安全问题应该引起我们更加高度的重视。

4．物联网安全与密码学的关系

密码学是信息安全研究的重要工具，在网络安全中有很多重要的应用，物联网在用户身份认证、敏感数据传输的加密上都会使用到密码技术。但是物联网安全涵盖的问题远不止密码学涉及的范围。密码学是数学的一个分支，它涉及数字、公式与逻辑。数学是精确且遵循逻辑规律的，而计算机网络、互联网、物联网的安全涉及的是人所知道的事、人与人之间的关系、人和物之间的关系，以及物与物之间的关系，是不稳定的，甚至是难于理解的。因此，密码学是研究网络安全所必需的一个重要的工具与方法，但是物联网安全研究所涉及的问题要广泛得多。

5. 物联网安全与国家信息安全战略的关系

物联网在互联网的基础上进一步发展了人与物、物与物之间的交互，它将越来越多地应用于现代社会的政治、经济、文化、教育、科学研究与社会生活的其他各个领域，物联网安全必然会成为影响社会稳定、国家安全的重要因素之一。因此，网络安全问题已成为信息化社会的一个焦点问题。每个国家只有立足于本国，研究网络安全体系，培养专门人才，发展网络安全产业，才能构筑本国的网络与信息安全防范体系。如果不重视网络与信息安全，那么必将在未来的国际竞争中处于被动和危险的境地。

6. 物联网安全与信息安全共性技术的关系

对于物联网安全来说，它既包括互联网中存在的安全问题（传统意义上的网络环境中的信息安全共性技术），又包括自身特有的安全问题（物联网环境中的信息安全个性技术）。物联网信息安全的个性化问题主要包括感知层的安全问题，如无线传感器网络的安全问题与 RFID 安全问题等。

本章小结

本章讲述了物联网安全的基本概念，论述了物联网的安全形态和安全要素，分析了物联网的安全问题与安全需求，并且根据各层所面临的安全问题，分别从物联网感知层、传输层、处理层、应用层阐述了相应的安全技术，列举了物联网的国际安全标准和国内安全标准，最后论述了物联网安全与其他安全技术的相互关系。

习题

1. 除一般信息网络所具有的安全问题外，物联网面临的特有威胁和攻击有哪些？
2. 试分析物联网的自动入侵攻击。
3. 物联网的隐私保护包括身份隐私保护和_____。
4. 试分析物联网安全与计算机、计算机网络安全的关系。

第 12 章
工业互联网标识解析及安全

本章目标

◎　了解工业互联网的基本概念与架构

◎　认识工业互联网标识解析体系与技术

◎　理解工业互联网标识解析相关安全技术

◎　了解工业互联网标识解析相关标准

12.1　工业互联网的基本概念与架构

12.1.1　工业互联网基本概念及发展历程

工业互联网是工业系统和互联网体系与新一代科学技术融合发展的产物，通过机器、人、物、料的全面互联，对工业数据进行快速计算处理和模型构建，结合先进网络、人工智能、云计算、大数据分析等技术，推动传统产业快速转型升级，实现工业智能化发展。在过去的十几年里，信息通信领域出现了很多新的技术变革，包括人工智能、大数据、云计算和物联网等，并且集中地向工业领域拓展和延伸，实现制造业的全面数字化、网络化和智能化。

在 2013 年 4 月的汉诺威工业博览会上，德国首次提出工业 4.0 的概念。德国运用互联技术与高度集成化，使工厂的各个生产模块智能化。美国首先提出了工业互联网这一全新的概念，积极打造制造业创新网络，除德国的智能制造外，还有电力、能源、交通、医疗等 4 大行业，共有 9 个平台，从而加速技术成果的产业化。2014 年美国成立了 IIC（Industrial Internet Consortium，工业互联网联盟），包含通用电气、美国电话电报公司、Intel、Cisco 等企业，在全球形成了很大的影响力。

我国也一直在积极布局工业转型发展，从两化融合到两化深度融合，再到现在的工业互联网。2017 年 11 月底，国务院印发《关于深化"互联网+先进制造业"发展工业互联网的指导意见》，工业互联网正式成为国家级战略。我国初步形成了"一大联盟""两大阵营""三大路径""四大模式"的态势。"一大联盟"指工业互联网产业联盟;"两大阵营"指工业企业与信息通信技术企业;"三大路径"包括:智能工厂——面向企业内部提高生产效率、智能产品/服务/协同——面向企业外部的价值链延伸、工业互联网平台——面向开放生态的平台运营;"四大模式"指基于企业互联的网络化协同、基于供需精准对接的个性化定制、基于现场连接的智能化生产、基于产品联网的服务化延伸。

12.1.2 工业互联网体系架构

工业互联网体系架构由网络体系、平台体系、安全体系 3 个方面组成,如图 12.1 所示。网络体系用于实现人、机、物三者的连接,实现数据在各个系统和实体之间传输,它包括网络互联体系、标识解析体系和应用支撑体系,是工业互联网的基础。平台体系可以连接工业设备、仪表和海量的应用,用于对运营数据与互联网数据进行采集交换、集成处理、建模分析和优化,它包括边缘层、PaaS 层和应用层,是工业互联网的核心。安全体系通过建立安全保障体系,避免网络设备和系统软件受到内部或外部的攻击,包括隐私保护、保密性、完整性、可用性和可靠性,为工业智能化发展保驾护航,是工业互联网的关键。

图 12.1 工业互联网体系架构

12.2 工业互联网标识解析体系与技术

12.2.1 工业互联网标识解析体系相关概念及架构

工业互联网以网络为基础,标识解析体系是网络的基础设施。与 DNS(Domain Name System,域名系统)在互联网中扮演的角色类似,标识解析体系在工业互联网中也起到了神经中枢的作用。工业互联网标识类似于互联网中的域名,用来对设备、产品等物理资源及算法、工序等虚拟资源进行命名。标识解析体系负责对物品身份进行标识和解析,用户可以根据标识信息来查询产品、机器或原材料等物件的数据信息,并且通过标识实现数据之间的关联关系,为企业的智能制造及产品的全生命周期管理提供支持,其基本业务流程如图 12.2 所示。

图 12.2 工业互联网标识解析体系基本业务流程

工业互联网标识解析体系整体架构采用树形分层分级型，为各个行业和各个企业提供标识解析服务，包括根节点、国家顶级节点、二级节点、公共递归节点和企业节点，以及标识解析中间件和标识数据采集设备，如图 12.3 所示。

图 12.3 工业互联网标识解析体系整体架构

根节点是全球范围内等级最高的节点，为各个国家或地区提供根级别的表示服务。国家顶级节点是一个国家或地区内等级最高的节点，向上与根节点保持联通，向下为二级节点和企业节点提供查询牵引。二级节点为特定行业平台或企业平台提供标识服务，可以根据各个行业的需求来定义标识数据形式，向上与国家顶级节点相连接，向下为企业节点提供标识资源、解析标识、查询数据等功能。企业节点面向企业内部，提供内部标识的注册、分配和解析服务。公共递归节点是标识解析体系的关键入口设施，代替用户进行标识解析的迭代查询，若缓存中存在标识解析信息，则直接返回给用户，否则会查询标识解析服务器，按照服务器返回的路径进行查询，将结果保存在缓存中并返回给用户。

国内外现有很多标识解析体系，当前标识解析技术可以分为两条路径：改良路径和革新路径。改良路径是在 DNS 的基础之上进行扩充的，主要有 Ecode（Entity Code for IoT，物联网统一标识码）、OID（Object Identifier，对象标识符）、GS1（Globe Standard 1，全球统一标识系统）、EPC（Electronic Product Code，产品电子代码）、NIoT（National common identification management service platform for IoT，国家物联网标识管理公共服务平台）、CSTR（China Science and Technology Resource，中国科技资源）等。革新路径是针对工业互联网提出的一个全新的解析技术，主要有 Handle（句柄）、UID（Ubiquitous ID，泛在标识）、DOI（Digital Object Identifier，数字对象唯一标识符）、DHT（Distributed Hash Table，分布式哈希表）等。

12.2.2 国内标识解析体系

1. Ecode 解析体系

Ecode 解析体系由中国物品编码中心在 2011 年提出，适合于任何物联网对象，其架构图如图 12.4 所示。

图 12.4 Ecode 解析体系的架构图

Ecode 解析体系目前已广泛应用于我国农产品、工业装备等领域，为实现产品追溯查询、防伪验证、产品营销等方面提供支持。Ecode 解析体系可以对任何物联网对象进行标识，采用三段式层次编码，由 V（Version，版本）、NSI（Numbering System Identifier，编码体系标识）和 MD（Master Data code，主码）3 个部分组成，同时采用迭代方式进行解析。Ecode 解析体系由标头结构解析系统和通用结构解析系统组成。

标头结构解析系统为三层架构，依次为编码体系解析、编码数据结构解析和主码解析，解析流程如图 12.5 所示。

图 12.5　标头结构解析系统解析流程

应用客户端向编码体系解析服务器发出 Ecode 编码解析请求，编码体系解析将 V、NSI 和 MD 从整体编码中分离，并转换为标识识别域名返回给应用客户端。应用客户端将标识识别域名发送给编码数据结构解析服务器，编码数据结构解析服务器查找性能字段最小值的名称权威指针（Naming Authority Pointer，NAPTR）记录，根据正则表达式将标识识别域名转换为主码域名，返回给应用客户端。应用客户端再将主码域名发送给主码解析服务器，主码解析服务器查询资源记录 IP 地址或 NAPTR 记录，将信息服务器地址返回给应用客户端。

通用结构解析系统为二层架构，依次为编码体系解析和主码解析，解析流程如图 12.6 所示。

图 12.6　通用结构解析系统解析流程

编码体系解析服务器接收应用客户端发出的解析请求，提取 V 和 NSI 返回给应用客户端。主码解析服务根器据来自应用客户端的 V 和 NSI，查询编码对应的信息地址并返回给应用客户端。

2. NIoT 解析体系

NIoT 是由国家发展改革委 2013 年 5 月正式批复的物联网标识相关的国家级公共平台，经过多年建设发展，已建成广州、北京、东莞、成都、南京等国家级物联网标识解析节点。NIoT 数据结构由协议标识符、异构标识符和对象编码组成。协议标识符是国家平台标识服务协议代码；异构标识符由对象子平台节点代码和上级平台标识符组成，各部分用"."分隔；对象编码由对象所有者/授权商定义并分配。

NIoT 攻克了物联网标识解析关键技术，建立了我国自主知识产权、国际互通的物联网标识管理体系。此平台构建的异构标识符兼容互通管理体系，提供统一的标识管理公共服务平台，在各个领域开展公共服务应用，可实现 Handle、CID、Ecode 等主流标识解析体系的互联互通。NIoT 层次化架构如图 12.7 所示。

图 12.7 NIoT 层次化架构

3. CSTR 解析体系

CSTR 作为国内自主制定的可控的科技资源标识体系，旨在为我国科技资源管理安全提供有效的保障，它规定了科技资源标识的对象和产生途径、标识符的结构与编写规则、科技资源标识的管理与应用，提供了科技资源标识元数据注册表单等。

科技资源标识符由中国科技资源代号、科技资源标识注册机构代码、科技资源类型代码和内部标识符 4 个部分组成，中国科技资源代号与科技资源标识注册机构代码之间用半角符号":"分隔，其余各部分用半角符号"."进行分隔。科技资源标识符结构如图 12.8 所示。

图 12.8 科技资源标识符结构

12.2.3　国际标识解析体系

1．DNS 解析体系

DNS 作为域名和 IP 地址相互映射的一个分布式数据库，能够使用户更加方便地访问互联网。DNS 采用的是分布式解析方案，使用层次树状结构，如图 12.9 所示。

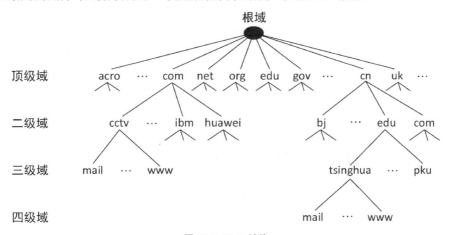

图 12.9 DNS 结构

树状结构顶层称为根域，用"."表示，相应的服务器称为根服务器，整个域名空间解析权都归根服务器所有。为了减轻根服务器的负载，在根域下设置了许多顶级域、二级域、三级域或主机名。例如，在 www.baidu.com 中，com 是顶级域名，baidu 是二级域名，www 是主机名。

DNS 域名解析系统由本地域名服务器、根域名服务器、顶级域名服务器、权限域名服务器组成。DNS 域名解析过程分为迭代查询和递归查询，如图 12.10 所示。

图 12.10 DNS 域名解析过程

迭代查询是指本地域名服务器收到域名查询请求后，将会依次访问各个其他域名服务器，得到解析的 IP 地址后返回给主机。迭代查询的特点：首先当根域名服务器收到本地域名服务器发出的迭代查询请求报文时，要么给出所要查询的 IP 地址，要么告诉本地域名服务器下一步应当向哪一个服务器进行查询，然后让本地域名服务器进行后续的查询。根域名服务器通常把自己知道的顶级域名服务器 IP 地址告诉本地域名服务器，让本地域名服务器向顶级域名服务器查询。顶级域名服务器在收到本地域名服务器的查询请求后，要么给出所要查询的 IP 地址，要么告诉本地域名服务器下一步应当向权限域名服务器进行查询。最后，查询到所要解析的 IP 地址或报错，把查询结果返回给发起查询的主机。

递归查询是指如果主机所询问的本地域名服务器不知道被查询的域名的 IP 地址，则本地域名服务器会请求根域名服务器，根域名服务器继续请求顶级域名服务器，顶级域名服务器请求权限域名服务器，并将解析结果 IP 地址原路返回给本地域名服务器，最后发送给主机。递归查询的过程类似于函数的递归调用。

由于工业互联网中大量异构数据的出现，DNS 解析服务无法满足工业互联网标识解析需求。DNS 解析系统无法与数据和任何特定的 DNS 名称相关联，DNS 服务单一，对资源描述能力不强。另外，DNS 名称通常由网络管理员在 DNS 区域级别进行管理，没有提供按名称管理结构的规则。除网络管理员外，没有任何其他工具可以创建或管理 DNS 名称，DNS 解析体系如果应用于工业互联网中，将会增加网络管理员的工作量并降低工作效率。

2. OID 解析体系

OID 解析体系由 ISO/IEC 与 ITU-T 于 19 世纪 80 年代提出，目前在医疗、信息安全、物流等领域广泛应用。OID 解析体系采用分层树状结构，支持对任何对象进行唯一命名，如图 12.11 所示。

图 12.11　OID 解析体系的结构

OID 编码规则规定了根节点到标识节点之间的路径，OID 解析体系采用递归查询的方式进行解析。

3．Handle 解析体系

Handle 解析体系是在 1994 年由互联网之父 Robert Elliot Kahn 提出的，它是全球范围通用的标识服务系统，目前由 DONA（Digital Object Numbering Authority，数字对象编码规范机构）基金会维护。目前 Handle 已成功在数字图书馆、产品溯源、智能供应链等领域应用，可用于标识数字对象、服务和其他多种网络资源。Handle 解析体系的结构如图 12.12 所示。

Handle 解析体系采用层次标识方案，每个 Handle 标识符均由前缀和后缀组成，前缀为命名权限，后缀为此命名权限下的唯一本地名称，两者由“/”分隔。例如，10.1045/january99-bearman，其命名前缀为 10.1045，本地名称为 january99-bearman。在 Handle 解析体系下，每个本地命名空间在其命名权限下都是唯一的。

图 12.12 Handle 解析体系的结构

4．UID 解析体系

UID（Ubiquitous ID，泛在标识）解析体系是 2013 年由日本东京大学提出的，其中实体表示现实世界中的对象、位置或概念，是标识的目标，而 UCode（Ubiquitous Code，泛在编码）是用来标识实体的标识符，并通过 UCode 关系模型为 UCode 建立关联。UID 解析体系目前用于支持东京都厅导游信息服务、观光巴士信息服务、上野动物园导游信息服务等。UCode 为固定长度编码，由数字串拼接而成，其基本长度为 128bit，编码长度可以扩展为 128 的整数倍。UID 解析体系负责接收 UCode 编码，并根据该编码在 UCode 关系数据库内检索 UCode 关系图，UCode 关系词汇引擎对 UCode 关系图进行拓义理解，UCode 信息服务将结果返回给用户，具体流程如图 12.13 所示。

图 12.13 UID 解析体系具体流程

12.3　工业互联网标识解析相关安全技术

12.3.1　工业互联网安全体系框架

为了应对工业互联网面临的恶意攻击威胁、系统固有风险、管理威胁等，充分考虑到物理安全、功能安全和信息安全，工业互联网安全体系框架包括五大重点，分别是设备安全、控制安全、网络安全、应用安全和数据安全，如图 12.14 所示。

图 12.14　工业互联网安全体系框架

由图 12.14 可知，设备层包括设备安全，边缘层包括控制安全和网络安全，企业层包括网络安全、应用安全和数据安全。设备安全主要是指工业设备和智能产品的安全，包括操作系统和各种相关应用软件的安全。控制安全主要是指生产控制安全，包括控制协议安全、控制平台安全和控制软件安全。网络安全主要是指内网、外网的安全和工厂与用户、工厂与工厂之间互联互通的安全。应用安全覆盖工业互联网业务运行的平台安全及应用程序安全，研究对象包括工业应用软件、云化软件和工业 App。数据安全主要包括生产管理数据、生产操作数据和用户数据的采集、传输、交换、存储、处理及销毁等方面的安全。

12.3.2　标识解析安全风险分析模型

结合国内外标识解析体系安全领域的现状，以 DNS、Handle、OID 等常用标识解析技术为出发点，技术与管理相结合，从风险分析、风险管理、风险措施 3 个视角构建工业互联网标识解析安全风险分析模型，如图 12.15 所示。

图 12.15 工业互联网标识解析安全风险分析模型

　　风险分析从架构安全、身份安全、数据安全和运营安全 4 个方面进行。风险管理主要用于构建持续改进的风险管控管理机制，提升风险管控整体水平，包括风险目标、指标体系、风险识别和风险策略。风险措施实现闭环管理并对风险进行全生命周期的控制，包括行业监管、安全检测、态势感知、威胁预警和响应处置。

12.3.3　标识解析体系风险分析

　　标识解析体系风险分析如图 12.16 所示。

标识解析体系

架构安全风险	身份安全风险	数据安全风险	运营安全风险
节点可用性风险	身份欺骗	数据窃取	物理环境管理
节点间协同风险	越权访问	数据篡改	业务连续性管理
关键节点关联性风险	权限紊乱	隐私数据泄露	人员管理
	身份标识与产品关联出错	数据丢失	机构管理
	设备漏洞		流程管理

图 12.16 标识解析体系风险分析

　　工业互联网标识解析体系面临的架构安全风险主要包括节点可用性风险、节点间协同风险、关键节点关联性风险等。节点可用性风险是指如果节点受到攻击，那么该节点的可用性会受到威胁，造成节点功能失效或不可达。节点间协同风险是指如果在解析过程中节点间的协同性受到威胁，则会造成数镜像站点和代理服务器出现延迟，导致数据不一致或出现完整性问题。关键节点关联性风险是指体系中的关键性节点受到攻击会导致其他节点稳定性下降。

身份安全风险主要从人、机、物 3 个方面分析角色的风险，不同的角色会有不同类型的权限。身份安全风险主要有身份欺骗、越权访问、权限紊乱、身份标识与产品关联出错和设备漏洞等。身份欺骗是指通过伪造合法的身份来获得相应的权限，提供虚假的信息。越权访问是指若系统本身访问控制设计混乱或遭遇攻击，提升了权限，用户能够访问超出本身权限的资源。权限紊乱是指在最短时间内进行授权会对权限造成管理上的疏漏或非法访问，攻击者可以通过注入、渗透的方式绕过权限管理。身份标识与产品关联出错是指身份标识与产品没有一一对应，导致产品数据收集出现错误。设备漏洞是指攻击者通过系统的漏洞绕过访问控制，远程控制甚至篡改数据。

数据安全风险主要包括数据窃取、数据篡改、隐私数据泄露和数据丢失。数据窃取主要是指破坏数据的机密性，数据被非授权用户获得，可能发生在数据采集、传输、交换和存储环节。数据篡改是指攻击者有机会进入工业互联网的设备，对设备中的标识数据、解析数据和管理数据进行修改。隐私数据泄露主要是指如果没有安全防护措施，各种隐私和关键数据在使用的过程中泄露，从而给用户个人和企业造成损失。数据丢失是指在没有有效备份的情况下，攻击者恶意删除设备中的各种数据或发生自然灾害，或者工作人员操作失误导致数据丢失并无法恢复。

运营安全风险主要存在于对物理环境、业务连续性、人员、机构及流程等各方面的管理中。

12.3.4　标识解析安全框架

工业互联网标识解析安全框架以业务流程为主线，明确防护对象，理清安全角色，对标识解析的脆弱性与威胁进行分析，从而得到防护措施，并给出安全管理的意见，如图 12.17 所示。

图 12.17　工业互联网标识解析安全框架

12.3.5 标识解析安全关键技术

从安全接入、访问控制、数据治理、加密认证、威胁检测、网络测量、检测审计、安全编排、安全代理及云化安全等多个方面汇编总结工业互联网标识解析安全关键技术，如图 12.18 所示。下面，本节将对安全接入和访问控制进行详细介绍，并介绍 OID、Ecode、Handle、UID 等经典体系的解析安全关键技术。

图 12.18 工业互联网标识解析安全关键技术

1. 安全接入

标识解析系统应对接入的各种设备和标识节点进行身份认证，保证接入的合法性和安全性，对非法设备和节点进行报警。

首先，基于安全芯片的标识载体可以保证标识数据的安全存储，提供安全的运行环境；其次，结合 5G 通信技术的安全芯片能够主动向标识解析服务节点或标识数据应用平台等发起连接；最后，使用密码算法来确保标识信息和密钥的完整性，抵御外部攻击。

对通信双方进行身份认证和基于身份的消息加密能够防止身份被伪造、数据被篡改、隐私被泄露。通过基于口令的认证、基于生物特征的认证、基于 PKI 体系的数字证书、基于 IBC（Identity-Based Cryptography，基于身份的密码学）的认证等实体认证技术可以建立起通信双方之间的信任，保障标识解析请求和响应的完整性和可靠性。

2. 访问控制

访问控制是实现数据受控访问，保障数据安全的关键措施。对于海量异构多元的标识解析信息，应采取细粒度、高灵活性和动态性的访问控制措施。选择基于访问控制列表、角色、属性、规则、业务场景、信任等要素的访问控制及集成访问控制技术可实现灵活的标识解析访问控制，提供大规模、高并发的访问请求服务，同时抵御 DoS 攻击。

通常使用工业防火墙将工业网络划分为若干区域，通过定义各区域之间的访问控制策略来保证工业网络数据传输安全，抵御网络攻击。可以在各层网络之间纵向部署工业防火墙，实现跨层的访问控制，同时深度过滤层间数据包，防范由上至下的恶意攻击。对于横向平行的生产区、生产线或业务子系统之间，可以划分为不同的安全区，通过工业防火墙实现各安全区之间的访问控制，减少同级安全区之间的安全风险传播。

区块链是一种按照时间顺序将数据区块用类似链表的方式组成的数据结构，并且以密码学的方式保证不可篡改和不可伪造的分布式去中心化账本，能够安全存储简单的、有先后关系的、能在系统内进行验证的数据，使用区块链也可以实现工业互联网标识解析的访问控制。将各个标识的相关信息存储在目标区块链中，通过计算待访问标识信息的哈希值并与目标区块链上存储的哈希值进行对比，避免解析结果失真。

3．OID 解析安全

OID 体系采用了 DNS 技术，相应的 DNS 体系具有的风险都会在 OID 体系中存在，如 DDoS 攻击、缓存污染、DNS 劫持等。

OID 体系本身在运营管理中也存在各种风险：标识缺乏认证能力，无法从顶层设计规定统一的认证方式；解析系统缺乏解析权限控制能力，只能提供匿名查询能力，无法进行更加细粒度的查询，从而无法满足更高的安全要求；标识对应身份缺乏可信证书，需要独立的第三方提供证书，使得服务具有可信度；国际顶级节点 oid-res.org 在国内没有备份节点，在对接时会产生一定的风险；很多标识授权用户本身缺乏运营标识管理系统的技术能力与经验，在监管比较弱的情况下，容易出现标识滥用、滥发等情况。

OID 标识体系的安全防护主要依赖于 DNS 的安全保障机制，OID 解析系统客户端根据解析请求中的 DNSSE（Domain Name System Security Extensions，域名系统安全扩展）来提供安全防护。数字签名认证可以保证解析参与者的身份安全，信息摘要校验虽然可以保证数据不被篡改，但无法保证数据在传输过程中不被泄露，也无法保证用户对数据操作的合法性。

4．Ecode 解析安全

Ecode 解析系统建设及安全保障主要包括一般要求、数据编码安全要求、身份鉴别与授权要求、安全评估等。

一般要求主要包括物理安全、系统软件安全及灾备中心。其中，物理安全要满足机房、数据中心的建设要求：服务器与网络设备按照安全需求配置；建设完善的电子监控和报警系统；数据中心边界部署访问控制设备，安装防火墙、入侵检测系统；进行安全风险监控、异常访问告警。系统软件安全要通过国家规定的可信第三方机构的安全测评或认证。灾备中心要选在地质条件良好的地点，与主用中心不在同一个地震带中。

数据编码安全要求主要包括 Ecode 编码数据存储、Ecode 编码数据传输、标识系统备份与恢复、标识系统数据库、敏感信息保护和 Ecode 编码校验等方面。其中，Ecode 编码数据存储要求介质可靠稳定，不应采用移动式介质存储，删除过的 Ecode 编码数据介质中的数据应不可恢复。Ecode 编码数据传输应保证抗干扰性、保密性、完整性和正确性。标识系统备份与恢复要采取实时备份的方式，定期检查备份介质和信息，确保信息保存的有效期并建立异常事件紧急处理流程。标识系统数据库应设置存取控制措施，可采取层次、分区、表格等多种方式；通过实体安全、备份和恢复等多种技术手段保护数据的完整性；宜建立双副本日志，分别存储于磁盘等介质上；建立 Ecode 数据库的定期转贮制度。敏感信息不应在本地存储，要严密跟踪监控敏感信息存储介质的使用和传递过程，并提供统一的介质销毁工具。Ecode 编码应采取必要的校验机制，确保编码的准确性和一致性。

身份鉴别与授权要求主要对用户身份进行标识和鉴别，支持基于用户分级授权、基于用户角色和业务授权两种模型。

Ecode 标识系统存在机构平台、企业和个人 3 种基本用户。个人用户可查询验证 Ecode 编码，企业用户可注册申请、查询验证、回传 Ecode 编码，机构平台用户可注册申请、查询验证、向企业用户下发 Ecode 编码。

Ecode 标识解析系统应该具有防欺骗、重放、仿冒等攻击的机制，满足交互安全要求，保证数据的私密性。

Ecode 标识解析系统安全评估参考模型如图 12.19 所示，包括安全目标的确定、安全保护轮廓的形式化、安全功能组件的分解等评估流程。

图 12.19 Ecode 标识解析系统安全评估参考模型

5．Handle 解析安全

Handle 技术不依赖于 DNS，其自主设计了全新的安全防护体系，主要体现在 3 个方面：管理员与权限设计、客户端身份安全与操作合法、服务器身份安全。

管理员与权限设计为每个 Handle 标识符设置管理员，只有拥有权限的管理员才可以对 Handle 标识符进行管理，并对管理员进行身份验证和权限认证。客户端身份安全与操作合法由客户端发起解析和管理两类请求，服务器需要对客户端进行差异化解析或使用相应协议验证客户端的身份。对于服务器身份安全，客户端可以要求 Handle 服务器使用私钥对其响应进行签名，从而验证服务器身份。

6．UID 解析安全

UID 体系从物理标签安全、接入与访问控制、通信安全、资源管理、安全更新等方面采取措施，加强其安全防护能力。

物理标签安全保证 UCode 编码在物理上难以复制或伪造，并且 UCode 编码在遭到破坏时会被系统迅速识别与检测。接入与访问控制只允许授权的用户和应用访问 UCode 编码。通信安全可以建立安全的数据通道与未知节点进行通信来保证数据安全。资源管理对各种数据和操作设置有效期，一旦超出有效期，所有的数据和操作都禁止被访问。安全更新定时更新固件和安装安全补丁来保证系统处于最佳状态。

12.4　工业互联网标识解析相关标准

12.4.1　标识解析相关标准概述

为了更好地了解国家对于各种标识的规定，本节对标识解析相关标准进行了汇总，这些相关标准是在近几年才发布和实施的，并且大多是推荐性国家标准，如表 12.1 所示。

表 12.1　标识解析相关标准

编号	标准号	标准名	类别	状态	发布日期	实施日期
1	GB/T 31866—2015	《物联网标识体系 物品编码 Ecode》	推荐性国家标准	现行	2015-9-11	2016-10-1
2	GB/T 35299—2017	《信息技术 开放系统互连 对象标识符解析系统》	推荐性国家标准	现行	2017-12-29	2017-12-29
3	GB/T 35300—2017	《信息技术 开放系统互连 用于对象标识符解析系统运营机构的规程》	推荐性国家标准	现行	2017-12-29	2017-12-29
4	GB/T 36461—2018	《物联网标识体系 OID 应用指南》	推荐性国家标准	现行	2018-6-7	2019-1-1
5	GB/T 36604—2018	《物联网标识体系 Ecode 平台接入规范》	推荐性国家标准	现行	2018-9-17	2019-4-1
6	GB/T 36605—2018	《物联网标识体系 Ecode 解析规范》	推荐性国家标准	现行	2018-9-17	2019-4-1
7	GB/T 37695—2019	《智能制造 对象标识要求》	推荐性国家标准	现行	2019-8-30	2020-3-1
8	GB/T 38660—2020	《物联网标识体系 Ecode 标识系统安全机制》	推荐性国家标准	现行	2020-3-31	2020-10-1

编号	标准号	标准名	类别	状态	发布日期	实施日期
9	GB/T 38662—2020	《物联网标识体系 Ecode 标识应用指南》	推荐性国家标准	现行	2020-3-31	2020-10-1
10	GB/T 38663—2020	《物联网标识体系 Ecode 标识体系中间件规范》	推荐性国家标准	现行	2020-3-31	2020-10-1
11	GB/T 32843—2016	《科技资源标识》	推荐性国家标准	现行	2016-8-29	2017-9-1
12	Q/NIoT 001—2016	《国家物联网标识管理公共服务平台技术规范 第 1 部分：词汇》	企业标准	现行	2016-7-9	2016-8-9
13	Q/NIoT 002—2016	《国家物联网标识管理公共服务平台技术规范 第 2 部分：接入技术要求》	企业标准	现行	2016-7-9	2016-8-9
14	Q/NIoT 003—2016	《国家物联网标识管理公共服务平台技术规范 第 3 部分：子平台技术要求》	企业标准	现行	2016-7-9	2016-8-9
15	Q/NIoT 004—2016	《国家物联网标识管理公共服务平台技术规范 第 4 部分：对象标识编码结构要求》	企业标准	现行	2016-7-9	2016-8-9

12.4.2　工业互联网安全标准体系

为深入贯彻落实国务院《深化"互联网+先进制造业"发展工业互联网的指导意见》和《加强工业互联网安全工作的指导意见》等文件要求，系统推进工业互联网安全标准体系研究，基础共性、关键技术、典型应用等产业标准亟须制定，国家工业信息安全发展研究中心、中国信息通信研究院、中国工业互联网研究院共同编制了工业互联网安全标准体系，形成了《工业互联网安全标准体系（2021 年）》。工业互联网安全标准体系如图 12.20 所示。

工业互联网安全标准体系包括分类分级安全防护、安全管理、安全应用服务等 3 个类别、16 个细分领域及 76 个建设方向，对于发挥标准规范引领作用，加快建立网络安全分类分级管理制度，强化工业互联网企业安全防护能力，促进网络安全产业高质量发展具有重要支撑作用。

图 12.20　工业互联网安全标准体系

本章小结

　　本章首先讲述了工业互联网的基本概念与架构和工业互联网标识解析体系与技术，国内标识解析体系包括 Ecode、NIoT 和 CSTR，国际标识解析体系包括 DNS、OID、Handle、UID 等；然后讲述了工业互联网标识解析相关安全技术，包括工业互联网安全体系框架、标识解析安全风险分析模型、标识解析体系风险分析、标识解析安全框架、标识解析安全关键技术；最后简述了工业互联网标识解析相关标准，包括标识解析相关标准概述和工业互联网安全标准体系。

习题

　　1．工业互联网体系架构由网络体系、平台体系、_____体系 3 个方面组成。

　　2．工业互联网标识解析体系包括哪些节点类型？

　　3．工业互联网标识解析体系风险包括哪些？

第 13 章
云计算与物联网实验

本章目标

◎ 理解 RFID 实验

◎ 掌握 ZigBee 实验

◎ 理解 Wi-Fi 实验

◎ 理解蓝牙实验

◎ 掌握 Hadoop 云计算实验

◎ 掌握 MQTT 发布订阅物联网消息实验

13.1 RFID 实验

13.1.1 RFID 实验系统介绍

RFID 的软硬件平台如图 13.1 所示。

本实验的硬件平台包括以下 4 个部分。

① 联创中控 UICC-RFID 实验主板。该主板板载一个 ST 公司的 ARM-Cortex M3 处理器。

② RFID-13.56MHz 实验子板。该子板包括一个 NXP 公司的非接触式读写卡芯片 CLRC632、射频 PCB 天线及相应射频收发电路。该子板通过 SPI 接口与实验主板相连。

③ PC。PC 通过 RS-232 串口与实验主板相连。通过 PC 端的 RFID-13.56MHz 上位机软件可以访问/控制实验系统。

图 13.1 RFID 的软硬件平台

④ RFID 卡/标签。RFID 卡/标签置于实验子板的正上方,通过射频传递能量和信号。

1. 射频基站芯片

CLRC632 是恩智浦公司推出的适用于工作频率为 13.56MHz 的非接触式智能卡/标签射频基

站芯片，并且支持这个频段内多种 ISO 非接触式标准，其中包括 ISO/IEC 14443 和 ISO/IEC 15693。CLRC632 负责读写器对非接触式智能卡/标签的读写等功能，其基本功能包括调制、解调、产生射频信号、安全管理和防冲突处理，是读写器 MCU（微控制器）与非接触式智能卡/标签交换信息的桥梁。

2．RFID 实验软件平台

本实验系统的软件平台包括以下两个部分。

一是基于 KEIL 的 ARM-Cortex M3 软件开发平台，用于开发基于 ARM-Cortex M3 的 RFID 嵌入式软件；二是 RFID 实验系统上位机软件，用于和 M3 进行通信，支持 ISO/IEC 14443A 及 ISO/IEC 15693 两种协议的访问控制。

13.1.2 RFID 认知实验

1．实验目的

- 熟悉 UICC-RFID 技术教学实验平台的使用方法。
- 学习 ISO/IEC 14443 A 标准规范。
- 学习对射频卡的访问。

2．实验内容

通过 UICC-RFID 技术教学实验平台实现对射频卡 FM11RF08 的访问。

3．实验仪器

本实验所需仪器：联创中控 UICC-RFID 技术教学实验平台。

4．实验步骤

连接好 UICC-RFID 技术教学实验平台，并启动上位机软件，RFID 实验系统界面如图 13.2 所示。

图 13.2 RFID 实验系统界面

　　连接 UICC-RFID 技术教学实验平台。在"串口号"下拉列表中选择"COM1"选项，在"波特率"下拉列表中选择"115200"选项，单击"连接"按钮，右侧的"信息显示"窗口中会有"串口成功打开！"的提示信息，如图 13.3 所示。

图 13.3　连接实验系统

　　该软件提供了"低频 125K""高频 14443""超高频 915M""微波 2.4G"等 RFID 模块的功能，单击相应的选项卡，就可以进入相应的模块操作界面。单击"高频 14443"选项卡，进入该模块操作界面，在"串口号"下拉列表中选择"COM2"选项，在"波特率"下拉列表中选择"115200"选项，单击"连接"按钮，右侧的"信息显示"窗口中会有"串口成功打开！"的提示信息，如图 13.4 所示。

图 13.4　打开相应模块并启动设备

寻卡操作。首先将一张 FM11RF08 射频卡放置在"高频 14443"模块的天线区域的正上方，然后单击界面上的"单次寻卡"按钮，如图 13.5 所示。

图 13.5 单次寻卡操作

认证密钥。在"密码操作"选区中，单击"验证"按钮，显示验证操作成功界面，如图 13.6 所示。

图 13.6 验证操作成功界面

读取数据块内容。单击"密码读写"选区中的"读取密码"按钮，如图 13.7 所示。

图 13.7 读取数据块内容

分析数据内容。学习 FM11RF08 射频卡相关资料，分析 FM11RF08 第 0 区、第 0 块的数据内容。例如，FM11RF08 第 0 区、第 0 块为卡制造商信息块，第 4 字节存储的是卡序列号。FM11RF08 射频卡内存结构如图 13.8 所示。

Sector	Block	Byte Number within a Block			Description
		0 1 2 3 4 5	6 7 8 9	10 11 12 13 14 15	
15	3	Key A	Access Bits	Key B	Sector Trailer 15
	2				Data
	1				Data
	0				Data
14	3	Key A	Access Bits	Key B	Sector Trailer 14
	2				Data
	1				Data
	0				Data
⋮	⋮				
1	3	Key A	Access Bits	Key B	Sector Trailer 1
	2				Data
	1				Data
	0				Data
0	3	Key A	Access Bits	Key B	Sector Trailer 0
	2				Data
	1				Data
	0	Manufacturer Data			Manufacturer Block

图 13.8 FM11RF08 射频卡内存结构

13.2　ZigBee 实验

13.2.1　CC2530 处理器介绍

ZigBee 新一代 SOC 芯片 CC2530 是真正的片上系统解决方案，支持 IEEE 802.15.4、ZigBee、ZigBee RF4CE 标准。CC2530 拥有庞大的闪存空间（最多达 256 字节）；支持最新 RemoTI 的 ZigBee RF4CE（包含业界首款与 ZigBee RF4CE 兼容的协议栈）；拥有更大内存空间；允许芯片无线下载；支持系统编程。此外，CC2530 结合了一个完全集成的、高性能的 RF 收发器与一个 8051 微处理器，以及其他强大的支持功能和外设。

CC2530 提供了 101dB 的链路质量、优秀的接收器灵敏度、健壮的抗干扰性、4 种供电模式、多种闪存尺寸，以及一套广泛的外设集——包括 2 个 USART、12 位 ADC 和 21 个通用 GPIO。除通过优秀的 RF 性能、选择性和业界标准增强 8051MCU 内核支持一般的低功耗无线通信外，CC2530 还可以配备 TI 的一个标准兼容或专有的网络协议栈（RemoTI、Z-Stack 或 SimpliciTI）来简化开发，更快地获得市场。CC2530 可以用于远程控制、消费型电子、家庭控制、计量和智能能源、楼宇自动化、医疗等领域。

CC2530 硬件特性描述如下。

1．强大的无线前端

- 2.4 GHz IEEE 802.15.4 标准射频收发器。
- 出色的接收器灵敏度和抗干扰能力。
- 可编程输出功率为+4.5 dBm，总体无线连接的功率为 102dBm。
- 极少量的外部元件。
- 支持运行网状网系统，只需要一个晶体。
- 6mm×6mm 的 QFN40 封装。
- 适合系统配置符合世界范围的无线电频率法规：ETSI EN300 328 和 EN 300 440（欧洲），FCC 的 CFR47 第 15 部分（美国）和 ARIB STD-T-66 （日本）。

2．低功耗

- 接收模式：24mA。
- 发送模式（1dBm）：29mA。
- 功耗模式 1（4μs 唤醒）：0.2mA。
- 功率模式 2（睡眠计时器运行）：1μA。
- 功耗模式 3（外部中断）：0.4μA。
- 宽电源电压范围：2～3.6V。

3．微控制器

- 高性能和低功耗 8051 微控制器内核。
- 32 /64 / 128 /256KB 系统可编程闪存。
- 8 KB 的内存保持在所有功率模式。

- 硬件调试支持。

4．外设

- 强大的 5 通道 DMA。
- IEEE 802.15.4 标准的 MAC 定时器，通用定时器（一个 16 位，2 个 8 位）。
- 红外发生电路。
- 32kHz 的睡眠计时器和定时捕获。
- CSMA/CA 硬件支持。
- 精确的数字接收信号强度指示/LQI 支持。
- 电池监视器和温度传感器。
- 8 通道 12 位 ADC，可配置分辨率。
- AES 加密安全协议处理器。
- 两个强大的通用同步串口。
- 21 个通用 I/O 引脚。
- "看门狗"定时器。

5．应用领域

- 2.4 GHz IEEE 802.15.4 标准系统。
- RF4CE 遥控控制系统（需要大于 64 KB）。
- ZigBee 系统/楼宇自动化。
- 照明系统。
- 工业控制和监测。
- 低功率无线传感器网络。
- 消费电子。
- 健康照顾和医疗保健。

13.2.2　ZigBee 点对点通信实验

1．实验目的

- 在 UIZB CC2530 节点板上运行相应实验程序。
- 熟悉通过射频通信的基本方法。
- 练习使用状态机实现收发功能。

2．实验环境

硬件：UIZB CC2530 节点板 2 块、USB 接口的 CC2530 仿真器、PC。

软件：Windows 7/Windows XP、IAR 集成开发环境、串口监控程序。

3．实验原理

ZigBee 的通信方式主要有 3 种：点播、组播、广播。点播，顾名思义就是点对点通信，也就是两个设备之间的通信，不容许有第 3 个设备收到信息；组播，就是把网络中的节点分组，每一个组员发出的信息只有同组的组员才能收到；广播，也就是一个设备上发出的信息所有设备都能接收到。这些是 ZigBee 通信的基本方式。

在点对点通信的过程中，首先将接收节点上电后进行初始化，然后通过指令 ISRXON 开启射频接收器，等待接收数据，直到正确接收到数据，最后通过串口打印输出。发送节点上电后和接收节点进行相同的初始化，先将要发送的数据输出到 TXFIFO 中，再调用指令 ISTXONCCA 通过射频前端发送数据。

4. 实验内容

在本实验中，主要实现 ZigBee 点播通信。发送节点先将数据通过射频模块发送到指定的接收节点，接收节点通过射频模块接收到数据后，再通过串口发送到 PC，在串口调试助手中显示出来。如果发送节点发送的数据的目的地址与接收节点的地址不匹配，接收节点将接收不到数据。下面是源码实现的解析过程。

```
void main(void)
{
    halMcuInit();    //初始化 mcu
    hal_led_init();      //初始化 LED
    hal_uart_init();     //初始化串口
    if (FAILED == halRfInit()) {    // halRfInit()为射频初始化函数
        HAL_ASSERT(FALSE);
    }
    // 配置基本参数
    basicRfConfig.panId = PAN_ID;   //panId，让发送节点和接收节点处于同一网络内
    basicRfConfig.channel = RF_CHANNEL;       //通信信道
    basicRfConfig.ackRequest = TRUE;          //应答请求
    #ifdef SECURITY_CCM
        basicRfConfig.securityKey = key;        //安全密钥
    #endif
    // 初始化基本参数
    #if NODE_TYPE
        basicRfConfig.myAddr = SEND_ADDR;       //发送地址
    #else
        basicRfConfig.myAddr = RECV_ADDR;       //接收地址
    #endif
    if(basicRfInit(&basicRfConfig)==FAILED) {
        HAL_ASSERT(FALSE);
    }
    #if NODE_TYPE
        rfSendData();            //发送数据
    #else
        rfRecvData();            //接收数据
    #endif
}
```

主函数中主要实现了以下步骤。

初始化 mcu 即 halMcuInit()：选用 32kHz 时钟。

初始化 LED 即 hal_led_init()：设置 P1.0、P1.2 和 P1.3 为普通 I/O 口并将其作为输出，设置 P2.0 为普通 I/O 口并将其作为输出。

初始化串口即 hal_uart_init()：设置 I/O 口、波特率、奇偶校验位和停止位。

初始化射频模块即 halRfInit()：设置网络 ID、通信信道，定义发送地址和接收地址。

接收节点调用 rfRecvData()函数来接收数据，发送节点调用 rfSendData()函数来发送数据。

通过下面的代码来解析射频模块的初始化。

```
uint8 halRfInit(void)
{
    // 使能 auto ack 和 auto crc 信号
    FRMCTRL0 |= (AUTO_ACK | AUTO_CRC);
    // 推荐的 RX 参数设置
    TXFILTCFG = 0x09;
    AGCCTRL1 = 0x15;
    FSCAL1 = 0x00;
    // 使能随机数生成器
    // 使能 CC2591 以高增益模式
    halPaLnaInit();
    // 使能 RX 中断
    halRfEnableRxInterrupt();
    return SUCCESS;
}
```

节点发送数据和接收数据的代码实现如下。

```
/*    射频模块发送数据函数   */
void rfSendData(void)
{
    uint8 pTxData[] = {'H', 'e', 'l', 'l', 'o', ' ', 'c', 'c', '2', '5',
'3', '0', '\r', '\n'};        //定义要发送的数据
    uint8 ret;
    printf("send node start up...\r\n ");
    // 关闭接收器
    basicRfReceiveOff();      //关闭射频接收器
    // 主循环
    while (TRUE) {
        ret = basicRfSendPacket(RECV_ADDR, pTxData, sizeof pTxData);
            //点对点发送数据包
        if (ret == SUCCESS) {
            hal_led_on(1);
            halMcuWaitMs(100);
            hal_led_off(1);
            halMcuWaitMs(900);
        } else {
            hal_led_on(1);
            halMcuWaitMs(1000);
            hal_led_off(1);
        }
    }
}
/*    射频模块接收数据函数   */
void rfRecvData(void)
{
    uint8 pRxData[128];
```

```
    int rlen;
    printf( "recv node start up...\r\n ");
    basicRfReceiveOn();              //开启射频接收器
    // 主循环
    while (TRUE) {
        while(!basicRfPacketIsReady());
        rlen = basicRfReceive(pRxData, sizeof pRxData, NULL);
        if(rlen > 0) {
            pRxData[rlen] = 0;
            printf((char *)pRxData);              //串口输出显示接收节点接收到的数据
        }
    }
}
```

接收节点和发送节点的程序流程图如图 13.9 所示。

（a）接收节点程序流程图   （b）发送节点程序流程图

图 13.9 接收节点和发送节点的程序流程图

5．实验步骤

准备两个 CC2530 无线节点板，分别接上出厂电源。将其中一个 CC2530 无线节点板通过 RS-232 交叉串口线连接到 PC 串口。

在 PC 上打开串口终端软件，设置好波特率为 19200bit/s。

双击本实验程序 p2p.eww，打开本实验工程文件。

打开 main.c 文件，下面对一些定义进行介绍。RF_CHANNEL 宏定义了无线射频通信时使用的信道，在实验室中，多个小组同时进行实验时建议每组选择不同信道，即每个小组使用不同的 RF_CHANNEL 值（可按顺序编号），但同一组实验中两个节点需要保证在同一信道，才能正确通信。PAN_ID 是个域网 ID 标示，用来表示在不同网络，同一实验中，接收和发送节点需要配置为相同的值,否则两个节点不能正常通信。SEND_ADDR 是发送节点的地址;RECV_ADDR 是接收节点的地址。NODE_TYPE 是节点类型:0 代表接收节点,1 代表发送节点。在进行实验时,一个节点定义为发送节点,用来发送数据;另一个节点定义为接收节点,用来接收数据。

修改 main.c 文件中的 NODE_TYPE 的值为 0,保存,选择"Project"→"Rebuild All"选项,重新编译工程。

将 CC2530 仿真器连接到串口与 PC 相连接的 CC2530 节点上,单击"Project"菜单下的"Download and debug"选项,下载程序到节点板。此节点板以下的节点称为接收节点。

修改 main.c 文件中的 NODE_TYPE 的值为 1,保存,选择"Project"→"Rebuild All"选项,重新编译工程。

接下来将接收节点断电,取下 CC2530 仿真器连接到另外一个节点上,单击"Project"菜单下的"Download and debug"选项,下载程序到节点板。此节点板以下的节点称为发送节点。

确保接收节点的串口与 PC 的串口通过交叉串口线相连。

先将接收节点上电,查看 PC 上的串口输出,再将发送节点上电。

从 PC 上的串口调试助手处观察接收节点收到的数据。

可以首先修改发送节点中发送数据的内容,重新编译并下载程序到发送节点,然后从串口调试助手处观察收到的数据。可以首先修改接收节点的地址,重新编译并下载程序到接收节点,然后从发送节点发送数据,观察接收节点能否正确接收数据。

6. 实验结果

发送节点将数据发送出去后,接收节点接收到数据,并通过串口调试助手打印输出。发送数据的最大长度为 125 字节(加上发送的数据长度和校验和,实际发送的数据长度为 128 字节)。

13.2.3 ZigBee 协议分析实验

1. 实验目的

- 掌握 Z-Stack 协议栈的结构。
- 理解 ZigBee 各种命令帧及数据帧的格式。
- 理解 ZigBee 的协议机制。

2. 预备知识

- 掌握在 IAR 集成开发环境下下载和调试程序的过程。
- 了解 ZigBee 协议栈的通信机制。
- 了解并安装 ZigBee 的协议栈 Z-Stack。
- 了解 Packet Sniffer 软件的使用。

3. 实验环境

硬件:UIZB CC2530 节点板若干、CC2530 仿真器、PC。

软件：Windows 7/Windows XP、IAR 集成开发软件、TI 公司的数据包分析软件 Packet Sniffer。

4．实验原理

Packet Sniffer 用于捕获、滤除和解析 IEEE 802.15.4 MAC　数据包，并以二进制数形式存储数据包。安装好 Packet Sniffer 之后，在桌面上会生成快捷方式，双击进入协议选择界面，如图 13.10 所示，在"Select Protocol and chip type"下拉列表中选择"IEEE 802.15.4ZigBee"，单击"Start"按钮进入 Packet Sniffer 界面，如图 13.11 所示。

图 13.10　协议选择界面

图 13.11　Packet Sniffer 界面

Packet Sniffer 有 3 个菜单选项，"File"菜单可以打开或保存抓取到的数据，"Settings"菜单可以进行一些软件设置，"Help"菜单可以查看软件信息和用户手册。

菜单栏下面是工具栏，从左向右依次用于清除当前窗口中的数据包、打开之前保存的数据包、保存当前抓取到的数据包、显示或隐藏底部的配置窗口、单击之后开始抓包、暂停当前的抓包、清除抓包开始之前保存的所有数据、禁止或启用滚动条、禁止或启用显示窗口中显示小字体。下拉列表用于选择侦听的协议类型，有 3 个选项，即"ZigBee 2003""ZigBee 2006""ZigBee 2007/PRO"，这里选择"ZigBee 2007/PRO"选项。工具栏下面的窗口分为两个部分，上半部分为显示窗口，显示抓取到的数据包；下半部分为配置窗口，下面介绍配置窗口各标签的意义。

- Capturing device：选择使用哪块评估板。
- Radio Configuration：选择捕获的信道。
- Select fields：设置需要显示的字段。
- Packet details：双击要显示的数据包后，就会在配置窗口显示附加的数据包细节。
- Address book：显示当前侦听段中所有已知的 MAC 地址。
- Display filter：根据用户提供的条件和模板筛选数据包。
- Time line：显示大批数据包，数量大约是显示窗口的 20 倍，根据 MAC 源地址和目的地址来排序。

Packet Sniffer 软件选择的默认信道为 0x0B，如果要侦听其他信道的数据，可以在"Radio Configuration"标签下将侦听信道设置为其他信道（信道 12～信道 26）。

LR-WPAN 定义了 4 种帧结构：信标帧、数据帧、ACK 确认帧、MAC 命令帧，用于处理 MAC 层之间的控制传输。信标帧的主要作用是实现网络中设备的同步工作和休眠，其中包含一些时序信息和网络信息，节点在收到信标请求帧后马上广播一条信标帧。数据帧是所有用于数据传输的帧。ACK 确认帧是用于确认接收成功的帧。MAC 命令帧有信标请求帧、连接请求帧、数据请求帧等，信标请求帧是在终端节点或路由节点刚入网时广播的请求帧，请求加入网络。

5. 实验内容

在本实验中将协调器、路由节点和终端节点组网成功之后，在网络之外添加一个侦听节点，用 CC2530 仿真器将侦听节点与 PC 相连，当网络中各节点进行通信时，侦听节点就可以侦听到网络中的数据包，并通过 Packet Sniffer 软件实现对侦听到的数据包中各协议层的具体内容进行观察分析。图 13.12 所示为实验网络拓扑图。

图 13.12 实验网络拓扑图

下面结合本实验的实验原理及实验内容的设计，分别对终端节点、路由节点和协调器的关键源程序进行解析。

根据本节内容的设计，终端节点、路由节点加入 ZigBee 网络后，终端节点和路由节点的任务事件都一样。根据 Z-Stack 协议栈的工作流程，在程序源代码 MPEndPoint.c 或 MPRouter.c 中可以看到 Z-Stack 协议栈成功启动后，终端节点、路由节点都调用了数据上报函数 myReportData()。myReportData ()函数的代码解析如下。

```
/*  数据上报  */
static void myReportData(void)
{
    byte dat[6];
    uint16 sAddr = NLME_GetShortAddr();          //获取终端节点的网络短地址
    uint16 pAddr = NLME_GetCoordShortAddr();     //获取协调器的网络短地址
    HalLedSet( HAL_LED_1,  HAL_LED_MODE_OFF ); //关闭 D7
    HalLedSet( HAL_LED_1,  HAL_LED_MODE_BLINK );//使 D7 闪烁
    dat[0] = 0xff;
    dat[1] = (sAddr>>8) & 0xff;   //取得终端节点 16 位网络短地址的高 8 位
    dat[2] = sAddr & 0xff;               //取得终端节点 16 位网络短地址的低 8 位
    dat[3] = (pAddr>>8) & 0xff;          //取得协调器 16 位网络短地址的高 8 位
    dat[4] = pAddr & 0xff;               //取得协调器 16 位网络短地址的低 8 位
    dat[5] = MYDEVID;            //设备 ID, 宏定义终端节点 ID 为 0x21, 路由节点 ID 为 0x11
    zb_SendDataRequest(0,  ID_CMD_REPORT,  6,  dat,  0,  AF_ACK_REQUEST,  0);   //发
送数据
}
```

协调器的任务就是收到终端节点、路由节点发送的数据报信息后进行处理。通过工程解析实验可得知，ZigBee 节点接收到数据之后，最终调用了 zb_ReceiveDataIndication()函数，该函数的内容如下。

```
/*  接收到数据提醒  */
void zb_ReceiveDataIndication( uint16 source,  uint16 command,  uint16 len,  uint8
*pData  )
{
    char buf[32];
    HalLedSet( HAL_LED_1,  HAL_LED_MODE_OFF );      //关闭 D7
    HalLedSet( HAL_LED_1,  HAL_LED_MODE_BLINK ); //使 D7 闪烁
    if (len==6 && pData[0]==0xff) {    //如果数据报头标识为 0xf
        sprintf(buf,  "DEVID:%02X SAddr:%02X%02X PAddr:%02X%02X ",
        pData[5],  pData[1],  pData[2],  pData[3],  pData[4]);
                //将接收到的数据 pData 写到 buf 中
        debug_str(buf);            //在调试中分析数据
    }
}
```

由于 Z-Stack 协议栈的运行涉及很多任务，而且比较复杂，所以在本实验中，将终端节点、路由节点和协调器的程序流程图进行了简化，简化后的程序流程图如图 13.13 所示。

（a）终端节点、路由节点程序流程　　　（b）协调器程序流程

图 13.13 终端节点、路由节点和协调器的程序流程图

6．实验步骤

确认已安装 Z-Stack 的安装包。如果没有安装，打开 Z-Stack 协议栈安装包"ZStack-CC2530-2.4.0-1.4.0.exe"，双击之后直接安装，安装完成后默认生成"C:\Texas Instruments\ZStack-CC2530-2.4.0-1.4.0"文件夹。

准备 3 个 CC2530 射频节点板，接上出厂电源。

打开实验例程"ProtocolAnalysis\ ProtocolAnalysis"。将整个文件夹复制到"C:\Texas Instruments\ZStack-CC2530-2.4.0-1.4.0\Projects\zstack\Samples"文件夹下。双击 "ProtocolAnalysis\ CC2530DB\ ProtocolAnalysis.eww"文件。

如图 13.14 所示，首先在"Workspace"对话框中的下拉列表中选择"MPCoordinator"选项，生成协调器代码，然后选择"Project"→"Rebuild All"选项，重新编译工程。

图 13.14 选择协调器工程

接下来将工程选择配置为 MRouter 或 MEndPoint，选择"Project"→"Rebuild All"选项，重新编译工程。

把 CC2530 仿真器连接到 CC2530 无线节点，使用 Flash Programmer 工具把上述程序分别下载到对应的 CC2530 无线节点板中。

将 CC2530 仿真器与任意空闲 CC2530 射频节点板连接起来，此节点称为侦听节点。

首先将侦听节点上电，然后按下 CC2530 仿真器上的复位按键。

打开 Packet Sniffer 软件，在启动后的界面中按默认配置，在工具栏的下拉列表中选择"ZigBee 2007/PRO"选项，单击工具栏中第 5 个按钮，开始抓取数据包。

拨动无线协调器的电源开关，使其为 ON 状态，此时 D6 LED 开始闪烁，在正确建立好网络后，D6 LED 会常亮。

在无线协调器建立好网络后，拨动无线节点的电源开关，使其为 ON 状态，此时无线节点的 D6 LED 开始闪烁，直到加入协调器建立的 ZigBee 网络中后，D6 LED 开始常亮。

当有数据包进行收发时，无线协调器和无线节点的 D7 LED 会闪烁。

等待一会儿，观察 Packet Sniffer 抓取到的数据包并分析。

7．实验结果

Packet Sniffer 抓取到的数据包如图 13.15 所示。

图 13.15　Packet Sniffer 抓取到的数据包

选取抓取到的一个数据包进行分析，如图 13.16 所示。

P.nbr. RX 2468	Time (μs) +64470 =342350901	Length 12	Frame control field					Sequence number 0xF8	Dest. PAN 0x2100	Dest. Address 0x0000	Source Address 0xDDCA	Data request	LQI 57	FCS OK
			Type CMD	Sec 0	Pnd 0	Ack.req 1	PAN_compr 1							

图 13.16　Packet Sniffer 抓取到的某个数据包

数据包中各部分分析如下。

P.nbr.："RX"表示接收，"2468"为开始侦听以后接收帧的编号。

Time："+64470"表示帧接收距离上一帧的时间；"=342350901"表示帧接收距离开始侦听的时间。

Length："12"为帧的长度。

Frame control field：帧控制域，"CMD"表示该帧为 MAC 命令帧。

Sequence number：序号。

Dest.PAN：目的 PAN ID。

Dest.Address：目的地址。

Source Address：源地址。

Data request：该 MAC 命令帧为数据请求帧。

LQI：接收到的帧的能量与质量。

FCS：校验和。

13.3　Wi-Fi 实验

TP-Link TL-WR745N 作为支持 IEEE 802.11n 技术的无线 ADSL 路由器，集路由器、交换

机、无线 AP、防火墙于一体，支持 ADSL、LAN 两种接入方式，用户可根据自身实际情况，选择合适的接入方式。TP-Link TL-WR745N 有 3 种工作模式：无线 ADSL 路由、无线 ADSL 桥、无线路由。本节将介绍最常用的工作模式——无线 ADSL 路由模式的快速安装方法。

1．PC 的网络参数设置

手动指定 IP 地址：设置 IP 地址、DNS、网关。

动态获取 IP 地址：让主机自动获得 IP 地址，TP-Link TL-WR745N 的 DHCP 服务器默认开启，可以自动为主机分配 IP 地址。

登录：在浏览器地址栏输入 http://192.168.1.1，打开无线路由器的 Web 管理主界面。输入用户名为 admin，密码为 admin，单击"确定"按钮，进入 Web 管理主界面，如图 13.17 所示。

图 13.17 Web 管理主界面

2．无线路由器的网络参数设置

在 Web 管理主界面中选择"网络参数"选项卡，显示如图 13.18 所示的网络参数配置界面。

图 13.18 网络参数配置界面

① WAN 口设置。"WAN 设置"对话框如图 13.19 所示，在此处设置 WAN 口连接类型，有动态 IP、静态 IP、PPPoE 3 个选项。

动态 IP：路由器自动获取 IP 地址。

静态 IP：路由器设置固定的 IP 地址。

PPPoE：采用 ADSL 接入方式。

② LAN 口设置。"LAN 口设置"对话框如图 13.20 所示，在此处设置路由器本身的 IP 地址和子网掩码。

图 13.19　"WAN 口设置"对话框　　　　图 13.20　"LAN 口设置"对话框

③ MAC 地址克隆。"MAC 地址克隆"对话框如图 13.21 所示，在此处设置路由器对广域网的 MAC 地址。

图 13.21　"MAC 地址克隆"对话框

3．无线路由器的无线设置

在 Web 管理主界面中选择"无线设置"选项卡，显示如图 13.22 所示的无线设置界面。

图 13.22　无线设置界面

① 基本设置。"无线网络基本设置"对话框如图 13.23 所示，在此处设置路由器无线网络的 SSID 号、信道、模式和频段带宽等。

② 安全设置。"无线网络安全设置"对话框如图 13.24 所示，在此处设置路由器无线网络的安全认证选项。

图 13.23 "无线网络基本设置"对话框　　　图 13.24 "无线网络安全设置"对话框

路由器无线网络的安全认证选项有不开启无线安全、WPA-PSK/WPA2-PSK、WPA/WPA2 和 WEP 4 种。

WPA（Wi-Fi 保护接入）是改进 WEP（Wired Equivalent Privacy，有线等效保密）所使用密钥的安全性的协议和算法。WPA 改变了密钥生成方式，频繁地变换密钥来获得安全性。WPA 还增加了消息完整性检查功能来防止数据包伪造。

WPA 的功能是替代现行的 WEP 协议。过去的无线 LAN 之所以不太安全，是因为 WEP 存在一些缺点。

WPA 是继承了 WEP 基本原理而又解决了 WEP 缺点的一种新技术。由于加强了生成加密密钥的算法，因此攻击者即便收集到分组信息并对其进行解析，也几乎无法计算出通用密钥。

WPA 还追加了防止数据中途被篡改的功能和认证功能。由于具备了这些功能，WEP 协议中此前倍受指责的缺点得以全部解决。

完整的 WPA 实现是比较复杂的，由于操作过程比较困难，一般用户实现是不太现实的，因此在家庭网络中采用的是 WPA 的简化版——WPA-PSK（预共享密钥）。

WPA-PSK 的设置过程如下。

a. 路由器的设置。选择"无线设置"→"无线网络安全设置"选项，在弹出的对话框中选中"WPA-PSK/WPA2-PSK"单选按钮。"认证类型"下拉列表中有 3 种选项：自动、WPA-

PSK、WPA2-PSK，"加密算法"下拉列表中有自动、TKIP、AES 3 种选项，客户端会和无线路由器自动协商，默认为"AES"。

WPA-PSK 密钥设置和无线网卡的设置要求是一致的。

b．客户端无线网卡的设置。在"用户文件管理"里面选中当前使用的配置文件，单击"修改"按钮，在"安全"项里，把安全设置选为"WPA Passphrase"。单击"配置"按钮，这里输入的密钥一定要和路由器里面设置的一样。本实验中客户端的 PSK 密码设置为"19610627"，与图 13.24 中显示的 PSK 密码一致。

连接成功后，显现数据加密类型为 AES（路由器默认选择，当在路由器里面强制选择为TKIP 加密算法时，这里会显示为 TKIP）。

③ 无线 MAC 地址过滤。"无线网络 MAC 地址过滤设置"对话框如图 13.25 所示，在此处设置 MAC 地址过滤来控制计算机对本无线网络的访问。

图 13.25　"无线网络 MAC 地址过滤设置"对话框

④ 主机状态。设置完成后，主机会显示已经成功连接到路由器的客户端的信息。

4．无线路由器的 DHCP 服务器配置

在 Web 管理主界面中选择"DHCP 服务器"选项卡，显示如图 13.26 所示的 DHCP 服务器配置界面。

图 13.26　DHCP 服务器配置界面

① DHCP 服务。"DHCP 服务"对话框如图 13.27 所示，在此处设置路由器内建的 DHCP 服务器地址池的开始地址与结束地址等信息。

图 13.27 "DHCP 服务"对话框

② 客户端列表。"客户端列表"对话框如图 13.28 所示，显示了与该路由器建立连接的客户端的信息。

图 13.28 "客户端列表"对话框

③ 静态地址保留。"静态地址保留"对话框如图 13.29 所示，在此处设置 DHCP 服务器的静态地址保留功能。

图 13.29 "静态地址保留"对话框

通过以上参数设置完成对路由器的综合配置。

13.4 蓝牙实验

1．实验目的

初步了解蓝牙，学习蓝牙协议的基本功能，掌握蓝牙设备的各种应用方式。

2．实验设备与软件环境

- PC，2 台。
- USB 接口蓝牙适配器，2 个。
- Windows XP 操作系统。
- BlueSoleil 软件中文版——"千月"（免费）。

BlueSoleil 软件是由 IVT 公司开发的蓝牙软件管理器产品，通俗讲就是蓝牙驱动程序，是目前行业内流行的蓝牙 PC 软件。基于多种平台的 BlueSoleil 能实现台式计算机或笔记本电脑等各种计算机平台间的无线连接，并且用户能无线访问种类繁多的支持蓝牙功能的设备，如手机、耳机、打印机等。同时，利用 BlueSoleil 的卓越无线功能，可以无线接入 Internet、搭建蓝牙无线网络，并且能够随时和其他计算机或掌上电脑（PDA）交换信息、共享资源。

3. 实验内容

（1）蓝牙文件传输。

在具备蓝牙接口的两台计算机上安装并运行 BlueSoleil，分别操作两台计算机的 BlueSoleil 执行"设备搜索"命令。

操作双方计算机的 BlueSoleil 执行针对对方计算机的"服务搜索"命令。

操作任一方计算机的 BlueSoleil 执行"配对"命令，完成两台计算机的蓝牙配对。

Windows XP 操作系统的计算机首先在设置面板中选择"设备"→"蓝牙和其他设备"→"通过蓝牙发送或接收文件"选项，然后选择要发送的文件，单击"发送文件"按钮即可进行传输。

（2）蓝牙网桥。

在两台具备蓝牙无线接口的计算机上运行 BlueSoleil，分别在两台计算机上操作 BlueSoleil 执行"设备搜索"命令，发现对方计算机后执行"配对"和"服务搜索"命令。确认两台计算机都支持蓝牙个人局域网服务。

在"主机"上操作 BlueSoleil 中的"从机"，选择"连接蓝牙个人局域网"选项，经"从机"确认后，两台计算机建立了蓝牙个人局域网。

（3）蓝牙拨号网络。

打开手机的蓝牙，在计算机上运行 BlueSoleil，执行"设备查找"命令，找到手机后，单击手机图标执行"配对"和"服务搜索"命令，可以发现手机支持蓝牙拨号网络。

打开计算机的"网络连接"页面，找到与手机对应的连接项目，执行"连接"命令。

在弹出的"拨号"对话框中，用户名和密码为空，拨号号码输入"*99#"，单击"拨号"按钮，在手机上确认拨号连接。

4. 实验数据

（1）蓝牙文件传输。

启动 BlueSoleil 软件后，呈现如图 13.30 所示的界面。

图 13.30 BlueSoleil 软件启动界面

如果双方计算机的蓝牙服务中都有"蓝牙文件传输",就可以实现文件传输。例如,在图13.30中单击对方计算机图标,如果上方的"蓝牙文件传输"图标为高亮,则说明对方计算机支持蓝牙文件传输服务。

配对完成即可传输文件,无须实现连接。当需要传输文件时,找到文件,选中文件后右击,在弹出的快捷菜单中选择"发送到(N)"→"蓝牙"选项,选择对方计算机,即可完成文件传输,如图13.31所示。

图 13.31 使用 BlueSoleil 软件传输文件

(2)蓝牙网桥。

更改"主机"(连接在 Internet 上的计算机)和"从机"(通过蓝牙连接 Internet 的计算机)的工作组名称。

选择"我的电脑"→"属性"→"计算机名"选项,在"计算机名"界面中可以查看该计算机的"完整的计算机名称"和"工作组",如图 13.32 所示,如果工作组名不相同,则需要单击"更改"按钮,更改工作组名,使得两台计算机的工作组名相同。

图 13.32 "计算机名"界面

在"主机"上右击 BlueSoleil 中的"从机"图标，在弹出的快捷菜单中选择"连接蓝牙个人局域网"选项，如图 13.33 所示。经"从机"确认后，两台计算机建立了蓝牙个人局域网。

图 13.33 在"主机"上右击 BlueSoleil 中的"从机"图标

打开"主机"的"网络连接"页面，找到名称为"Bluetooth PAN Network Adapter"的连接项目，见图 13.34 中名为"本地连接"的连接项目。该连接就是蓝牙个人局域网生成的网络连接，下面为该连接设定 IP 地址等参数，使其他蓝牙个人局域网成员可以访问该计算机。

图 13.34 蓝牙个人局域网生成的网络连接

选择"状态"→"属性"→"常规"→"Internet 协议(TCP/IP)"选项，打开"Internet 协议(TCP/IP)属性"对话框，选中"使用下面的 IP 地址"单选按钮，输入 IP 地址、子网掩码等，如图 13.35 所示。其中，IP 地址 192.168.0.1 是专用于组建内部局域网的 IP 地址。

图 13.35 设置本地连接属性

如果"主机"通过局域网连接 Internet，则可以先在"主机"的"网络连接"中选择用于连接 Internet 的局域网的网卡对应的网络连接项目，选择该连接项目的"属性"→"常规"→"Internet 协议(TCP/IP)"→"属性"选项，可以查看该局域网连接的 IP 地址等设定，如图 13.36（a）所示；再选择该连接项目的"属性"→"高级"选项设定共享。设定了共享，"主机"和"从机"才能共享该网络连接项目。首先勾选"允许其他网络用户通过此计算机的 Internet 连接来连接"复选框，然后在"家庭网络连接"文本框中选定蓝牙个人局域网对应的连接项目，这里选择"本地连接"选项，最后勾选"允许其他网络用户控制或禁用共享的 Internet 连接"复选框，如图 13.36（b）所示。以上这些操作表示允许"从机"共享和控制该网络连接。

（a）网络连接属性设置

（b）连接属性高级设置

图 13.36 网络连接属性及高级设置

选择"从机"的"网络连接"选项，选择名称为"Bluetooth PAN Network Adapter"的连接项目，选择该连接项目的"属性"→"常规"→"Internet 协议(TCP/IP)"→"属性"选项，选中"使用下面的 IP 地址"单选按钮，并输入 IP 地址、子网掩码等。"从机"的网络连接属性设置如图 13.37 所示。

图 13.37 "从机"的网络连接属性设置

其中 IP 地址的设定符合通式 192.186.0.x，x 是 1～255 的任何值。默认网关是"主机"的蓝牙个人局域网连接项目中设定的 IP 地址。DNS 服务器地址的设定与"主机"中连接 Internet 的网卡的 DNS 服务器地址一样。

经过以上操作后，"从机"的蓝牙网桥就建立起来了，可以在"从机"中打开浏览器验证蓝牙网桥是不是正常工作的。

（3）蓝牙拨号网络。

打开手机的蓝牙，在计算机上运行 BlueSoleil，执行"设备查找"命令。找到手机后，单击手机图标执行"配对"和"服务搜索"命令，可以发现手机支持蓝牙拨号网络。打开计算机的"网络连接"页面，找到手机对应的连接项目，执行"连接"命令，如图 13.38 所示。

图 13.38 网络连接中对应的手机连接

在弹出的"拨号"对话框中，用户名和密码为空，拨号号码输入"*99#"，单击"拨号"按钮，在手机上确认拨号连接，即可实现拨号并在网络上注册该计算机。

可以通过 Google 浏览器验证手机是否连接到了 Internet 上。

13.5 Hadoop 云计算实验

13.5.1 实验目的

在 Ubuntu 操作系统上安装 Hadoop 单机和集群模式；编写一个用 Hadoop 处理数据的程序，在单机和集群模式上运行程序。

13.5.2 实验环境

虚拟机：VMware 9。

操作系统：ubuntu-12.04-server-x64（服务器版）、ubuntu-14.10-desktop-amd64（桌面版）。

Hadoop 版本：Hadoop 1.2.1。

Jdk 版本：jdk-7u80-linux-x64。

Eclipse 版本：eclipse-jee-luna-SR2-linux-gtk-x86_64。

Hadoop 集群：一台 namenode 主机作为 master，一台 datanode 主机作为 salve，master 主机 IP 地址为 10.5.110.223，slave 主机 IP 地址为 10.5.110.207。

13.5.3 实验设计说明

1. 主要设计思路

在 Ubuntu 操作系统下，安装必要的软件并搭建环境，使用 Eclipse 编写程序代码，实现大数据的统计。本次实验目的是统计软件代理系统操作人员处理的信息量，即每个操作人员出现的次数。程序设计完成后，在集成环境下运行该程序并查看结果。

2. 算法设计

首先将输入文件包含进来，然后交由 Map 程序处理，Map 程序将输入文件读入后切出其中的用户名，并标记它的数目为 1，形成<word,1>的形式，接着交由 Reduce 程序处理，Reduce 程序将相同 key 值（也就是 word）的 value 值收集起来，形成<word,list of 1>的形式，之后将这些 1 加起来，即用户名出现的次数，最后将这个<key,value>以 TextOutputFormat 的形式输出到 HDFS 中。

3. 程序说明

① UserNameCountMap 类继承了 org.apache.hadoop.mapreduce.Mapper，4 个泛型类型分别是 Map 函数输入 key 的类型、输入 value 的类型、输出 key 的类型、输出 value 的类型。

② UserNameCountReduce 类继承了 org.apache.hadoop.mapreduce.Reducer，4 个泛型类型含义与 UserNameCountMap 类相同。

③ Main 函数先通过 FileInputFormat 类的 addInputPath 函数将数据文件引入该类，再通过 FileInputFormat 类的 setOutputPath 函数将生成结果转为一个文件，实现生成结果（统计结果）的查看。相应的类及函数调用代码如下。

```
FileInputFormat.addInputPath(job, new Path(args[0]));
```

```
FileOutputFormat.setOutputPath(job, new Path(args[1]));
```

程序具体代码见 13.5.5 节 "附件" 中的源代码。

13.5.4　实验过程

13.5.4.1　安装实验环境

1．安装 Ubuntu 操作系统

安装 Ubuntu 操作系统的步骤如下。

打开 VMware，在 Home Tab 中选择 "Create a New Virtual Machine" 选项。

选择 "custom" → "虚拟硬件版本 Workstation9.0" → "ios 文件" 选项，进入下一步。

录入目标操作系统信息，包括 Full Name、User Name 和 Password，进入下一步。

选择默认的选项，一般不进行更改，最后确认信息，完成操作。

安装成功后，显示如图 13.39 所示的系统登录界面。

图 13.39　系统登录界面

2．安装和配置 Samba

安装 Samba 主要是为了实现与 Windows 操作系统的通信。因为服务器版本的 Ubuntu 没有自带图形操作界面，所以下载资料等操作不太方便，这是安装 Samba 的原因之一。

安装 Samba，输入如下命令，如图 13.40 所示。

```
zhao@ubuntu:~$ sudo apt-get install samba
```

图 13.40　安装 Samba

安装 Vim，输入如下命令，如图 13.41 所示。

```
zhao@ubuntu:~$ sudo apt-get install vim
```

图 13.41　安装 Vim

创建共享目录并修改权限，输入如下命令，如图 13.42 所示。

```
zhao@ubuntu:~$ sudo chmod 777 share_
```

图 13.42 修改目录权限的命令

配置 Samba。修改 Samba 的配置文件/etc/samba/smb.conf，令 security=share，并在文件的末尾追加如下内容，如图 13.43 所示。

```
zhao@ubuntu:~$ sudo vi /etc/samba/smb.conf_
[share]
path = /home/zhao/share
public = yes
writable = yes
```

图 13.43 修改 Samba 的配置文件

测试。在 Windows 实机中，通过 IP 地址访问 Ubuntu 虚拟机，可以见到 share 文件夹，如图 13.44 所示。

图 13.44 通过 IP 地址访问 Ubuntu 虚拟机

3. 安装和配置 JDK

首先下载 Java 开发工具包 JDK。在本次实验中，我们下载的版本是 jdk-7u80-linux-x64.gz，将其解压缩安装到/usr/lib/jvm/目录下，更名为 java-7-sun。

配置环境变量，如图 13.45 所示。

```
PATH="/usr/local/sbin:/usr/local/bin:/usr/sbin:/usr/bin:/sbin:/bin:/usr/games:/usr/lib/jvm/java-7-sun/bin:/opt/hadoop/bin"
CLASSPATH=.:/usr/lib/jvm/java-7-sun/lib
JAVA_HOME=/usr/lib/jvm/java-7-sun
```

图 13.45 配置环境变量

输入命令使配置生效，如图 13.46 所示。

```
zhao@ubuntu:/usr/lib/jvm$ source /etc/environment
```

图 13.46 输入命令使配置生效

测试安装配置结果，如图 13.47 所示。

```
zhao@ubuntu:~$ java -version
java version "1.7.0_80"
Java(TM) SE Runtime Environment (build 1.7.0_80-b15)
Java HotSpot(TM) 64-Bit Server VM (build 24.80-b11, mixed mode)
```

图 13.47 测试安装配置结果

4. 在单节点（伪分布式）环境下运行 Hadoop

添加 Hadoop 用户并赋予 sudo 权限。

安装配置 SSH，如图 13.48 所示。

```
zhao@ubuntu:/home$ sudo apt-get install openssh-server
```

图 13.48　安装配置 SSH

通过 su -hadoop 指令切换至 Hadoop 用户。

配置密钥，使得 Hadoop 用户无须输入密码就能够通过 SSH 访问 localhost。

输入命令，进行测试，测试结果如图 13.49 所示。

```
hadoop@ubuntu:~$ ssh localhost
Welcome to Ubuntu 12.04 LTS (GNU/Linux 3.2.0-23-generic x86_64)

 * Documentation:  https://help.ubuntu.com/
New release '14.04.2 LTS' available.
Run 'do-release-upgrade' to upgrade to it.

Last login: Sun May 10 00:24:53 2015 from master
hadoop@ubuntu:~$ _
```

图 13.49　测试结果

安装配置 Hadoop 的步骤如下。

下载 Hadoop，将其解压缩到/opt/hadoop 目录下。本次实验中我们下载的版本是 hadoop-1.2.1-bin.tar.gz，更改目录名称为 hadoop。

修改与 hadoop 相关的配置文件（在/opt/hadoop/conf 目录下），分别是 core-site.xml、hadoop-env.sh、hdsf-site.xml、mapred-site.xml 等，在此不一一列举。

运行 Hadoop。

格式化 HDFS，如图 13.50 所示。

```
hadoop@ubuntu:/opt/hadoop/bin$ ./hadoop namenode -format
15/05/17 02:03:32 INFO namenode.NameNode: STARTUP_MSG:
/************************************************************
STARTUP_MSG: Starting NameNode
STARTUP_MSG:   host = ubuntu/127.0.1.1
STARTUP_MSG:   args = [-format]
STARTUP_MSG:   version = 1.2.1
STARTUP_MSG:   build = https://svn.apache.org/repos/asf/hadoop/common/branches/b
ranch-1.2 -r 1503152; compiled by 'mattf' on Mon Jul 22 15:23:09 PDT 2013
STARTUP_MSG:   java = 1.7.0_80
************************************************************/
Re-format filesystem in /opt/hadoop/tmp-hadoop/dfs/name ? (Y or N) y
Format aborted in /opt/hadoop/tmp-hadoop/dfs/name
15/05/17 02:03:35 INFO namenode.NameNode: SHUTDOWN_MSG:
/************************************************************
SHUTDOWN_MSG: Shutting down NameNode at ubuntu/127.0.1.1
************************************************************/
hadoop@ubuntu:/opt/hadoop/bin$ _
```

图 13.50　格式化 HDFS

启动单节点集群，通过 jps 命令查看。在 master 节点上执行 jps 命令，如图 13.51 所示。

```
hadoop@ubuntu:/opt/hadoop/bin$ jps
2082 TaskTracker
1823 SecondaryNameNode
2294 Jps
1464 NameNode
1910 JobTracker
```

图 13.51　在 master 节点上执行 jps 命令

在 slave 节点上执行 jps 命令，如图 13.52 所示。

```
hadoop@ubuntu:/opt/hadoop/bin$ jps
2353 TaskTracker
2442 Jps
2263 DataNode
```

图 13.52　在 slave 节点上执行 jps 命令

停止单节点集群，如图 13.53 所示。

图 13.53 停止单节点集群

13.5.4.2 运行程序

1. 在单机上运行程序

在 Eclipse 下新建 Map/Reduce 工程。

新建一个 java 类 UserNameCount，编写 Map/Reduce 工程代码，如图 13.54 所示。

图 13.54 编写 Map/Reduce 工程代码

运行 Map/Reduce 工程，如图 13.55 所示。

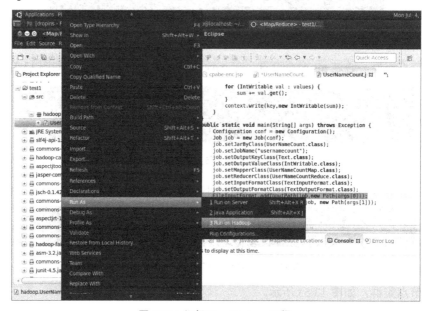

图 13.55 运行 Map/Reduce 工程

在 Eclipse 中编译好源代码后，导出程序的 jar 包，以在集群上使用。

2．在集群上运行程序

启动集群，通过 jps 命令查看 master 节点、slave 节点上启动的服务列表。

在集群环境下运行程序 jar 包（UserNameCount.jar），如图 13.56 所示。

图 13.56　在集群环境下运行程序 jar 包

查看生成结果，即 output 文件，如图 13.57 所示。

图 13.57　查看生成结果

数据统计结果在 part-r-00000 中，具体内容如图 13.58 所示。

图 13.58　数据统计结果

13.5.5　附件

源代码如下。

```java
package hadoop;
import java.io.IOException;
import java.util.StringTokenizer;
import org.apache.hadoop.conf.Configuration;
import org.apache.hadoop.fs.Path;
import org.apache.hadoop.io.IntWritable;
import org.apache.hadoop.io.LongWritable;
import org.apache.hadoop.io.Text;
import org.apache.hadoop.mapreduce.Job;
import org.apache.hadoop.mapreduce.Mapper;
import org.apache.hadoop.mapreduce.Reducer;
import org.apache.hadoop.mapreduce.lib.input.FileInputFormat;
import org.apache.hadoop.mapreduce.lib.input.TextInputFormat;
import org.apache.hadoop.mapreduce.lib.output.FileOutputFormat;
import org.apache.hadoop.mapreduce.lib.output.TextOutputFormat;
public class UserNameCount {

    public static class UserNameCountMap extends
                Mapper<LongWritable, Text, Text, IntWritable> {
        private final IntWritable one = new IntWritable(1);
        private Text word = new Text();
        public void map(LongWritable key, Text value, Context context)
                    throws IOException, InterruptedException {
            String line = value.toString();
            StringTokenizer token = new StringTokenizer(line);
            while (token.hasMoreTokens()) {
                word.set(token.nextToken());
                context.write(word, one);
            }
        }
    }

    public static class UserNameCountReduce extends
                Reducer<Text, IntWritable, Text, IntWritable> {

        public void reduce(Text key, Iterable<IntWritable> values,
                    Context         context)         throws         IOException         ,
InterruptedException {
            int sum = 0;
            for (IntWritable val : values) {
                sum += val.get();
            }
            context.write(key, new IntWritable(sum));
        }
    }
    public static void main(String[] args) throws Exception {
        Configuration conf = new Configuration();
```

```
        Job job = new Job(conf);
        job.setJarByClass(UserNameCount.class);
        job.setJobName("usernamecount ");
        job.setOutputKeyClass(Text.class);
        job.setOutputValueClass(IntWritable.class);
        job.setMapperClass(UserNameCountMap.class);
        job.setReducerClass(UserNameCountReduce.class);
        job.setInputFormatClass(TextInputFormat.class);
        job.setOutputFormatClass(TextOutputFormat.class);
        FileInputFormat.addInputPath(job, new Path(args[0]));
        FileOutputFormat.setOutputPath(job, new Path(args[1]));
        job.waitForCompletion(true);
    }
}
```

13.6 MQTT 发布/订阅物联网消息实验

13.6.1 实验目的

本实验通过 MQTT 协议建立服务器与客户端之间的通信；使用匿名连接、口令认证、证书认证 3 种方式验证服务器和客户端的身份，发布/订阅物联网消息。

13.6.2 实验环境

软件接口库：Python Paho-mqtt。
编程语言：Python 3.7.x 以上。
MQTT 消息服务器：EMQX Broker 消息中间件。
代码编辑环境：Pycharm。

13.6.3 实验原理

MQTT（Message Queuing Telemetry Transport，消息队列遥测传输）是 ISO 标准（ISO/IEC PRF 20922）下一种基于发布/订阅（Publish/Subscribe）模式的轻量级通信协议，该协议构建于 TCP/IP 协议上，主流的 MQTT 基于 TCP 协议发布订阅数据，由 IBM 在 1999 年发布。MQTT 是基于客户端—服务器的消息发布/订阅传输协议。MQTT 是轻量、简单、开放且易于实现的，这些特点使它的适用范围非常广泛。MQTT 最大的优点是可用极少代码和有限带宽，为远程物联网设备提供实时可靠的消息传输服务，在物联网资源受限、小型设备、移动应用等方面有较广泛的应用。该协议也在卫星链路通信传感器、偶尔通信的医疗设备、智能家居中广泛使用。由于 MQTT 是为硬件性能低下的物联网远程设备及网络状况较差的设备设计的发布/订阅型消息协议，因此它需要一个消息中间件，即 EMQX Broker 服务器。

MQTT 支持匿名连接、口令认证、证书认证 3 种认证方式，客户端在认证通过后可以发布订阅消息，通过 TLS 协议实现消息的加密传输。

Python 中包括基于 MQTT 协议的客户端软件开发接口类库。Python Paho.mqtt 支持使用 TLS 进行 MQTT 协议通信，需要配置证书，如果是双向认证，则客户端及 EMQX Broker 都需要有自己的私钥及证书。对于 EMQX Broker 消息中间件，需要配置 conf 文件，并将证书放入证书文件目录。以 Python Paho.mqtt 为例，客户端首先使用 tls_set()函数进行相关设置，证书生成使用 OpenSSL 生成自签名，CA 证书作为根证书，然后使用这个根证书生成 EMQX Broker 的证书和客户端证书；如果是单向认证，则只需要认证服务器，客户端只需要指定 CA 根证书。

13.6.4　实验网络拓扑结构

本实验基于 MQTT 协议的发布/订阅消息模式，有两个 MQTT 客户端，一个客户端与 EMQX broker 服务器在同一台服务器上，另一个是用户侧的客户端。用户侧的客户端生成并通过主题发布消息。位于服务器侧上的客户端订阅这个主题并获取相关信息。

可以使用不同的主题进行发布和订阅消息，从而实现不同主题消息内容的发布和订阅。用户侧的客户端得到订阅的消息后，本次请求即视为完成，退出循环；服务器侧的客户端则持续运行，根据收到的不同的消息主题进行不同的响应，完成不同的操作。

13.6.5　实验环境搭建

首先下载 EMQX Broker 代理平台软件并进行安装配置。EMQX Broker 消息中间件为"绿色版"，无须安装，直接下载到相应文件夹，打开 bin 文件夹即可看到目录，如图 13.59 所示。

图 13.59　EMQX Broker 的 bin 文件夹

配置启动：进入 EMQX Broker 的 bin 目录，这里可用的是 emqx.cmd 和 emqx_ctl。具体命令如下。

启动命令：emqx.cmd start。

停止命令：emqx.cmd stop。

重启命令：emqx.cmd restart。

查询当前 EMQX Broker 服务器运行状态的命令：emqx_ctl status。执行 EMQX Broker 服务

器运行状态查询命令如图 13.60 所示。

图 13.60　执行 EMQX Broker 服务器运行状态查询命令

EMQX Broker 代理的明文通信默认采用 1883 端口，而 SSL 加密通信地址默认使用 8883 端口。配置连接 EMQX Broker 的客户端口令认证文件，文件目录位置为 emqx\etc\plugins\emqx_auth_ username.conf。编辑该认证文件，可增加新的客户端用户名和口令，如图 13.61 所示。

图 13.61　配置 EMQX Broker 的客户端用户名和口令

配置 EMQX Broker 的 SSL 证书，SSL 证书配置目录位置为\emqx\etc\emqx.conf。

主要配置的是 3 个证书认证文件，第一个是服务器证书文件 server-cert.pem，第二个是服务器私钥文件 server.key，第三个是 CA 的公钥证书文件 root-cacert.pem。

EMQX Broker 证书存放目录：\emqx\etc\emqx.conf。配置 EMQX Broker 的 SSL 证书及文件如图 13.62 所示。

图 13.62　配置 EMQX Broker 的 SSL 证书及文件

由图 13.62 可知，EMQX Broker 代理的 3 个证书相关文件设置完毕。如果是双向认证，则客户端连接程序也需要配置相应的客户端证书、客户端私钥，以及 CA 的公钥证书文件。

配置完口令认证和证书认证这两种认证方式以后，执行 restart broker 命令，开启以上两种认证方式。

13.6.6　Python MQTT 客户端消息发布/订阅实验

使用 Python Paho.mqtt 客户端软件接口库，实现客户端与 MQTT 服务器的连接、订阅主题、收发消息、取消订阅等功能。安装命令：pip install paho-mqtt。

本实验基于 Python3 开发的 MQTT 客户端测试程序，验证其可用性，如果终端出现 connect with result 0 表示 EMQX Broker 服务器与客户端通信正常，其他标识码均为未连接状态。对于具体测试实例编写，首先需要连接到消息中间件 EMQX Broker，然后定义 Connect 和 Message 的回调函数，订阅和发布消息使用的函数是 Subscribe 和 Publish。如果采用明文通信的 MQTT 协议，则需要连接 EMQX Broker 的 1883 端口；如果采用 TLS 协议传输加密消息，则需要连接 EMQX Broker 的 8883 端口。如果采用双向 TLS 协议认证客户端和服务器，则需要配置 CA 证书、客户端证书，以及客户端私钥。

实验目的：使用 Python Paho.mqtt 开发客户端软件，实现消息的发布/订阅。

13.6.6.1 匿名发布/订阅消息

无须设置连接到 EMQX Broker 服务器的客户端用户名和口令，可以直接匿名连接 EMQX Broker 服务器，并向相应主题发布/订阅消息。

本实验的发布消息测试程序 pub.py 的代码如下。

```python
# coding=utf-8
import paho.mqtt.client as mqtt
import json
HOST = "120.53.251.b"
def on_connect(client, userdata, flags, rc):
    print("Connected with result code: " + str(rc))
def on_message(client, userdata, msg):
    print(msg.topic + " " + str(msg.payload))
if __name__ == '__main__':
    client = mqtt.Client()
    client.on_connect = on_connect
    client.on_message = on_message
    client.connect(HOST, 1883, 600)  # 600 为 keepalive 的时间间隔
    client.publish('my_topic', payload='HelloWorld', qos=0)
```

如果使用 MQTT 客户端订阅这个消息，可以发现能够成功接收消息，如图 13.63 所示。

Topic my_topic QoS: 0

HelloWorld

2020-10-20 16:42:30

Topic my_topic QoS: 0

HelloWorld

2020-10-20 16:42:37

图 13.63 成功接收消息

本实验使用订阅消息测试程序 sub.py 接收主题中的消息，代码如下。

```python
# coding=utf-8
import paho.mqtt.client as mqtt
HOST = "120.53.251.b"
def on_connect(client, userdata, flags, rc):
    print("Connected with result code: " + str(rc))
def on_message(client, userdata, msg):
    print(msg.topic + " " + str(msg.payload))
if __name__ == '__main__':
    client = mqtt.Client()
```

```
client.on_connect = on_connect
client.on_message = on_message
client.connect(HOST, 1883, 600)  # 600 为 keepalive 的时间间隔
client.subscribe('my_topic', qos=0)
client.loop_forever()  # 保持连接
```

可以看到订阅消息测试程序 sub.py 通过终端打印输出了主题消息，如图 13.64 所示。

图 13.64 订阅消息测试程序 sub.py 通过终端打印输出了主体消息

关闭客户端的匿名连接，修改 /etc/emqx/emqx.conf，如图 13.65 所示。

图 13.65 关闭客户端的匿名连接

将 allow_anolymous 参数值改为 false，服务器便会拒绝匿名登录。

重启 EMQX Broker 服务器使配置更改生效，如图 13.66 所示。

图 13.66 重启 EMQX Broker 服务器使配置更改生效

再次尝试匿名连接 EMQX Broker 服务器，使用一开始的客户端的 MQTT 测试程序连接服务器，无法正常连接，如图 13.67 所示。

图 13.67 通过 MQTT 测试程序不能匿名连接服务器

代码显示返回状态码 5，实验证明此时服务器拒绝了客户端的匿名连接，客户端不断尝试连接到 EMQX Broker 服务器，但状态码一直是 5。

13.6.6.2 口令认证发布/订阅消息

本实验为客户端配置连接到 EMQX Broker 服务器的用户名和密码，首先按照环境配置中的方法配置连接到 EMQX Broker 的用户名和口令，然后进行网络连接。在订阅消息测试程序 sub.py 中设置客户端的用户名和口令。

```
# coding=utf-8
```

```
import paho.mqtt.client as mqtt
HOST = "120.53.251.b "
def on_connect(client, userdata, flags, rc):
    print("Connected with result code: " + str(rc))
def on_message(client, userdata, msg):
    print(msg.topic + " " + str(msg.payload))
if __name__ == '__main__':
    client = mqtt.Client()
    client.on_connect = on_connect
    client.on_message = on_message
    client.username_pw_set("admin ", "password ")
    client.connect(HOST, 1883, 600)  # 600 为 keepalive 的时间间隔
    client.subscribe('my_topic', qos=0)
    client.loop_forever()   # 保持连接
```

执行订阅消息测试程序 sub.py，可以正常连接到 EMQX Broker 服务器，如图 13.68 所示。

图 13.68 订阅消息测试程序 sub.py 通过口令认证连接服务器

由图 13.68 可知，订阅消息测试程序 sub.py 可以成功连接到 EMXQ Broker 服务器。同理，在发布消息测试程序 pub.py 中设置客户端的用户名和口令，测试订阅收发消息的效果。

```
# coding=utf-8
import paho.mqtt.client as mqtt
import json
HOST = "120.53.251.b "
def on_connect(client, userdata, flags, rc):
    print("Connected with result code: " + str(rc))
def on_message(client, userdata, msg):
    print(msg.topic + " " + str(msg.payload))
if __name__ == '__main__':
    client = mqtt.Client()
    client.on_connect = on_connect
    client.on_message = on_message
    client.username_pw_set("admin ", "password ")
    client.connect(HOST, 1883, 600)  # 600 为 keepalive 的时间间隔
    client.publish('my_topic', payload='HelloWorld', qos=0)
```

执行发布消息测试程序 pub.py，可以正常连接到 EMQX Broker 服务器。同时，订阅消息的客户端成功收到消息，如图 13.69 所示。

图 13.69 订阅消息的客户端成功收到消息

实验证明，订阅方成功地接收到了消息，发送方成功地发布了消息。

13.6.6.3　证书认证发布/订阅消息

本实验启用基于 TLS 协议的证书认证与消息加密，首先需要为 EMQX Broker 配置服务器证书，然后使用 OpenSSL 套件为客户端生成一套数字证书，最后在网络连接前配置启用 EMQX Broker 的 TLS 安全服务，连接端口配置为 8883 端口。启用 TLS 安全服务的订阅消息测试程序 sub.py 如下。

```python
# coding=utf-8
import paho.mqtt.client as mqtt
HOST = "120.53.251.b "
def on_connect(client, userdata, flags, rc):
    print("Connected with result code: " + str(rc))
def on_message(client, userdata, msg):
    print(msg.topic + " " + str(msg.payload))
if __name__ == '__main__':
    client = mqtt.Client()
    client.on_connect = on_connect
    client.on_message = on_message
    client.tls_set('root-cacert.pem', 'client-cert.pem', 'client.key')
    client.connect(HOST, 8883, 600)  # 600 为 keepalive 的时间间隔
    client.subscribe('my_topic', qos=0)
    client.loop_forever()   # 保持连接
```

实验表明，订阅消息测试程序 sub.py 通过证书认证和 TLS 协议连接到 EMQX Broker 服务器，如图 13.70 所示。

图 13.70　订阅消息测试程序 sub.py 通过证书认证和 TLS 协议连接到 EMQX Broker 服务器

基于 TLS 协议和证书认证的发布消息测试程序 pub.py 如下。

```python
# coding=utf-8
import paho.mqtt.client as mqtt
import json
HOST = "120.53.251.b "
def on_connect(client, userdata, flags, rc):
    print("Connected with result code: " + str(rc))
def on_message(client, userdata, msg):
    print(msg.topic + " " + str(msg.payload))
if __name__ == '__main__':
    client = mqtt.Client()
    client.on_connect = on_connect
    client.on_message = on_message
    client.tls_set('root-cacert.pem', 'client-cert.pem', 'client.key')
    client.connect(HOST, 8883, 600)  # 600 为 keepalive 的时间间隔
    client.publish('my_topic', payload='HelloWorld', qos=0)
```

实验表明，发布消息测试程序 pub.py 通过证书认证和 TLS 协议连接到 EMQX Broker 服务器，并且发布消息后退出服务器，可以在订阅客户端查看消息，如图 13.71 所示。

图 13.71 在订阅客户端查看消息

13.6.7 实验结果与思考

本实验使用 Python 语言开发 MQTT 通信客户端程序，实现基于匿名认证、口令认证和证书认证的消息发布/订阅实验。

实验思考：当较多的客户端同时连接 EMQX Broker 服务器时，如何实现服务器的负载均衡，以及高并发、高性能、高安全之间的合理权衡。

本章小结

本章首先介绍了 RFID 实验教学系统，给出了 RFID 认知实验的操作步骤；结合 TI CC2530 处理器给出了 ZigBee 点对点通信实验和 ZigBee 协议分析实验的操作步骤；针对 TP-Link TL-WR745N 无线路由器，给出了通过 Web 管理主界面进行配置管理的过程；结合 BlueSoleil 软件给出了蓝牙配置和使用过程；给出了在 Ubuntu 操作系统上安装 Hadoop，编写和运行 Map/Reduce 工程的过程；针对 MQTT 协议发布/订阅消息特点，设计了 3 种不同的认证类型，实现了面向物联网应用的消息发布/订阅。

习题

1. RFID 实验中串口的作用是什么？
2. 在 ZigBee 协议分析实验中如何用 Packer Sniffer 软件区别不同的节点类型？
3. 如何通过无线路由器实现无线 MAC 地址过滤？
4. 如何搭建蓝牙无线个人局域网？
5. MQTT 消息发布/订阅有几种认证方式？

索　引

续表

续表

参考文献

[1] 刘鹏. 云计算（第三版）[M]. 北京：电子工业出版社，2015.

[2] Thomas Erl，Zaigham Mahmood，Ricardo Puttini. 云计算：概念、技术与架构[M]. 北京：机械工业出版社，2016.

[3] 董西成. Hadoop 技术内幕：深入解析 MapReduce 架构设计与实现原理[M]. 北京：机械工业出版社，2013.

[4] 刘刚，侯宾，翟周伟. Hadoop 开源云计算平台[M]. 北京：北京邮电大学出版社，2011.

[5] 姚宏宇，田溯宁. 云计算：大数据时代的系统工程（修订版）[M]. 北京：电子工业出版社，2016.

[6] 唐国纯. 云计算及应用[M]. 北京：清华大学出版社，2015.

[7] 王智民. 云计算安全——机器学习与大数据挖掘应用实践[M]. 北京：清华大学出版社，2022.

[8] 徐小龙. 云计算与大数据[M]. 北京：电子工业出版社，2021.

[9] 杨东晓，张锋，鲍坤夫. 云计算及云安全实验指导[M]. 北京：清华大学出版社，2021.

[10] 杨正洪. 智慧城市：大数据、物联网和云计算之应用[M]. 北京：清华大学出版社，2014.

[11] 张泽谦. 物联网实战攻略：探索智联万物新时代[M]. 北京：电子工业出版社，2022.

[12] 桂小林，张学军，赵建强，等. 物联网信息安全[M]. 北京：机械工业出版社，2014.

[13] 刘化君，刘传清. 物联网技术（第二版）[M]. 北京：电子工业出版社，2015.

[14] 尹周平，陶波. 工业物联网技术及应用[M]. 北京：清华大学出版社，2022.

[15] 李虹. 物联网与云计算：助力战略性新兴产业的推进[M]. 北京：人民邮电出版社，2011.

[16] 解相吾，解文博. 物联网技术基础（第 2 版）[M]. 北京：清华大学出版社，2022.

[17] 刘伟荣. 物联网与无线传感器网络（第 2 版）[M]. 北京：电子工业出版社，2021.

[18] 尚凤军. 云计算与物联网关键技术研究及应用[M]. 北京：电子工业出版社，2017.

[19] YDCPZT1622-2022. 工业互联网标识解析 访问控制技术要求[S].中华人民共和国通信行业标准.2022.